シリアルサイエンス
おいしさと栄養の探究

椎葉 究 編著

青木法明　一ノ瀬靖則　岡田憲三　乙部千雅子　木村俊範
鈴木啓太郎　田中眞人　平本 茂 著

東京電機大学出版局

cereal science

まえがき

　はるか昔，人類は狩猟生活から農耕社会へ生活基盤を変化させた。このとき，作物としてイネ，コムギ，トウモロコシなどのイネ科植物が最終的に世界中で選ばれたことは，人類の共通の歴史である。でもなぜイネ科植物が選ばれたのだろうか，それは，ほかの植物と比較して優れている面があったからだと思う。1つは，人間は多々ある多糖類の中でデンプンしか消化できないが，イネ科のこれらの植物にはデンプンが多かったこと。また，一粒から数十倍もの収量があり（多収），成長が早く病気にも強く，栽培も比較的簡単であったことがあげられる。それと，アミノ酸としてグルタミン酸が豊富に含まれていたこと。人類は頭脳を発達させるために，グルタミン酸を要求してきた。その証拠にうま味成分はグルタミン酸であり，グルタミン酸を獲得することに至福を感じたのではないかと思う。そのようなことから，イネ科作物が選ばれたのは，人類の進化上，必然だったようにも思われる。

　農耕社会になって以降，イネ，コムギ，トウモロコシなどの穀類は加工され世界中で食されてきた。現在でも，ごはんやパン，めん，菓子類は，ほとんどの人類の生活を支えている。栄養となり，おいしさと健康を支え，人間生活の根源となっている。それらはさらに文化となり，文明が築かれる礎になり，まさに今日の全産業の基盤となっている。

　しかし，それら穀類は，その使命を支えている割には，「つつましやか」であり，単なるイネ科の一植物であり，昔から植物としての営みを繰り返し続けてきたに過ぎない。その素直な植物ゆえに，人間は，遺伝子を改良し利用してきたが，全遺伝子が解明されたのはつい最近だし，それらの遺伝子の働きと解析はこれからである。

　このように，人間が長い歴史の中で毎日のように食し，これほど身近な割には，未だに，人間が知らない謎をたくさん含んでいるのも不思議な気がする。それで，「この作物のことをもっとよく知りたい」と，その魅力にとりつかれた人たちがいた。私たちが本書を作ろうと思ったのは，まさに，我々の体を作り，文明を作り，現在の産業を作った力が，「何故，こんなにもつつましやかな植物の中にあるのか」，「ほかの植物にはなくてこの植物だけにある不思議な力とは，何なのか」，「どのようにしてその力が作られているのか」，「なぜ，こんなにおいしくて健康にいいのか」などの謎を，是非解き明かしたいという欲求があったから

にほかならない。そして，その謎解きから得られた知識を，「新しい食品をつくる，健康とおいしさを提供する，食糧危機に対処する」，そのような目的を持った人たちに利用してもらいたいと思ったからである。本書が，そのための一助に少しでもなれることを，切に願っている。

本書では，コムギとコメ粒内部組織の構造，含まれる成分とそれぞれの機能や特徴など，古典的でベーシックな穀物科学をまず解説したうえで，原料から食品を加工するプロセスと，それに伴う化学変化，加工の原理と応用を解説し，その後，できあがった食品の栄養と生理機能性（生体調節機構）を理解できるようにまとめた。

まとめるにあたり，一連の時系列的に体系化することを意識した。

第1章では，コムギとコメの主食の食糧としての現代まで続く社会的な役割と食糧を取り巻く現代の課題について簡単に述べる。なお，これらの課題に対する技術的解決方法については，本書にも一部述べているが，本書を参考にして今後の研究に期待するところである。

第2章では，コムギとコメの組織解剖学的な構造と形質およびそれらの形質を有する特定の遺伝子とその特性を導入するために払われた研究者の情熱と技術について，育種最前線で活躍する研究者によって解説される。「コシヒカリが何故おいしいのか」「モチコメは昔からあったけれど，最近まで世の中になかったモチコムギが日本においてどのようにして作られたのか」など興味深い内容となっている。

第3章では，コムギやコメに含まれる主食として特徴的な成分について，解説する。ほかの作物にはない主食ならではの栄養成分とおいしさの秘密があるが，その成分について解説する。特に，コムギグルテンタンパク質の構造や機能，穀類のデンプンの特徴などが述べられる。

第4章では，主として小麦粉加工中の生化学的反応についての解説がある。小麦粉からパンなどができるまでの加工工程（プロセッシング）では，いろいろな反応が起こって，独特のパンなどの食感や香，色，が生成されている。その生化学的なメカニズムなどの理論が解説される。

第5章では，シリアルフードのプロセッシングとして，コメの加工法とコムギの加工法が解説される。コメからおいしいご飯を作る方法や理論，加工する機械の仕組みなどを解説する。特に，コムギに関しては，製粉から加工までの技術解説とその理論およびその研究史が述べられる。また，コメでは，南インド料理で有名なイドリやドーサなど世界のコメ加工品の加工方法や理論など興味深い内容となっている。

第6章では，シリアルフードの栄養的な側面の解説がある。特に，シリアルフードの栄養面で最も重要な炭水化物の代謝については，最新の科学的知見が解説される。また，シリアル中（特にコムギ）に含まれている生理機能性を持った特

定保健用素材にもなりうる成分の機能の解説とそのエビデンスが述べられる。

　最後に，この本書を作るにあたり，たいへんお忙しい中，貴重な時間を割いてご執筆頂きました先生方々に，また，たくさんの助言を頂きました東京電機大学出版局の方々と妻に，厚く御礼とこころよりの感謝を申し上げます。

　平成 26 年 5 月

椎 葉 　 究

cereal science

目 次

第1章 小麦と米のシリアルサイエンスについて （執筆担当 椎葉 究） 1
1.1 小麦 2
1.2 稲, 米 4
1.3 シリアルサイエンスのこれから 6
1.3.1 現在の穀類食品の国内食品産業でのポジションと食生活の変化 6
1.3.2 シリアルサイエンスの今後の課題 6
引用文献 9

第2章 小麦粒と米粒の構造と遺伝学的特性 11
2.1 穀物の解剖学的構造 11
2.1.1 小麦粒の構造 （執筆担当 一ノ瀬靖則） 11
2.1.2 米粒（Rice Gain） （執筆担当 鈴木啓太郎） 17
2.2 穀物の育種遺伝学的特性 25
2.2.1 小麦 （執筆担当 乙部千雅子） 25
2.2.2 イネ（Rice） （執筆担当 青木法明） 30
引用文献 39
参考文献 39

第3章 シリアル中の成分の化学と機能 （執筆担当 椎葉 究） 41
3.1 水 41
3.1.1 水の化学 41
3.1.2 シリアルフード中の水の機能 42
3.2 シリアルの糖質 44
3.2.1 糖質の種類と化学 44
3.2.2 小麦由来スターチ（Cereal Starch）の機能 50
3.2.3 スターチ以外の小麦由来の糖質とその機能 55
3.3 シリアルのタンパク質 57
3.3.1 タンパク質の化学 57
3.3.2 シリアルタンパク質の性質 62
3.4 シリアルの脂質 69

3.4.1 脂質の種類と構造 ___ 69
3.4.2 脂質の体内での分解と吸収 ___ 71
3.4.3 シリアル中の脂質と性質 ___ 71
3.5 シリアルのビタミン・補酵素 ___ 74
3.5.1 穀物中のビタミンの種類と含有量 ___ 74
3.5.2 穀物中の水溶性ビタミンの性質 ___ 75
3.5.3 穀物中の脂溶性ビタミン ___ 78
3.6 シリアル中のミネラル ___ 79
3.6.1 穀類中のミネラルの含有量 ___ 80
3.6.2 ミネラルの化学と機能 ___ 80
3.7 シリアル中のその他微量成分 ___ 82
参考文献 ___ 85

第4章　シリアルフード加工プロセス中の重要な生化学的反応

(執筆担当　椎葉 究) ___ 86
4.1 酵素反応 ___ 86
4.1.1 酵素反応速度 ___ 87
4.1.2 酵素反応に影響を与える要因 ___ 88
4.1.3 酵素の分類とその特性 ___ 88
4.1.4 穀類中の酵素とその働き ___ 89
4.1.5 食品加工に影響を与える穀類原料中の酵素の種類と作用 ___ 89
4.2 酸化および抗酸化反応 ___ 93
4.2.1 酸化反応 ___ 93
4.2.2 抗酸化反応（Antioxidative Reaction） ___ 98
4.3 褐変反応（Browning） ___ 99
4.3.1 非酵素的褐変 ___ 99
4.3.2 酵素的褐変（Enzymatic Browning） ___ 105
4.4 製パン発酵中の化学的変化 ___ 106
4.4.1 発酵の生地物性の変化に及ぼす影響 ___ 106
4.4.2 発酵中の酸化反応とタンパク質の構造変化 ___ 108
4.4.3 発酵中の香気成分（またはその前駆体）の発生 ___ 110
4.5 グルテンの構造と二次加工中の動的変化 ___ 111
4.5.1 グリアジンとグルテニンのサブユニット中のジスルフィド結合と
その動的変化 ___ 113
4.5.2 グルテン中の水素結合と動的変化 ___ 116
4.5.3 グルテン中のチロシン同士の結合とその動的変化 ___ 118
参考文献 ___ 119

第5章　シリアルフードのプロセッシング ___ 121

5.1　小麦粉食品の物性（Rheological Properties）（執筆担当　岡田憲三）___ 121
- 5.1.1　食品テクスチャーの測定法 ___ 122
- 5.1.2　小麦粉の生地の物性測定法 ___ 123

5.2　小麦粉の加工（Processing of Flour）（執筆担当　岡田憲三）___ 126
- 5.2.1　製粉 ___ 126
- 5.2.2　製パン ___ 129
- 5.2.3　製麺 ___ 140
- 5.2.4　製菓 ___ 148

5.3　米（粉）食品の物性（執筆担当　木村俊範）___ 152
- 5.3.1　米の流通形態 ___ 152
- 5.3.2　米粒の物性および品質評価項目 ___ 153

5.4　米のプロセッシング（執筆担当　木村俊範）___ 163
- 5.4.1　もみ摺り・精米 ___ 163
- 5.4.2　炊飯 ___ 174
- 5.4.3　米粉，その他の加工 ___ 179

参考図書・資料 ___ 182

引用・参考文献 ___ 183

第6章　シリアルフードの代謝と栄養，機能性 ___ 188

6.1　シリアルフードの代謝と栄養（執筆担当　田中眞人）___ 188
- 6.1.1　糖質の代謝と栄養 ___ 189
- 6.1.2　穀類タンパク質の代謝と栄養 ___ 196
- 6.1.3　脂質の代謝と栄養 ___ 198
- 6.1.4　糖質のエネルギー代謝とアミノ酸，脂質の代謝との関係性 ___ 199
- 6.1.5　シリアルフードの飽食と飢餓 ___ 199

6.2　シリアルフードの機能性（執筆担当　平本　茂）___ 200
- 6.2.1　小麦粒各部分における生体調節成分 ___ 201
- 6.2.2　小麦タンパク質およびペプチドの生体調節機能 ___ 206
- 6.2.3　小麦生体調節成分を含む健康食品の実際 ___ 216
- 6.2.4　シリアルフードの機能性の課題 ___ 217

参考文献 ___ 217

索引 ___ 221

第1章 小麦と米のシリアルサイエンスについて

cereal science

穀物（Grain）：粒状のまま最終消費される豆類および穀類と定義され，原料の意味が強い。そのため，コメ（Rice），コムギ（Wheat），トウモロコシ，アワ，キビなどのイネ科植物と大豆，小豆などの豆類を指している。日本では，一般的にイネ科植物の種子だけの場合「穀類（Cereals）」として「穀物」と区別する。穀類の主な成分：水/12.5〜15.5%，タンパク質/7.4〜13.9%，脂質/1.9〜5.4%，繊維を除く炭水化物（糖質）/55.7〜72.5%，食物繊維/2〜11%

　本書でいうシリアルとは，穀類であるコメ，コムギ，コーン，アワ，キビなどのイネ科植物種子とその加工品を示し，**穀物**と区別して大豆などのマメ科植物種子由来は除外する。また，本書では，イネ科植物種子のうち，主として小麦と米に焦点を当てて述べる。両者は，含まれている成分だけでなく，食生活における栄養学的役割や食文化的役割として共通点が多いからである。

　本来，シリアルとは，穀類原料だけでなく，穀類原料を加工した小麦粉や米粉，さらに，それを加工した食品も含んでいる。そのため便宜上，本書では，穀類原料から穀類食品を総称してシリアルとし，穀類を粉状に一次加工したもの（小麦粉，米粉など）をシリアルフラワー（Cereal Flour）とよび，それらをさらに加工した食品（パンや麺，菓子など）をシリアルフード（Cereal Food）として区別したい。

　では，シリアルサイエンスとはどのような学問だろうか。この学問分野を正確かつ端的に説明するのは容易ではない。その理由は，シリアルサイエンスの示す学問分野がとても広く複雑であり，かつ，それらを応用した食品の開発など含めると，さらに拡大するため，学問領域を明確に定義できないからである。例えば，シリアルサイエンスを「穀類とその加工に関する科学」と仮定した場合，必要となる基礎的な知識は，化学，生物学，物理学，工学，農学などである。また，できあがった食品の栄養や食味，デザインの評価，また遺伝子解析や操作までも含めるとなるとさらなる知識が必要となる。さらに，穀類から作られる酒や発酵調味料，バイオエタノールの地球温暖化との関連性までも包括した場合，微生物学や環境学分野も含める必要がある。

　このように，広範囲なシリアルサイエンスのすべてを解説することは難しいが，本書では要点をまとめて解説していく。

　以下の各章で，それぞれのテーマについて詳細に解説するが，本章では原料の小麦と米の食糧としての意義について述べていく。

1.1 小麦

コムギ(注)はイネ科コムギ属に属する一年草の植物である。広義にはクラブコムギ（*Triticum. compactum*）やデュラムコムギ，マカロニコムギ（*T. durum*）などコムギ属（*Triticum*）植物全般を指す。狭義には，普通コムギ（*T. aestivum*）を示す。

コムギの原産地は中央アジアのトランスコーカサス地域である。コムギの歴史は古く1粒系コムギの栽培は1万5000年前頃に始まった。その後1粒系コムギはクサビコムギ（*Aegilops speltoides*）のような野生種と交雑し2粒系コムギになり，さらに紀元前5500年頃に2粒系コムギは野生種のタルホコムギ（*Ae. squarrosa*）と交雑し，普通コムギ（*T. aestivum*）が生まれたといわれている（詳細は2.2節参照）。

普通コムギの栽培はメソポタミア地方で始まり，紀元前3000年にはヨーロッパやアフリカに伝えられた。シルクロードを経て紀元前1世紀頃（前漢時代）には中国へ伝播し，その後，中国経由で弥生時代頃には日本に伝わったと考えられている。

日本においてコムギは，奈良・平安期には五穀の1つとして広まり，ひき臼が普及した江戸時代以降，庶民が，うどん，すいとんなどの粉食品を気軽に口にできるようになった。

現在，コムギは温帯から亜寒帯にかけて栽培されている。比較的乾燥に強く，生産限界は年間降水量で約500 mm程度であるため，世界中で栽培されている。国際連合食糧農業機関の統計資料（FAOSTAT）によると，2012年のコムギの世界生産量は6億7087万トン。これはコメの生産量（7億1973万トン）に匹敵する。トウモロコシ（8億7206万トン，2008年）と共に生産量の多い農作物である。コムギの生産量上位5か国（2011年）は，中華人民共和国（1億1741万トン），インド（8687万トン），ロシア（5624万トン），アメリカ合衆国（5441万トン），フランス（3803万トン）で総生産量の約5割を占める。

日本の生産量は85万7800トン（2012年）で，うち北海道での生産が全体の65％を占める。コムギはもともと乾燥地帯を好む作物であるため，登熟期から収穫時期にかけて，雨の少ない北海道の気候が適している。国内の品種については，従来麺類向けの品種を中心に育種と耕作が行われてきたが，近年パン用の育種も盛んに行われるようになっている（2.2節）。

2012年時点での小麦の世界の総輸出量は1億4720万トンで，他の穀類であるトウモロコシの総輸出量1億806万トン，コメ3910万トンと比較して，最も多い。2011年時点の輸出国はアメリカ合衆国3278万トン（24.8％），フランス2034万トン（15.4％），オーストラリア1765万

日本のコムギが世界を救った話：1935年に小麦農林10号として登録された小麦は，岩手県農事試験場において，フルツ達磨とターキーレッドの交配組合せから育成された。交配年次は1925年（大正14年），育成者は稲塚権次郎。この品種は，日本在来品種の「白達磨」から由来する背が低くなる遺伝子（半矮性遺伝子，Rht1, Rht2）を持ち，多肥栽培でも倒れにくく多収になる利点を持っていた。一方，病害に弱く，日本では東北地方を除き，広くは普及しなかった。この品種は，第二次世界大戦後のGHQによる遺伝資源収集で，アメリカ合衆国農業省天然資源局のS.C.サーモンが，種子をアメリカ合衆国に持ち帰った。アメリカ合衆国の育種家はそれを用いた育種を行った。1961年には，小麦農林10号を親としたコムギ短稈多収品種ゲインズが育成された。同時期のメキシコにおいて，ノーマン・ボーローグらは小麦農林10号とメキシコ品種の交配から，草丈90～120 cmのBevor14系の品種群を育成した。これら短稈多収品種は，インド・パキスタン・ネパールをはじめ世界各国で栽培されるようになり，コムギの生産性向上に大きな貢献をした。これらは，後に緑の革命と呼ばれ，ボーローグらはこの功績により1970年にノーベル平和賞を受賞している。

(注) 本書では，穀類の表記を学術的に用いる場合はカタカナ表記とする。

トン (13.4%), カナダ1 633万トン (12.4%), ロシア1 518万トン (11.5%) の順であり, この5か国だけで全世界の輸出量の2/3を占める。輸入国は, エジプト (980万トン), アルジェリア (745万トン), イタリア (732万トン), 日本 (621万トン), インドネシア (560万トン) の順に多い。この5か国で全世界の輸入量の約25%を占める。

日本の輸入量は全世界輸入量の約4%程度であり, 日本の2011年度の小麦輸入相手国は, アメリカ合衆国 (58%), カナダ (23%), オーストラリア (18%) の順となっており, その他の国は0.1%に過ぎない。国内で利用される小麦 (約620万トン) の約89%は輸入されている。

国内で使用される小麦のうち, 約490万トンが小麦粉として食用に利用され, 残りのほとんどを占める外皮部分 (ふすま) は飼料としてほとんど利用されている。小麦粉のうち, 約40%(196万トン) は強力系 (パン用粉) として使用され, 約34% (168万トン) は準強力・中力系 (めん用粉), 薄力系 (菓子用粉) は12% (58万トン), 家庭用粉は3% (13万トン) となっている。

小麦の場合, 米と違って精麦後の全粒をそのまま食すことはほとんどない。それは小麦粒にはクリース (粒溝) と呼ばれる溝のような構造があるために皮離れが悪く, 食感や食味, 調理性にマイナスの影響を与えるためである。そのため, 小麦粒を粉砕して粉状に加工する粉砕工程と, できた粉体を粒度や密度によって分ける篩分工程の2工程をもつ いわゆる製粉により小麦粉に調製する必要があり, その後パンや麺, 菓子などに二次的に加工される必要がある (二次加工という) (5.2節)。

日本国内の小麦粉の生産量は2011年度で約490万トン (外国からの小麦粉としての輸入は高関税のためほとんどない)。小麦粉はパンやうどん, 中華麺, パスタなど麺類や菓子へ加工される。小麦種による粒の硬さや, タンパク質の量と性質などにより, 生成される小麦粉の種類と用途が異なる (2.2節)。図1.1は, 用途別に使われる原料小麦の種類とその小麦から作られた小麦粉, その小麦粉の用途などを示している。用途により原料小麦や小麦粉が違うのは, 小麦に含まれているタンパク質やデンプン, その他の成分の質と量の違いや粒度, 加工性の違いが用途の品質に影響を与えるため, 細かく分類されてきたことによる。そのため, 用途別に小麦粉の商品は現在100種類以上存在している。小麦中の成分の質と量が加工性に与える影響について2.2節, 第3章, 5.1節, 5.2節などで述べる。

上記の用途以外に, 小麦の一部は, ビール, ウイスキーや工業用アルコールの原料になるものもある。品質が劣る小麦や製粉の際に出る外皮 (ふすま) は主に家畜の飼料となるが, 一部は食品や工業用にも利用さ

日本の小麦政策:
・食糧法第3章により, 麦は政府の価格統制が存在する。
・その食糧法第42条により, 政府は麦等の輸入を目的とする買入れを行うことができる。
・日本政府は, 政府から買入の委託を受けた輸入業者 (商社など) が輸入した小麦を購入した上で, 政府売り渡し価格を製粉会社に提示, 引き渡す制度になっている (売買同時契約, SBS方式)。製粉会社は, マークアップと呼ばれる上乗せ金を政府に支払うことで, 原料を購入することができる。売り渡し価格は, 年3回, 10%程度の増減幅で見直されているが, 国際価格に影響を受ける。2007年には主にオーストラリアでの大規模な不作によって, 国際相場での小麦価格と政府価格も高騰し, 小麦粉製品の値段も上昇した。

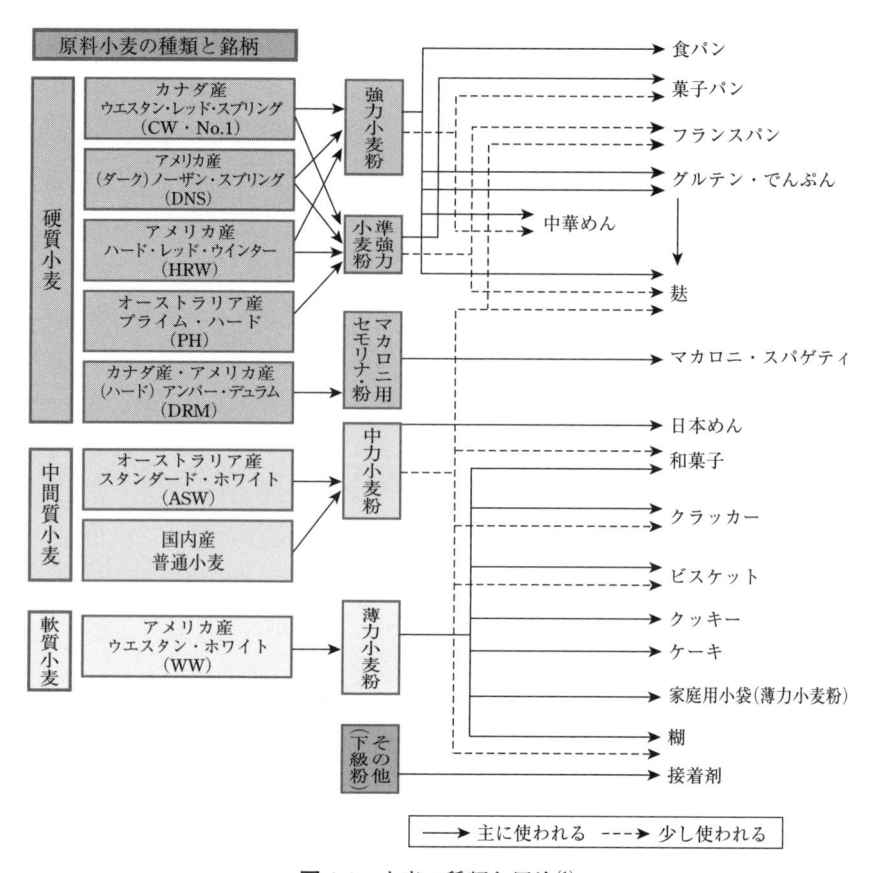

図 1.1 小麦の種類と用途(1)

れている。ふすまは，セルロース，ヘミセルロースなど食物繊維やミネラルを豊富に含んでいるため，飼料としての価値が高く，特に牛用の飼料としては，ふすまだけで完全な栄養飼料となるため，単味飼料ともよばれている。

また胚芽部分は，豊富なビタミンや必須脂肪酸，抗酸化物質，ミネラルなどを多く含むことが着目され，健康食品として利用されている。

1.2 稲，米

稲（学名 *Oryza Sativa*）はイネ科イネ属の多年生植物であり，収穫物が米である。大きくインディカ種（*Oryza Sativa var. Indica*）とジャポニカ種（*Oryza Sativa var. Japonica*）の2種に分類できる。現在日本で栽培されるイネは，ジャポニカに属する品種が主である。

原産地は，中国・インド・ミャンマーが接している山岳地帯の周辺であり，稲作は揚子江周辺で約7 000年前に始まったとされている。稲は日本においては，縄文時代中期に，中国から台湾，琉球を経て九州南部に伝わり，その後九州北部，中国・四国地方へと伝わったと考えられて

いる。稲作は，縄文時代晩期から弥生時代早期にかけて行われ始めた。弥生時代中期にはすでに東北北端まで栽培方法が伝達されている。北海道での栽培は明治になってから栽培法と新種の改良により可能となった。

米の世界の年間生産量は7億1000万トンを超え，さらに拡大傾向にある。米は小麦，コーンとともに世界の三大穀物といわれる。米の9割近くはアジア圏で生産され，消費される。2012年FAOSTAT統計で最大の生産国は中国（2億428万トン）で，インド（1億5260万トン），インドネシア（6904万トン）が続く。

日本の農業において，米は最重要な農産物であり，農業総産出額に占める割合が単独の農産物としては最も多い。しかしながら，近年，生産額・構成比ともに縮小傾向にあり，産出額は，1984年の3兆9300億円（年間生産量約1180万トン）をピークとして，2009年では1兆7950億円（年間生産量約850万トン）程度まで縮小している。全農業生産における構成比については，1960年代50%前後を占めていたが，2009年は22.3%まで低下している。家庭内での米の年間消費量は，1962年118 kgあったものが2008年に59 kgまで減少し，2012年は56.3 kgとなり減少傾向は続いている。

米はほかの穀物に比べ，国内で消費される傾向が強く，生産量に対する貿易量は少ない。世界で生産される米の約7%しか貿易されていない。小麦は約20%，トウモロコシは約12%と比べると生産量に対する貿易量は低いことがわかる。そのため，小麦やトウモロコシと異なり，これまで国際的な商品先物取引の対象商品となっていなかった。しかし，近年，米の世界の貿易量は増加傾向である。世界の貿易輸出量はFAOSTATによれば3209万トン（2012年）で，最大の輸出国はタイ（1000万トン）で，ベトナム（640万トン），アメリカ合衆国（325万トン），パキスタン（320万トン），インド（280万トン）が続く。上位5か国で，世界の貿易量の8割を占めている。輸入国はフィリピン，ナイジェリア，イラン，イラク，サウジアラビアの順となっている。

国際取引指標は，タイ国貿易取引委員会（BOT）の長粒種輸出価格が基準となっている。米は，日本の戦後農業政策の根幹であったため，原則として輸入がなされなかったが，ウルグアイ・ラウンドにおいて，輸入枠（ミニマム・アクセス）を受け入れ，1993年以降，年間約70万トンの輸入を行っている。

日本において，米は厳然たる主食であり，おいしい米に対する品質追求の情熱は失われていない。そのために，食味のよい新品種の開発や病気に強い品種の開発が行われている（2.2節）し，新しい加工法も開発されている（5.3, 5.4節）。特に米の場合，精麦した全粒を炊飯して食

する（粒食）ことがほとんどであり，米の品質や加工法，保蔵法が直接炊飯後の食味に影響を与えるため，現在日本においては厳重に品質管理がされている。そのような国内産米と外国産との品質差は大きく，外国産の米がすぐに国内での消費拡大につながるとは考えにくいが，今後の国際情勢次第では，多量に輸入される時代が来る可能性もある。逆に，外国では日本食ブームが起こっており，国際的にも人気が出てきた高品質な米を輸出することが検討されている。現在，約1500トン以上（2012年）が輸出されているが，今後の輸出拡大が期待されている。

米の粒食以外の用途としては，米粉（コメ穀粉生産量年間約10万トン）がある。米菓や一部食品原料，酒米用として利用されている。これらに加え，近年，米粉を用いたパンも新たに開発され（5.4節），需要の拡大となっている。

世界的には，米からパーボイルドライス等の新しい調理方法が開発されているし，インド料理で有名な米粉を用いたイドリ，ドーサなどは今後国際的に需要が高まる可能性もある（5.4節）。

1.3 シリアルサイエンスのこれから

1.3.1 現在の穀類食品の国内食品産業でのポジションと食生活の変化

個人が購入する全食品に占める穀類食品の割合は年々減ってきている（**表1.1**）。その中でも，特に，米の年間支出額は1990年と比較して約半分以下であり，微増のパンと変わらない水準まできている（2011年には小麦粉食品の購入額が米を逆転している）。果物や飲料と比較しても，かなり少ない。同じような減少傾向は，魚介類，野菜，果物類で起こっている。反対に，油脂や菓子，飲料，外食は増加傾向にあり，穀物と魚介類，野菜中心の日本型の食生活が国内で衰微傾向にあることを物語っている。それと同様に，憂慮すべきこととして，国内では成人病，特にがんの罹患率の急激な上昇をしていることがある（**図1.2**）。がんの罹患率が上昇し続けていることは，高齢化が進んでいることを考えあわせても，食・生活習慣の変化によるところが大きいといわざるを得ない。そのために，成人病の予防に関する穀物の寄与とその栄養学については，研究がさらになされるべきであると考えている。

1.3.2 シリアルサイエンスの今後の課題

世界の穀物をめぐる現在の状況と課題に対して，シリアルサイエンスの貢献が期待されている。特に今世紀に入り以下の2つの大きな課題に向き合うことになったが，この解決に向けた研究や技術開発が期待され

表 1.1 食料品の世帯当たりの年間支出額[2]

年	穀類	〔%〕	(米)	(パン)	(麺)	魚介類	〔%〕	肉類	〔%〕	乳卵類	〔%〕	野菜	〔%〕
1990	112 090	10.9	62 554	26 122	18 793	134 482	13.1	96 119	9.3	45 211	4.4	126 215	12.3
1995	105 572	10.3	52 852	27 898	19 925	126 332	12.3	88 274	8.6	45 387	4.4	124 245	12.1
2000	90 892	9.3	40 256	27 512	18 771	110 868	11.4	81 140	8.3	45 407	4.7	112 206	11.5
2005	80 572	8.9	32 896	26 253	16 662	93 041	10.3	75 359	8.4	41 279	4.6	103 725	11.5
2009	83 009	9.3	30 495	28 964	18 423	85 917	9.6	78 976	8.8	39 583	4.4	100 796	11.2

年	果物	〔%〕	油脂類	〔%〕	菓子類	〔%〕	飲料	〔%〕	酒類	〔%〕	外食	〔%〕
1990	53 308	5.2	38 446	3.7	82 961	8.1	39 112	3.8	53 832	5.2	168 630	16.4
1995	49 776	4.9	39 935	3.9	81 843	8.0	42 480	4.1	53 366	5.2	176 175	17.2
2000	44 647	4.6	40 637	4.2	78 532	8.1	46 237	4.7	49 994	5.1	173 430	17.8
2005	39 213	4.3	38 544	4.3	74 834	8.3	47 398	5.3	45 671	5.1	161 312	17.9
2009	36 953	4.1	40 906	4.6	80 402	9.0	46 313	5.2	43 488	4.9	161 314	18.0

%は，全食料費に占める割合

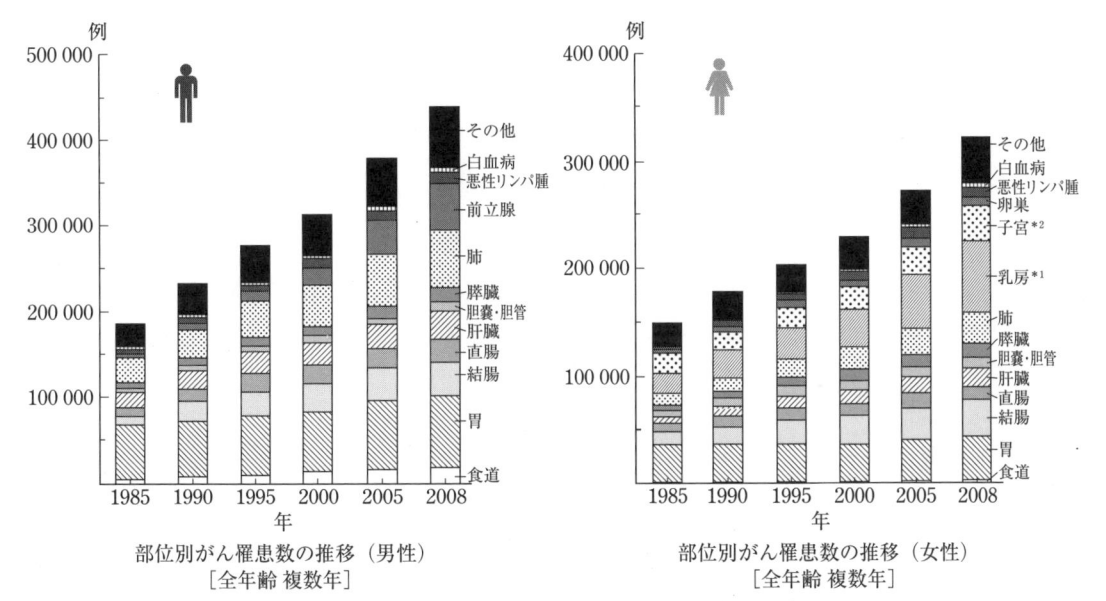

部位別がん罹患数の推移（男性）
［全年齢 複数年］

部位別がん罹患数の推移（女性）
［全年齢 複数年］

*1 乳房と子宮頸部は上皮内がんを含む。
*2 子宮は，子宮頸部および子宮体部のほかに「子宮部位不明」を含む。

図 1.2 日本のがん罹病患者数の変遷[3]

ている。

(1) 食糧生産とエネルギーに関する課題

今世紀になって国際的にエネルギー需給バランスが不安定となり，また，地球環境問題，特に地球温暖化に及ぼす二酸化炭素増加の影響が懸念されるようになった。その結果，再生可能なエネルギーの生産技術が開発され，穀類を原料としたバイオエタノールは，大規模な生産が行われるようになった（図 1.3）。アメリカで生産されるトウモロコシの約40%は燃料用になり，その結果，穀物需給のひっ迫から，国際相場価格の上昇になり，またトウモロコシの生産量増加に伴い小麦の耕作面積が

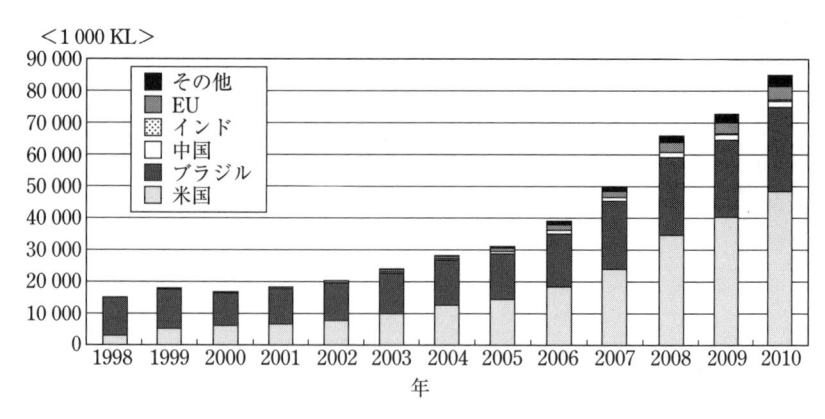

図 1.3　世界におけるバイオエタノール生産量の推移[4]

相対的に減少し，それが小麦を含めた他の穀類の価格上昇へ反映される結果となり，国際的に天候不順による穀類生産の不安定な状況もあって，現在においても穀類の価格は高止まりとなっている（図 1.4）。このような状況にあって，「バイオエネルギー用の作物を作出するか，食用の穀物の生産力を上げ続けるか」といった課題解決に，育種，遺伝子組換え技術の両面からシリアルサイエンスの貢献が期待されている。

(2) 栄養と健康に関する課題

国内では，1.3.1 項で述べたような穀物摂食の減少など，食生活の変化に伴う成人病リスク発生増の課題があり，この解決に向けたシリアル

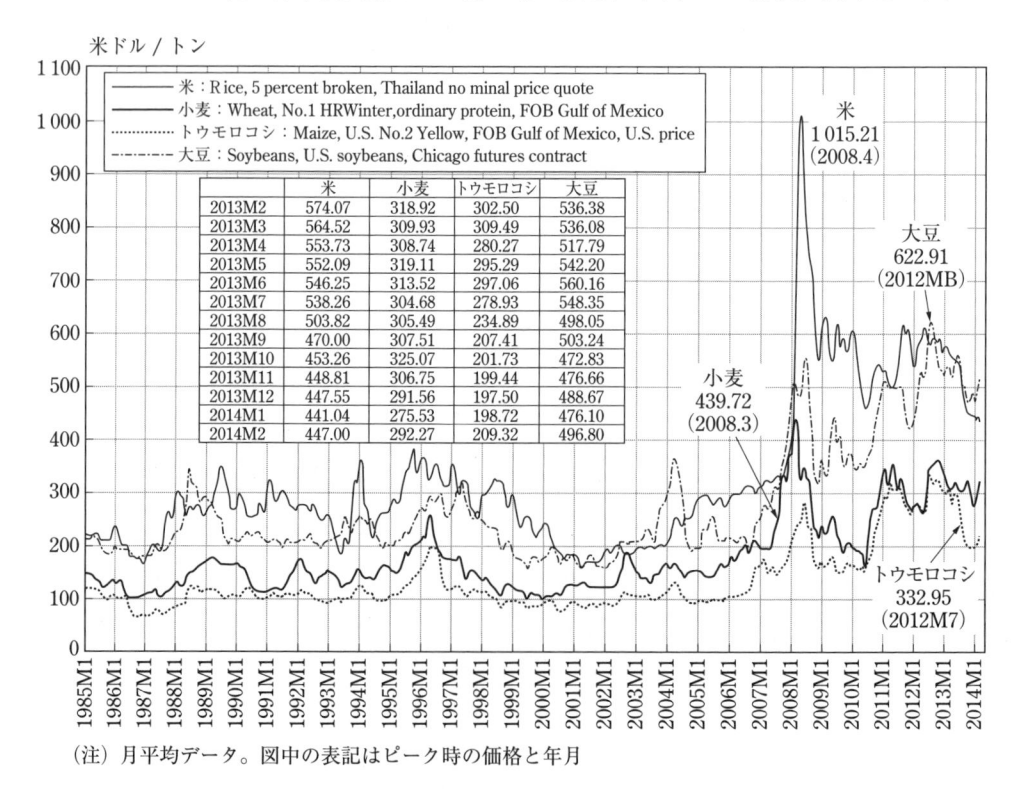

	米	小麦	トウモロコシ	大豆
2013M2	574.07	318.92	302.50	536.38
2013M3	564.52	309.93	309.49	536.08
2013M4	553.73	308.74	280.27	517.79
2013M5	552.09	319.11	295.29	542.20
2013M6	546.25	313.52	297.06	560.16
2013M7	538.26	304.68	278.93	548.35
2013M8	503.82	305.49	234.89	498.05
2013M9	470.00	307.51	207.41	503.24
2013M10	453.26	325.07	201.73	472.83
2013M11	448.81	306.75	199.44	476.66
2013M12	447.55	291.56	197.50	488.67
2014M1	441.04	275.53	198.72	476.10
2014M2	447.00	292.27	209.32	496.80

（注）月平均データ。図中の表記はピーク時の価格と年月

図 1.4　穀物等の国際価格の推移[5]

サイエンスの貢献が期待される。例えば，糖尿病やがんを予防するシリアルフードの開発など。

一方，世界的に見れば，まだまだ食糧危機や飢餓の脅威がある。穀物の生産が増加し，穀物から栄養を十分にとることができれば，そのような危機から世界を救うことができる。例えば，半乾燥地帯（塩類集積土壌）で生育できる品種の開発や，米や小麦からの栄養吸収率と栄養価のアップなどを実現するために，これまでの育種，作物栄養学的なアプローチのほか，**遺伝子組換え技術の利用**が期待されている。

先に述べたように，シリアルサイエンスは，食糧問題，エネルギー問題など，今世紀に入ってからの課題に向きあう必要がある。そのため，サイエンスフィールドは拡大する傾向にある。それは，この分野への期待と可能性が大きいことを意味している。大いに若い人たちがこの分野に興味を持って貢献してほしい。

そのための最初の一歩として，本書がその一助になることを願っている。特に，穀物の遺伝子組換え技術は，安全性の確認と社会的な受け入れが十分できれば，今後，国際社会が抱える種々の課題解決と目覚ましい技術発展が期待できる。

そのため，社会に受け入れられるような遺伝子組換え技術の安全性評価や，それらのわかりやすい解説も必要であり，今後のシリアルサイエンスはその重要な役割も担っている。

本書では，小麦や米の遺伝子組換え技術にはほとんど触れないが，章末に2011年6月「農業と環境」に掲載された農業環境技術研究所の記事について紹介する。この中で，小麦の遺伝子組換え技術に関わる世界動向と技術開発の背景が述べられている。いずれにしても，遺伝子組換え作物の作出は，優れた形質または性質をどれくらい作物に与えるかが最大のポイントになるので，これまでのシリアルサイエンスから得られた情報や知見は，重要な情報となるはずであり，その実現を期待する。

コメのタンパク質の利用：精白米中のタンパク質は6〜7％程度あるが，コメ胚乳中のタンパク質でのプロラミン（PB I 型）は，ヒトは消化できない。このタンパク質の消化性を遺伝子組換え技術などで上げることができれば，飢餓で苦しむ途上国で貴重なタンパク源となりうる。他に，ビタミンや予防効果の高い成分を生産できる遺伝子の付加などができる。

引用文献
(1) 財団法人　製粉振興会ホームページ
(2) 食品産業センター　平成22年度食品産業統計年報
(3) 独立行政法人　国立がん研究センターがん対策情報センター
(4) 資源エネルギー庁新エネルギー対策課
(5) IMF Primary Commodity Prices

農業と環境 No.134（2011年6月1日）
独立行政法人農業環境技術研究所
GMO情報：小麦のゆくえ、2020年に組換え品種登場予定

今年（2011年）5月11日、米国農務省は、モンサント社とBASF社が共同開発した乾燥耐性トウモロコシ（MON87460系統）の商業栽培承認に向けてパブリックコメント（意見募集）を開始した。この系統は土壌細菌、Bacillus subtilis 由来の低温刺激タンパク（Cold shock protein）B遺伝子を導入したもので、乾燥条件でも植物細胞の働きが正常に保たれる。北米の野外試験では、乾燥条件下で非組換え品種とくらべて収量が約10％増加したという。乾燥ストレスに強いとともに、農業用水代（コスト）を10～15％節約できるのがセールスポイントだ。早ければ2012年から米国とカナダで栽培する予定としているが、北米での栽培承認や輸出先での食品安全性審査などで2012年からの商業利用は難しいかもしれない。しかし、審査手続きによる遅れを除くと、技術面ではほぼ当初の目標通りの期間で新品種を完成させたことになる。

今回はトウモロコシではなく、小麦の話題。2009年5月に米国、カナダ、豪州の小麦生産者団体が共同で、バイテク種子メーカーに組換え小麦の開発を要望した。それに応える形で、2010年7月にモンサント社とBASF社が組換え小麦の共同開発を正式に表明し、2020年までに乾燥耐性や高収量品種の実用化をめざすと表した。その後、他のバイテクメーカーや研究機関も相次いで小麦のゲノム（遺伝子情報）解析や新品種の育成計画を発表している。

最近の動き

停滞していたバイテク小麦の研究開発が大きく動いたのは、2009年5月の米・加・豪の生産者団体連合からのリクエストだ。背景には、北米ではトウモロコシとダイズは組換え品種など画期的な新品種が登場し、小麦の栽培地が奪われるという業界の危機感と、豪州では干ばつ続きで、今から乾燥耐性品種の開発を進めなければ間に合わないという開発側の焦りがあった。小麦の栽培は比較的冷涼乾燥条件が適しているが、過度の乾燥には耐えられない。とくに北米の生産者が望んでいるのは、農業用水を節約できる乾燥耐性や肥料吸収効率の高い品種だ。バイテク小麦開発に関する2010年7月までの動きは、農業と環境125号（2010年9月）をご覧いただきたい。その後のおもな出来事は以下のとおりだ。

2010年7月モンサント社とBASF社が組換え小麦の共同研究開発を開始。10年後に商業化目標。
　　　8月　農業生物資源研究所、横浜市立大、京都大が小麦のゲノム解析で国際共同プロジェクト創設。
　　　8月　豪州の小麦育種メーカー（Inter Grain社）とモンサント社が資本提携。
　　　8月　イギリス・リバプール大などの研究チーム、小麦ゲノム配列解読を発表（日本の研究チームは完全な配列解明ではないと評価）。
　　　12月　西オーストラリア州農業局、組換え乾燥耐性小麦の研究開発に着手。
　　　12月　バイエル社、イスラエルのEvogene社や米国・ネブラスカ大と乾燥耐性、高収量品種開発で共同研究開始。
2011年1月モンサント社、組換え小麦の開発は第1段階（phase 1）。BASF社と共同で乾燥、高収量品種の開発をおこなうほか、新たな除草剤耐性品種も計画と発表。
　　　1月　全米小麦業者協会（USW）、「2050年の世界の小麦輸入動向」レポート発表。

全米小麦業者協会（USW）の予測レポート

2011年1月、USWは「2050年の世界の小麦需給動向予測」と題する調査レポートを発表した。「世界の人口は増え続け、小麦の需要も増える」、「人口が大幅に増える地域ではどんなに頑張っても、小麦の生産量は追いつかない」、「小麦の需要は2010年より大幅に増え、米国産小麦の輸出機会も拡大する」、「ヨーロッパや日本では組換え食品への懸念・反発が強いが、人口増加国向けに組換え小麦の開発も積極的に進めるべきだ」と強気のレポートだ。40年先のことを正確に予測するのは難しいが、単に人口増加だけでなく、各地・国別に生産量（収量増加）や消費量動向を加えた上での分析で、自給国から輸入国に転ずるインドや、もともと小麦の栽培には向かない東南アジアの将来動向など、興味深い内容だ。レポートは国連機関の統計資料をもとに、人口増加、一人あたり消費量の変化、自国での生産量を求め、「需要－国内生産＝輸入量」として2050年の動向を推定している。調査対象とした人口の多い9つの地域・国の傾向は3つに分けられる。

(1) 輸入量が減るのはメキシコと中国

メキシコは2010年とくらべて人口は1800万人増加するが、自国での生産性も向上するため輸入量は現在の330万トンから210万トンに減少する。中国は6400万人増加するが、人口の伸びは2030年ころをピークに減少し、現在100万トンの輸入量はほぼゼロになる。ただし中国の推定値にはUSW内部でも異論があり、USW会長は輸入状態が続くのではないかと述べている。

(2) アフリカ、中東、インドは人口増に生産追いつかず

5つの地域・国の40年後の小麦輸入量と人口の増加は、北アフリカ（2900万トン、7500万人）、サブサハラ（南ア共和国を除くサハラ砂漠以南）（2300万トン、8億4100万人）、中東（1500万トン、1億1000万人）、インド（1200万トン、4億人）、ブラジル（400万トン、1400万人）の順となっている。これらの国・地域では生産性も向上するが人口の増加に追いつかず、現在より大幅に輸入が増える。とくにインドは現在、世界2位の小麦生産国でほぼ自給できているが、大量輸入国に転ずる。これは一人あたり年間消費量が現在とほぼ同じ63キログラム（kg）と推定した結果だが、主食である小麦の消費量が大きく変化することは期待できず、インドが大量輸入国になるのは確実だとしている。

(3) 完全輸入依存の東南アジアはさらに輸入量増加

東南アジア1位の人口大国であるインドネシアは40年後に5500万人増の2億8800万人に達し、小麦の輸入量も人口増に比例して160万トン増える。フィリピンは5200万人増加して1億4600万人となり、輸入も170万トン増える。両国とも、もともと小麦の栽培に向かない気候条件でありながら、一人あたり年間消費量はインドネシアが21 kg、フィリピンが26 kgとかなり高く、今も以上全量を輸入している。上記(1)、(2)の地域・国のような自国での生産性向上は期待できず、一人あたり消費量もインドネシアはほぼ同じ、フィリピンでは28 kgと微増することから、人口増加分だけ、小麦の輸入依存度は高くなる。

以上9地域・国のデータから、USWレポートは小麦の輸入量（市場取引量）はこの地域だけでも、現在の6840万トンから1億5300万トンと約2.2倍に増加し、米国産小麦の輸出市場も拡大すると予測している。

日本の小麦のゆくえ

日本の小麦自給率は14％（2008年）で、毎年約550万トンを輸入している。輸入先は米国、カナダ、豪州の3国でほぼ全量を占める。日本人は食生活の変化でコメを食べなくなり、1人あたり消費量は年々減っているが、その分、小麦の消費量が増えたわけではない。農水省の調査が始まった1960年の年間1人あたり消費量は25.8 kgで、1967年に31.6 kgまで増加したが、その後40年間はほとんど変化せず、32 kg前後で推移している（2011年3月、農水省統計）。2009年と2010年は春先の高温多雨の影響などで北海道産小麦が不作となり、自給率は11％に低下し、輸入量は約600万トンに増えた。しかし、日本の総人口は今後、確実に減少するので、小麦の輸入量が大幅に増加することはないだろう。40年先の2050年はともかく、2020年に北米で乾燥耐性の組換え小麦が実現すると、日本の小麦輸入市場にどんな影響がでるのだろうか。組換え小麦の開発をリクエストした米・加・豪3国の生産者・事業者団体は、日本に組換え小麦を買うように迫るつもりはないようだ。表示義務とする食用小麦や家畜飼料と異なり、食用小麦は「組換え使用」という義務教育が課せられることを十分認識している。過去10年のイネやトウモロコシでの未承認組換え系統の混入トラブルを教訓とし、ダイズとトウモロコシの収穫から集荷、船積みまでの分別管理システムを参考にして、市場の要求に応じて「非組換え（non-GM）小麦」を提供する体制を作るようだ。組換え品種の実用化に見通しがついた時点で、混入トラブル防止のため、食品と飼料の安全性審査を日本に申請することになるだろう。日本の小麦の生産性向上のネックとなっているのは、湿害や収穫前の穂発芽障害であり、乾燥耐性品種の栽培は考えられないが、たとえ日本で栽培する予定がなくても、野外で栽培したときを想定して、環境（生物多様性）への影響評価も申請するかもしれない。2020年まであと9年。まだまだ先か、もうすぐなのか。確かなのは、組換え小麦の商業化によって、トウモロコシやダイズと同じように、「非組換え（non-GM）」、「遺伝子組換えではない」という市場取引分野ができ、従来の小麦がプレミア（割増）価格付きの特別商品になることだ。そのとき、日本産小麦は「遺伝子組換えでない」という表示を追い風にして、自給率を向上させることができるのだろうか？　こちらの方は確実にとは言い切れない。

おもな参考情報

「2050年の世界の小麦輸入動向」（2011年1月、全米小麦業者協会）
http://www.uswheat.org/USWPublicDocs.nsf/4d8d35af7833b1848525763300685f0b/80e8bea4307087a58525781e0080f934/$FILE/Wheat%20Import%20Projections%20Towards%202050%20-%20C.%20Weigand%20Jan%202011.pdf
「麦の需給に関する見通し」（2011年3月30日、農林水産省）
http://www.maff.go.jp/j/press/soushoku/boueki/110330.html
「小麦のゲノム解析国際プロジェクト開始」（2010年8月12日、農業生物資源研究所）
http://www.nias.affrc.go.jp/press/20100812/
モンサント・BASF社高収量・耐乾燥性小麦の共同研究発表（2010年7月7日）http://monsanto.mediaroom.com/index.php?s=43&item=861
乾燥耐性トウモロコシ（MON87460）の意見募集（2011年5月11日、米国農務省）
http://www.aphis.usda.gov/newsroom/2011/05/ea_corn.shtml
農業と環境125号GMO情報「バイテク小麦のゆくえ、生産者連合からの期待と注文」
http://www.niaes.affrc.go.jp/magazine/125/mgzn12509.html

白井洋一

第2章 小麦粒と米粒の構造と遺伝学的特性

2.1 穀物の解剖学的構造

2.1.1 小麦粒の構造

小麦粒（Wheat Kernel）は，長さが4.5〜8.0 mmで重さは35〜43 mg程度のものが多い（図2.1）。小麦粒の大きさと重さは，品種や栽培状況によって異なり，穂のなかでも着生している穂軸からの位置により異なる（図2.2）。また，小麦粒は，品種や系統によって，硬さなどの胚乳（Endosperm）の特性，および粒色に違いが見られる。小麦の粒色は，大きくは赤粒系統と白粒系統に分けられる。粒色の違いは，種皮（Seed Coat）に含まれる色素（Pigment）や胚乳が，硝子質（Glassy）であるか粉状質（Mealy）であるかといった性質の違いによって異なってくる。

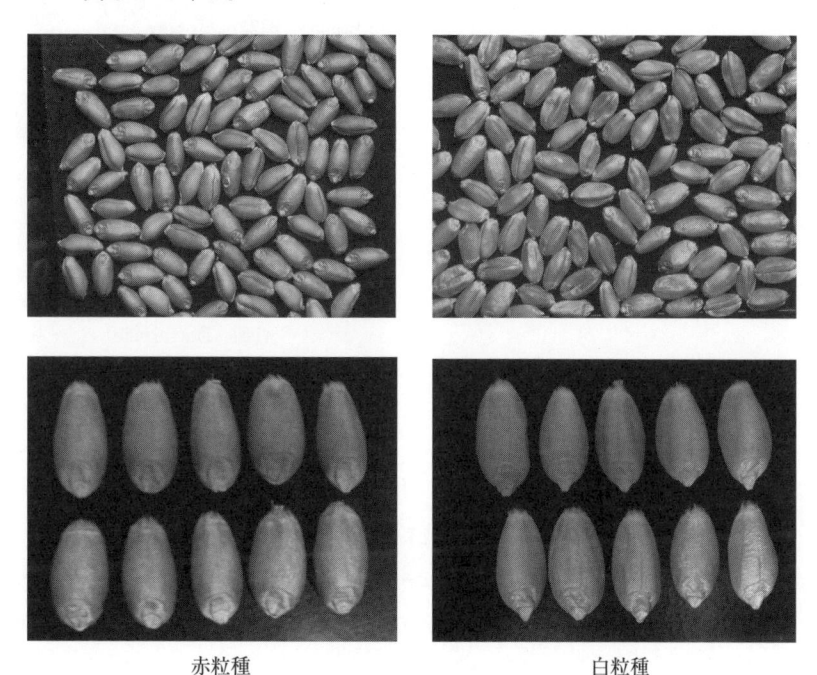

赤粒種　　　　　　　　　白粒種

図2.1　小麦の外観（白粒，赤粒種）

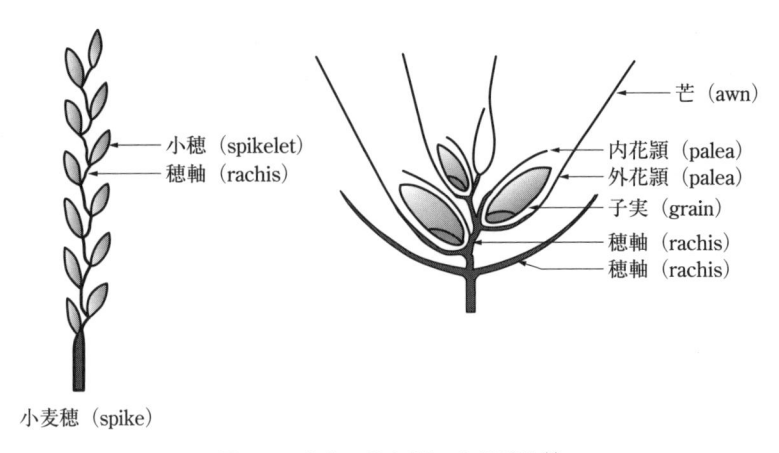

図 2.2　小麦の穂と穎の内部構造[1]

小麦の完熟した種子の形状は，品種によって特徴がみられる。胚がある側を背面，その反対側の粒溝のある面を腹面とよぶ。長軸方向の胚がある側を基部，反対側を頂部とよび，頂部には短いブラシ状の頂毛がある（図 2.3）。

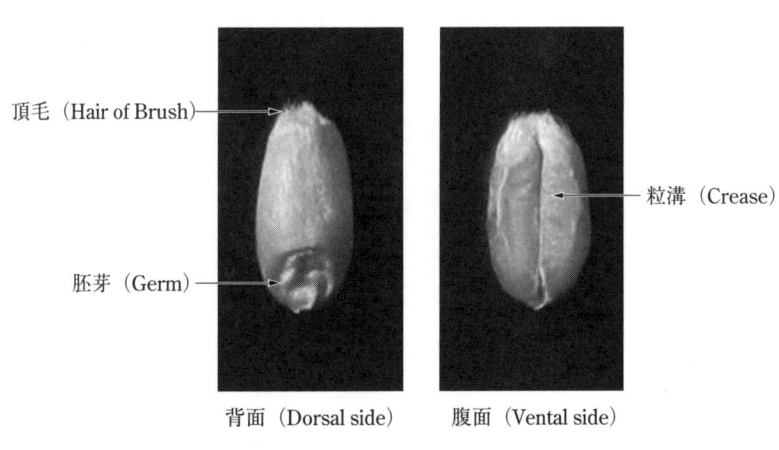

図 2.3　小麦の背面と腹面

(1) 小麦粒の内部形態

小麦粒の内部形態は，果皮の内側に種皮，珠心層があり，その内側がアリューロン層と胚乳となっている。さらに，基部背面には，胚が位置しており，内側は胚乳に接続し，外側は種皮と果皮で覆われている（図 2.4）。

小麦粒（図 2.5）は製粉の工程を経て，果皮，種皮，珠心層，アリューロン層からなる「ふすま（bran）」部分が除去されて，小麦粉（flour）となる。

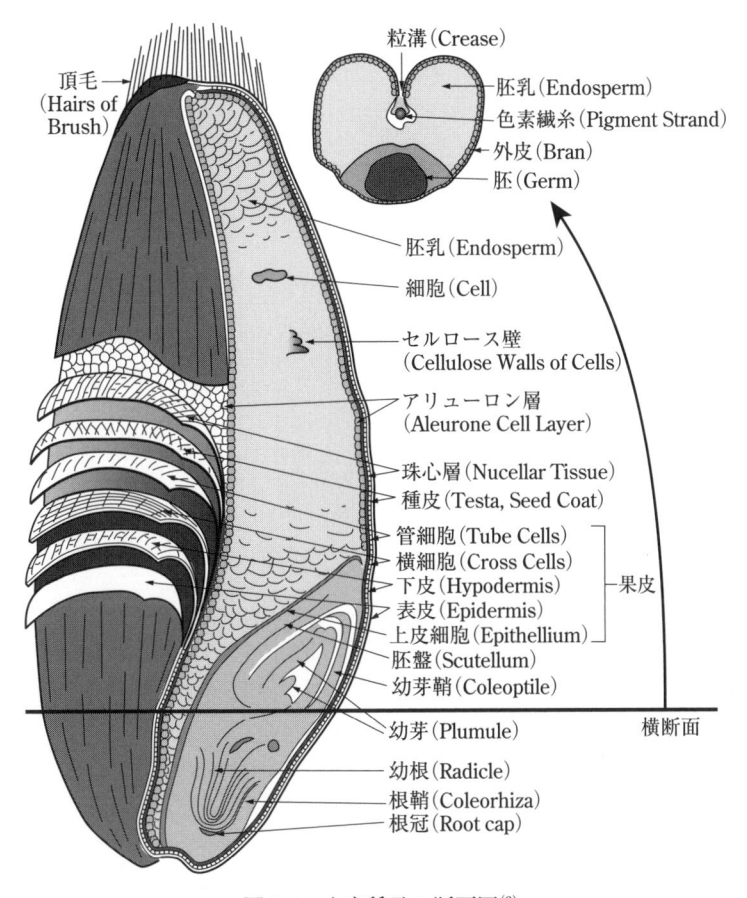

図 2.4 小麦種子の断面図[2]

　果皮は，厚さがおよそ45〜50μmで，4〜5層の細胞層からなり，外表皮，下皮，柔組織，中間層，横細胞，管状細胞で構成されている（図2.6）。

　果皮の重量は小麦粒の約5%を占める。主成分として非デンプン性の多糖類（主としてアラビノキシラン，ほかにリグニンやポリフェノールなど）が約60%あり，ほかにタンパク質約6%，灰分約2%，セルロース20%，脂質0.5%がある。

外表皮

　果皮の一番外側の細胞層で，種実の基部から頂部に連なっている。外表皮の厚さは15〜20μmで長さ80〜300μm，幅25〜48μm，厚さ3〜9.5μmの細長い細胞からなっている。

下皮，柔組織，中間層

　下皮は外表皮の直下にあり，1〜2層で細胞膜が厚く，その下の柔組織は細胞膜が薄い。この組織は，水を速やかに吸収する役割を持っている。中間層は，頂毛や胚芽においては，はっきりとした層状にはなっていない。

2.1　穀物の解剖学的構造　13

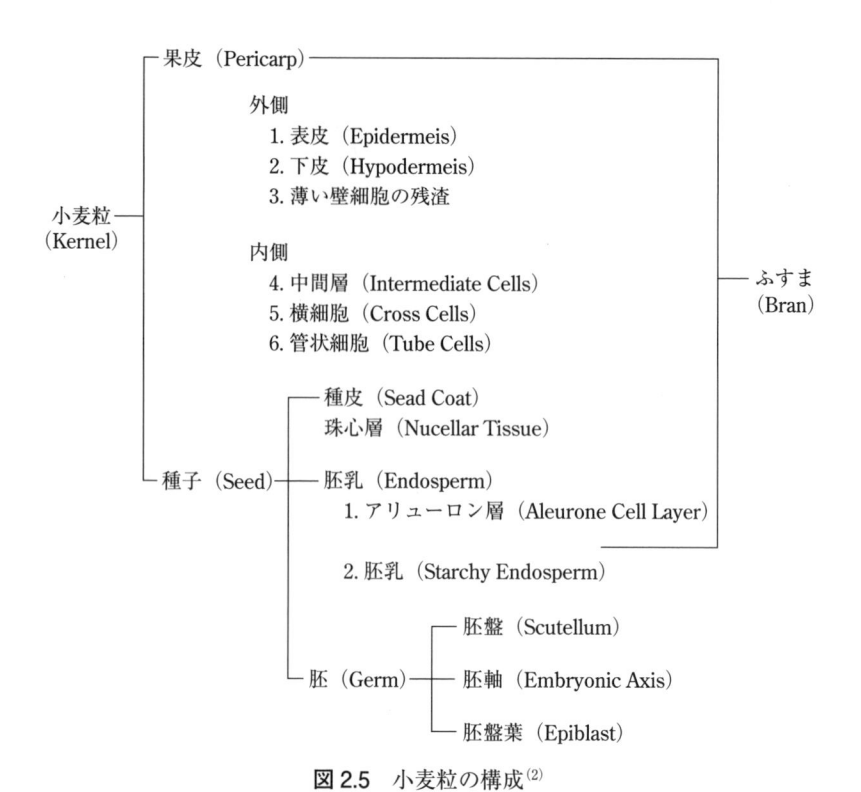

```
小麦粒        ┌ 果皮（Pericarp）─────────────┐
（Kernel）    │   外側                        │
              │     1. 表皮（Epidermeis）     │
              │     2. 下皮（Hypodermeis）    │
              │     3. 薄い壁細胞の残渣       │
              │                               │
              │   内側                        │
              │     4. 中間層（Intermediate Cells）
              │     5. 横細胞（Cross Cells）  ├─ ふすま
              │     6. 管状細胞（Tube Cells） │  （Bran）
              │                               │
              ├ 種子（Seed）┬ 種皮（Sead Coat）│
              │             │  珠心層（Nucellar Tissue）
              │             ├ 胚乳（Endosperm）│
              │             │   1. アリューロン層（Aleurone Cell Layer）┘
              │             │
              │             │   2. 胚乳（Starchy Endosperm）
              │             │
              └ 胚（Germ）┬ 胚盤（Scutellum）
                          ├ 胚軸（Embryonic Axis）
                          └ 胚盤葉（Epiblast）
```

図 2.5　小麦粒の構成[2]

図 2.6　小麦粒表皮付近の横断面[3]

横細胞

　横細胞は，長さ 100〜150 μm，幅 15〜20 μm で，細胞の厚さは，5〜7 μm であるが，粒の両端では細胞が短くなっている。

管状細胞

　果皮の最も内側の層で横細胞の直下にあり，管状細胞の長さは 120〜130 μm，幅は 12〜15 μm，厚さは 5〜10 μm で，細胞膜は肥厚している。

種皮

　管状細胞の内側にある種皮は，珠心層に接している。種皮は3層の細胞からなり，長さは100～191 μm，幅は9～20 μm，厚さは5～8 μmである。外側の細胞は無色であり，内側の細胞は，受精後に黄色や褐赤色の色素が沈着する。この色素の性質と胚乳の硬さなどの性質によって種子の色相が特徴付けられる。

珠心層

　珠心層は厚さおよそ7 μmで，外側の種皮や内側に位置するアリューロン層と強く結合している。

アリューロン層

　アリューロン層は厚さが65～70 μm 一層の細胞からなり，胚乳と胚芽を包んでいる。細胞は6～8 μmの厚い細胞壁を持っており，ブロック形状をなしている。アリューロン層の細胞内にはプロテインボディとよばれるタンパク質顆粒や色素などがあり，酸化酵素類やクマリンなどの化合物類が蓄えられている。これらは，菌類や害虫の侵入を防ぎ，生体防御に役立っている。

胚乳

　胚乳はアリューロン層の内側にあり，小麦粒全体の80％以上を占めている。胚乳の主成分は，デンプンを中心とした糖質，タンパク質，および水分である。胚乳の大部分は，小麦粉として利用される。胚乳の細胞は，デンプン果粒とそのほかに貯蔵タンパク質であるグルテンを含んでいる。

　胚芽は小麦粒の末端にあり，全体の重量の2.5～3.0％を占める。形態的には，胚盤，幼芽鞘，幼芽，幼根，根鞘，根冠で構成されている（図2.7）。

胚盤

　だ円形の盾状をしており，胚乳組織と接している。胚盤が胚乳に接している部分には表皮細胞があり，吸収層とよばれる特殊な組織を形成している。表皮細胞は細長い円筒形で，長軸が胚盤の湾曲した面に直角に配列している。

幼芽鞘

　幼芽の全体を包んで保護している。頂端付近に小さな孔があり，発芽する際に幼芽の伸長を容易にしている。

幼芽

　幼芽は成長点を包む第1葉と第2葉および成長点の側面に小突起として分化する第3葉からなる。

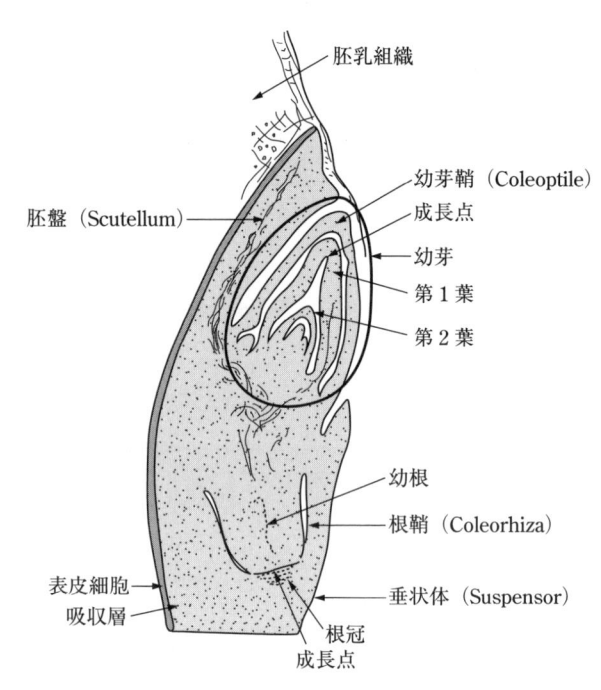

図 2.7 小麦胚の横断面[4]

分化（Differentiation）：生物の発生・成長の過程で，分裂増殖する細胞がそれぞれ形態的・機能的に変化して，もとの細胞とは異なった性質あるいは機能を獲得し，さまざまな役割に応じた特異性を確立していく現象をいう。

製粉歩留り：小麦は一般にはロール製粉機で製粉し小麦粉として利用されている。この製粉時の小麦粉の生成率を製粉歩留りといい，製粉歩留りは高いことが望まれる。小麦は製粉により小麦粉とふすま，胚芽および小麦精選時のかすに分けられ，これらの重量から製粉歩留りが計算される。製粉歩留りは，次のように表わされる。

　製粉歩留り＝小麦粉の重量÷原料の重量×100

幼根，根鞘，根冠

　胚の中心軸から下に1本の種子根が，また，葉の分化軸と直角方向に2対の幼根がある。それぞれの幼根は，先端にある成長点に根冠を持っており，根鞘により包まれて，最も下の先端に垂状体とよばれる器官が**分化**している。

(2) 小麦粒の粒質

　小麦粒は，物理的な硬さをもとに硬質小麦（Hard Wheat）と軟質小麦（Soft Wheat）およびその中間である中間質小麦（Semi Hard Wheat）の3つに分けることができる。

　硬質小麦は胚乳組織の結晶性が高いために種皮が剥がれやすい性質を持つ。また，硬質小麦の粉はほとんどが細胞一個単位の粉であり，粒度が荒いために粉の凝集性が抑えられる。その結果，「篩抜け」に優れ，**製粉歩留り**が高くなる。軟質小麦の場合はその逆である。したがって，製粉歩留りは硬質小麦の方が優れている。

　小麦粒の胚乳部の形態は，粒質の違いから，硝子質（Glassy），粉状質（Mealy），中間質（Semiglassy）の3つに分けることができる。

(3) 小麦粒の成分

　小麦粒の成分組成は，全粒では，デンプンを中心とした糖類がおよそ70％，粗タンパク質10〜13％，繊維2〜5％，脂質1.5〜2.5％，灰分1.5〜2.5％である（表2.1）。

表 2.1 小麦種子の構成成分例

		全粒中〔%〕	水分〔%〕	タンパク質〔%〕	脂質〔%〕	炭水化物〔%〕		灰分〔%〕	ビタミン〔mg/100g〕		
						糖質	繊維		B_1	B_2	ニコチン酸
全粒		100	15.0	12.0	1.8	67.1	2.3	1.8	0.4	0.2	4.2
ふすま	果皮	4.0	15.0	7.5	0.0	34.5	38.0	5.0			
	種皮	2.0	15.0	7.5	0.0	50.5	11.0	8.0	0.5	0.1	25.0
	アリューロン層	6〜7	15.0	24.5	8.0	38.5	3.5	11.0			
胚乳	周辺部	85.0	15.0	16.0	2.2	65.7	0.3	0.8	0.5	0.2	18.8
	中心部		15.0	7.9	1.6	74.7	0.3	0.3	0.1	0.1	0.5
胚	子葉部	2.0	15.0	26.0	10.0	32.5	2.5	4.5	16.5	1.5	6.0
	胚軸部								0.9	0.2	6.0

部位別に見ると，外皮である果皮と種皮は，糖質と繊維からなる炭水化物が70%以上を占める。

小麦の胚乳組織の結晶性の違いには，デンプン顆粒膜の表層に結合したタンパク質である2種類のピュロインドリン（またはフライアビリン）が関与している。ヘミセルロースのうち，最も多いのはアラビノキシラン（ペントザンともよばれる）であり，そのほかに，アラビノガラクタン，(1,3)(1,4)-β-D-グルカン（β-グルカン）が含まれている。また，外皮には，リグニン（Lignin）も多く含まれている。

一方，小麦粉となる胚乳部は，炭水化物が75%以上を占めるが，そのほとんどは，デンプンである。胚乳部には，セルロースはほとんど含まれておらず，ヘミセルロースであるアラビノキシランが1〜3%，(1,3)(1,4)-β-D-グルカン（β-グルカン）が0.3%程度含まれている。胚乳中には，このほかに貯蔵性タンパク質であるグルテン（Gluten）が9〜13%程度含まれており，小麦粉の性質は，主に胚乳に含まれるデンプンと貯蔵タンパク質であるグルテニン（Glutenine）とグリアジン（Gliadin）からなるグルテンの質と量で決まる。

2.1.2 米粒（Rice Grain）

現在，世界中で広く栽培されている食用稲の栽培品種の多くはオリザ・サティバ（エル）（*Oryza sativa L.*）に属し，さらに日本型（*Oryza sativa var. japonica*）とインド型（*Oryza sativa var. indica*）の2亜種に大別できる。

イネは栽培時の水環境の相異により水田で栽培する水稲（Paddy Rice, Lowland Rice）と畑地で栽培する陸稲（Upland Rice, Dry Rice）に分類できる。さらに，米粒可食部の胚乳の主要成分であるデンプン（Starch）組成には，アミロースとアミロペクチンがあり，アミロ

アミロース（Amylose），アミロペクチン（Amylopectine）：3.2「シリアルの糖質」参照

ース含量の違いからうるち米（Non-waxy, Non-glutinous Rice）とアミロペクチンのみでアミロースを含まないとされるもち米（Waxy Rice, Glutinous Rice）に分類できる。アミロースはグルコースが直鎖状につながったもので，アミロペクチンは直鎖状糖鎖が途中からいくつかの分岐をして房状構造（Cluster Structure）を持っている。うるち米のアミロース含量は，もちに近い5〜15％の低アミロース米，15〜25％の範囲の一般米，25〜35％程度の高アミロース米がある。

イネの可食部となる米粒は玄米（Brown Rice）にあたり，植物学的には成熟した果実（Caryopsis）に相当する部分である。玄米は炭水化物，タンパク質，脂質，食物繊維，カリウム，リン，鉄，マグネシウム，亜鉛といった無機質，ビタミンB_1，B_2およびナイアシンなどのビタミンB群などを含有し，栄養学的に重要な成分の摂取源となる。しかし，玄米は継続的に摂取するには食味や食感に難点があるため，一般的には搗精して外層部の糠を除き，精米（白米）として食される。

（1）玄米の形態

イネの収穫時には，玄米は籾米（Rough Rice）として，稲穂に外穎（Lemma），内穎（Palea）からなる籾殻（Hull）に包まれた状態にあり，穂から籾米を除く脱穀（Threshing）と籾米から籾殻を除く籾すり（Hulling, Husking）を経るとその形態を確認できる（図2.8）。

玄米の大きさや形状は，品質の観点からも重要であり，品種の特性を

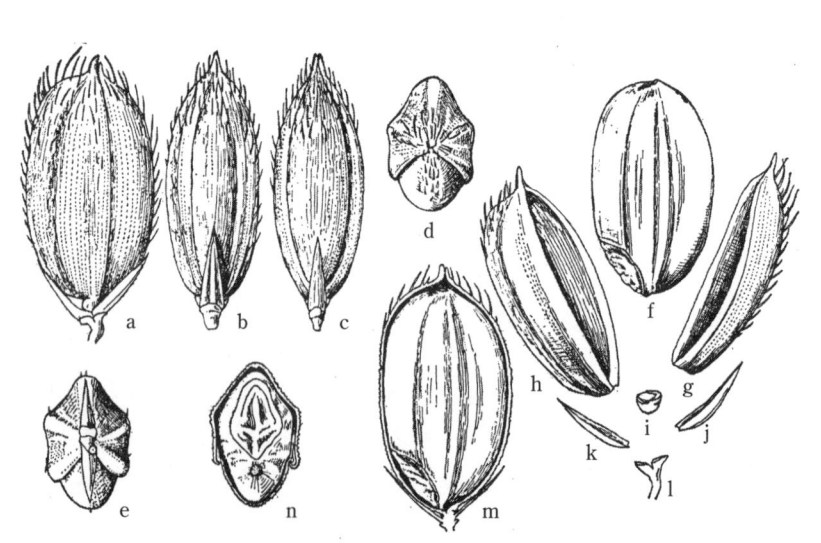

搗精：玄米の胚および外層部を取り除く作業をいい，精米ともいう。米粒同士を圧力によりすり合わせ，その相互の摩擦により外層をはがす。

a：側面　b：外穎側　c：内穎側　d：頂端より　e：基部底面　f：玄米　g：内穎
h：外穎　i：小穂の軸　j：上部の護穎　k：下部の護穎　l：副護穎　m：籾の縦断面
n：籾殻下部を切除し底面より

図2.8　籾の構造[5]

示す。胚がある面を腹，その反対側を背，背から腹にかけての面を側面とよぶ（**図2.9**）。長さの大きい長軸方向の胚がある側を基部，反対側を頭部とよぶ。腹と背までの長さを幅とし，幅に対して直交する方向の長さを厚さとよぶ。

玄米の粒長や粒長に対する粒幅の比は分類の基準となり，IRRI（国際稲研究所）では，その外観形態から超長粒，長粒，中粒，短粒の4分類としている。日本型米では長さは5.0～6.0 mm，幅は2.2～3.5 mm，厚さは1.9～2.3 mm，米粒の長さ／幅比は1.5～1.9程度あり，短粒に類する品種が多い。一方，インド型米では長さは3.5～8.0 mmと変異が大

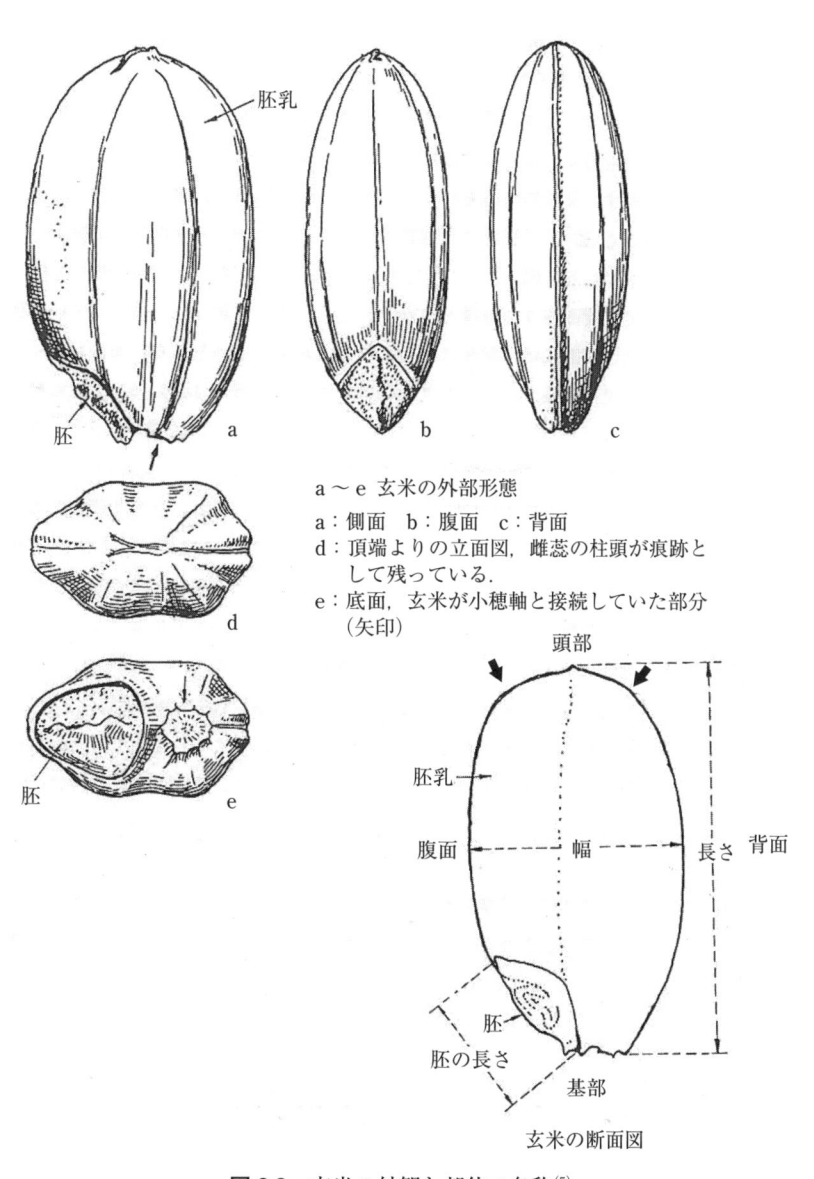

a～e 玄米の外部形態

a：側面　b：腹面　c：背面
d：頂端よりの立面図，雌蕊の柱頭が痕跡として残っている．
e：底面，玄米が小穂軸と接続していた部分（矢印）

図 2.9　玄米の外観と部位の名称[5]

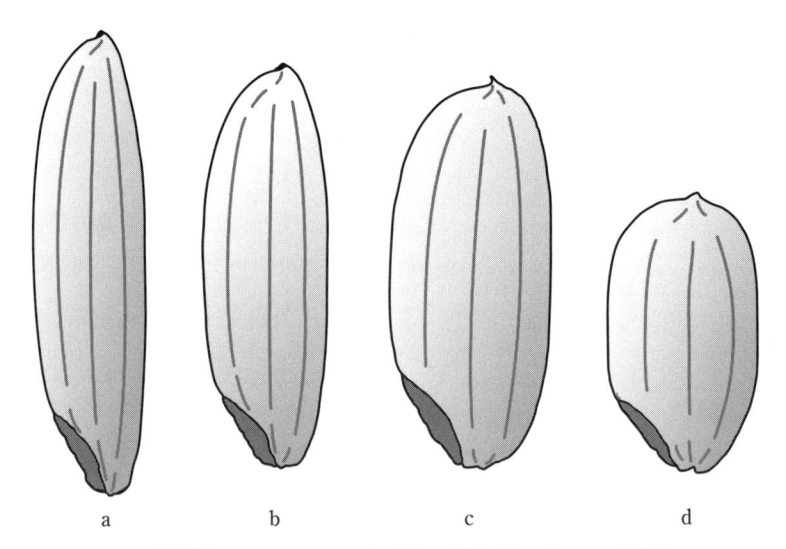

a：超長粒：Extra Long Gain（インド型，Pusa Basmati 1121）
b：長粒：Long Gain（インド型，Fortuna）
c：中粒：Medium Gain（インド型，Blue Rose）
d：短粒：Short Gain（日本型，Caloro，コシヒカリ）

図 2.10　玄米の形状

きく，幅は 1.7〜3.0 mm，厚さは 1.3〜2.3 mm，米粒の長さ / 幅比は 2.0 以上のものが多く，長粒に類する品種が多い（**図 2.10**）。

粒形が多岐に渡るため，米粒の大きさを表すためには，長さ，幅，厚さを比較するほかに，玄米粒または精米粒千粒の重さとして千粒重（Thousand Kernel Weight）が，指標（単位はグラム〔g〕）として用いられる。

わが国の一般米は 20〜25 g 程度の玄米千粒重の値を示し，大粒米は 26〜30 g の系統が育成されている。

一方，IRRI の収集した世界の品種群の解析では，玄米千粒重は 5〜42 g の分布が見られた。玄米千粒重が大きく，単位収量が高い品種は生産性が良いと判断できる。また，千粒重は収穫した品種の気象条件などの栽培環境に対する米粒の充実具合を判断する指標にもなる。

IRRI（International Rice Research Institute）：フィリピンに本部を置く国際農業研究所。イネに関する研究と教育を行う機関である。

(2) 米粒の構造

玄米は果皮（Pericarp），種皮（Epicarp），胚（Embryo），胚乳（Endosperm）から構成される。その割合は胚乳が 90〜92%，胚が 2〜5% を占め，残りが果皮，種皮等である（**図 2.11**）。

外側表面から，表皮，海綿状の細胞層が数層にわたる中果皮，その最も内側の横細胞層，内果皮に相当する管細胞が存在する。その内側に薄膜状になった種皮がある。胚乳を果皮および種皮が包んでいる。

米粒の構造の中でも大きな割合を占める胚乳は，最外層を糊粉層（アリューロン層）に覆われ，内部にはデンプン（胚乳）細胞（Starch

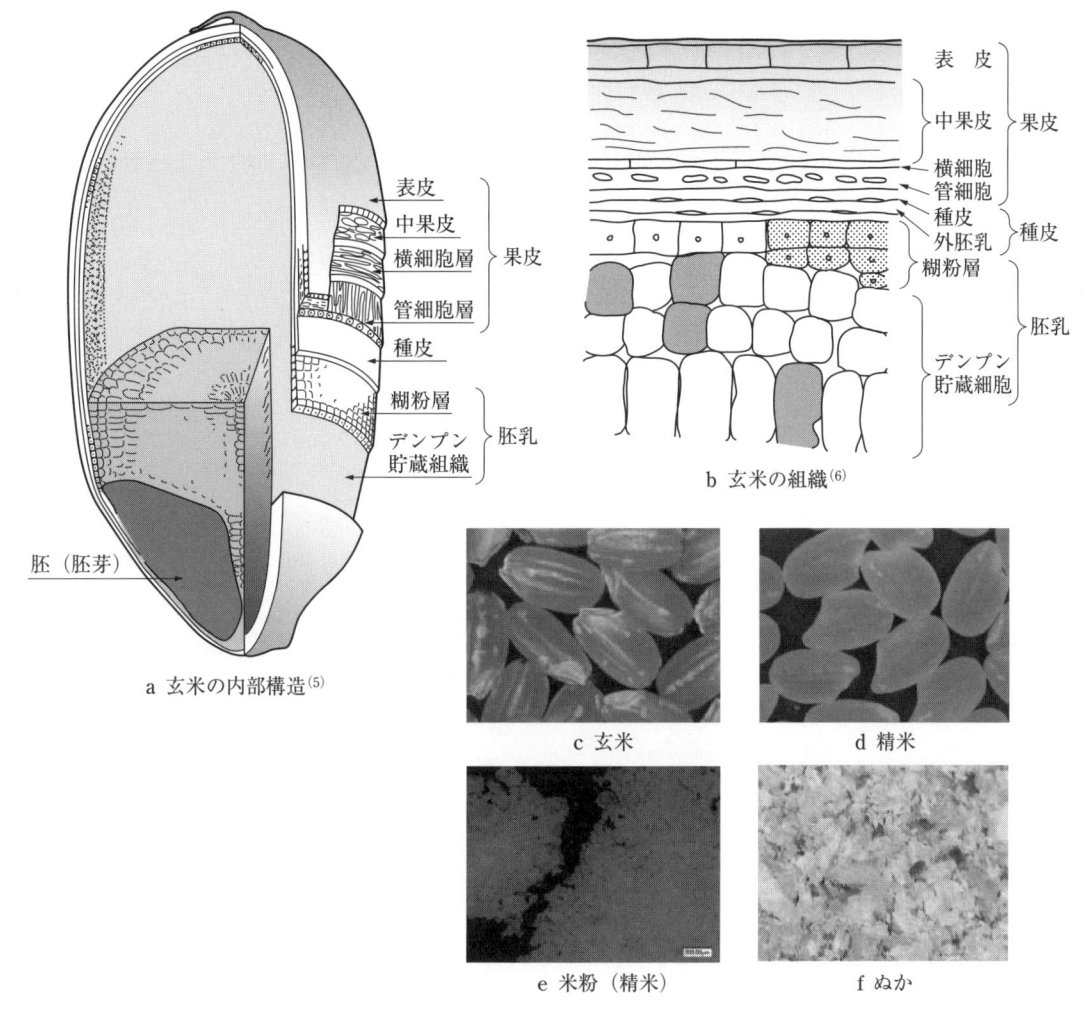

図 2.11　米粒の構造

a　玄米の内部構造(5)
b　玄米の組織(6)
c　玄米
d　精米
e　米粉（精米）
f　ぬか

Cell）が充満した構造をしている（図 2.11，図 2.12）。

　糊粉層は糊粉細胞からなり，粒の側部では1層，腹面では1～2層，背面の**通導組織**の接触する周辺では5～6層形成されて厚くなる。ただし，胚が接する部分，つまり胚盤の裏側には糊粉層は見られない。

　糊粉細胞にはタンパク質が蓄積された顆粒状の組織があり，デンプンやタンパク質などを分解する酵素の供給源となる。玄米に3％程度含まれる米粒中の脂肪は，大部分が糊粉層の細胞内と胚にオイルボディ（油状体：Oil Body）として存在している。糠を原料として，抽出・精製して米油（Rice Oil）を製造する。

　デンプン細胞は，**アミロプラスト**の中に結晶構造を持つアミロペクチンが詰まった多数のデンプン顆粒（Starch Granule）が充満した複粒（Compound Starch Grain）の構造をしている（図 2.13）。トウモロコシや小麦などのデンプン顆粒はそれぞれ単体であるため，単粒デンプン

通導組織：道管，師管ともよばれ，植物の水分・養分などの物質輸送を行う通路となる組織。

アミロプラスト（Amyloplast）：植物などにあるデンプンや脂肪などを貯蔵する色素体（プラスチド）とよばれる細胞小器官の一種．プラスチド内に複数のデンプン粒を持つ複粒と，1つのデンプン粒しか含まない単粒が存在する．1つのアミロプラストの中に多数のデンプン顆粒が生合成され充満し，アミロプラストが群塊をなして複粒を形成している．

2.1　穀物の解剖学的構造

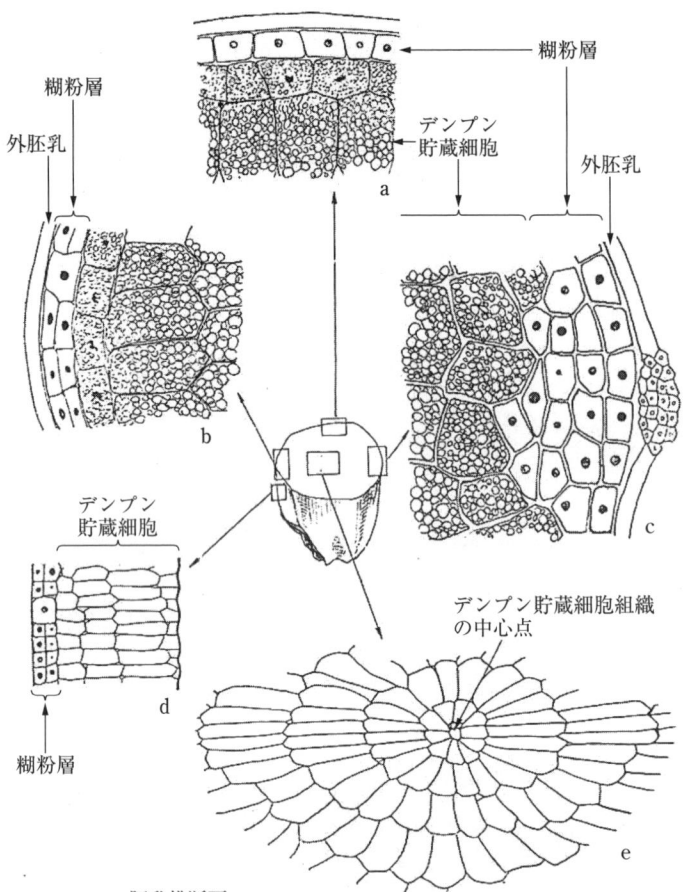

a〜c, e 胚乳横断面
a：側部　b：腹部　c：背部　e：中心部
d：胚乳断面の腹面一部

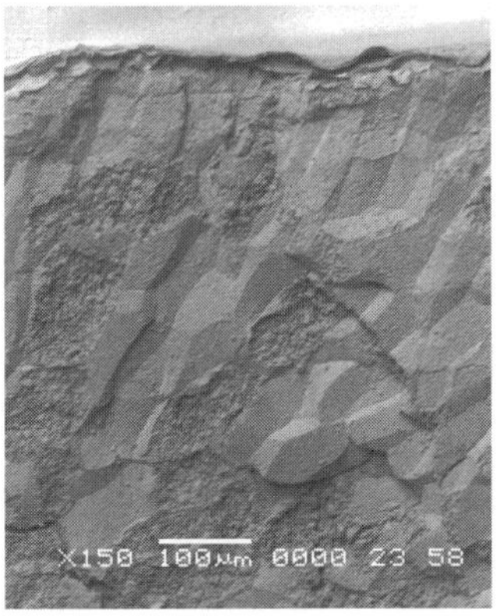

図 2.12　胚乳の構造[5]

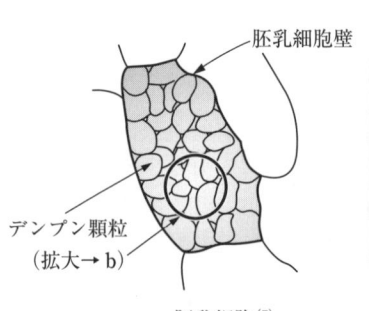

デンプン細胞（玄米の割断面）走査電子顕微鏡画像

デンプン細胞と，デンプン細胞内に充満しているデンプン顆粒が見えている．

a　胚乳細胞[7]

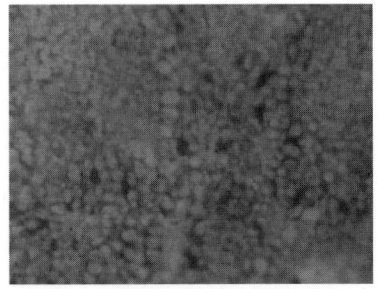

b　デンプン細胞（白い部分）とプロテインボディ（黒い斑点部分）（実体顕微鏡画像）

図 2.13　デンプン細胞の微細構造

22　第2章　小麦粒と米粒の構造と遺伝学的特性

（Single Starch Grain）とよばれるが，米の場合は1つのデンプン粒がさらに小さいデンプン顆粒からできており，その形状は楕円体をしている。

胚乳の断面を観察すると，デンプン細胞が重なっていることが確認できる。デンプン粒は直径5～50 μm程度あり，外側を0.2 μm程度の細胞壁（Cell Wall）が覆っている。胚乳を粉砕して，液中で分散させると直径1～3 μm程度のデンプン顆粒と複数の顆粒がまとまっているアミロプラストやデンプン細胞の断片の一部が観察できる。

米のデンプンはアミロースやアミロペクチンの比率，アミロペクチンの房状構造（クラスター）を構成するグルコース糖鎖の鎖長分布などの分子構造の違う品種がある。これらのデンプン特性の違いが，加工調理した際の炊飯米などの加工品の硬さや粘り，弾力性などのテクスチャーや時間経過に伴なう硬化（老化：Retrogradationともいう）などの物理特性に関係し，人の食味判断にも強く影響する。

一方，米粒から米粉（Rice Flour）を製粉する際には，胚乳のデンプンが持つ複粒構造とデンプン細胞同士の結着性により米粒が硬質になるため，単粒構造の穀物と比較して粉砕性が低い。そのため，粒度の細かい米粉を製造するためには，**湿式粉砕法**などのコストと手間のかかる粉砕法を用いる必要がある。

細胞壁の主要な構成成分はセルロース，ヘミセルロース，ペクチンなどである。米粒中の細胞壁の成分含量はわずかな量であるが，デンプン細胞同士の結着の強度に関係があり，米粒の構造を保持するために重要な役割を担っている。炊飯によりデンプンが糊化・膨潤することから，米粒の膨張や溶出に影響していると考えられている。

細胞壁の内側には，隣接するデンプン細胞壁の境界や，隣接するデンプン粒同士の空隙に沿うように，顆粒状のタンパク質が集積している。この顆粒状タンパク質をプロテインボディ（Protein Body：PB）とよぶ。米のタンパク質は化学的性状（溶解性）から，アルブミン，グロブリン，プロラミン，グルテリン（オリゼニン）に分けられる。プロラミンを多く含む直径1～2 μmのプロテインボディⅠ（PB Ⅰ）とグルテリンが主な直径5～10 μmのプロテインボディⅡ（PB Ⅱ）とがある。

米粒のタンパク質は大部分がPBにあり，PBは糊粉層，デンプン細胞周辺で確認でき，デンプン細胞では内層になるほどその量が減少する。PB Ⅰは，疎水性の特性を持ち，米粒内での含量や分布が水分の移動を制限し，加工調理における物理特性に影響を及ぼすと考えられている。また，タンパク質の一部は，酵素として細胞膜境界等にも存在している。

湿式粉砕法（Wet Milling, Grinding）：粉砕物に水を含浸処理した後，粉砕する方法。硬質材料を軟質化できるため，微粒子化が可能となる。材料の水分のまま粉砕する方法を乾式粉砕法とよぶ。
セルロース（Cellulose），ヘミセルロース（Hemi-Cellulose），ペクチン（Pectin）

胚（胚芽）の内部には芽と根のもとになる組織があり，タンパク質，脂質，無機質などを含んでいる。玄米を所定の水分と温度の環境制御下で発芽処理を行うと，胚を中心として内在酵素群の活性が高まり，デンプン，タンパク質，脂質などの貯蔵物質の分解，変換が起こり，発芽が進行する。食品原料製造のため，機能性成分であるアミノ酸の1種のγ-アミノ酪酸（γ-Aminobutyric Acid：GABA），消化吸収効率の高い遊離体のリジンなど必須アミノ酸類や食物繊維（Dietary Fiber）などの含量を効率的に高める発芽処理技術が開発されており，食用利用における玄米の付加価値の向上が期待できる。また，米粒内での酵素による物質変換能は特に胚で高く，胚が通常よりも2～3倍大きい巨大胚米（Jumbo-Embryo Rice）とよばれる新しい品種が開発されている。海外では，このような発芽種子のことをシリアルスプラウト（Cereal Sprouts）とよび，栄養価の高い食品として米の全粒利用の材料として注目されている。

玄米を搗精して果皮，種皮および糊粉層を含む糠層（ぬかそう）（Rice Bran Layer）や胚を取り除くと胚乳部が残る。精米または白米とよび，除去した**画分**を糠（ぬか）（米糠）とよぶ。

精米は通常，加水し，粒に十分吸水させてから炊飯もしくは蒸して，主食の米飯として消費するだけでなく，味噌や酒，みりん，酢などの伝統的な醸酵食品の原料となる。また，粉砕して米粉を調整後，生地を作り，煎餅や和菓子，米麺，ライスペーパーなどの米加工品の原料となり，精米は米の食用利用の中で最も使用量の多い形態となる。

一般には，精米は搗精工程で玄米の外層にある果皮，種皮，胚を除き，さらに糊粉層を削り，糊粉層とデンプン細胞の境界部分にある通常1層の亜糊粉層（サブアリューロン層：SubaleuronLayer）が薄く残るか，もしくはデンプン細胞が露出する程度まで削る。

米粒を内部まで削ることで白度（Whiteness）が増し，米粒の外層部に多いタンパク質含量が低くなり，構成成分のデンプン比率が増す。精米の利用においては，炊飯米の外観が白いことが品質の良質性を判断する基準となることから，搗精工程では白度の値と歩留りのバランスを考慮して搗精歩合を決定することが多く，通常は10％程度を基準に削る。

同様に，精米を原料にした米粉の製粉の場合も8～10％程度を搗精した精米を使用する。

一方，日本酒などの醸酵原料として使用する場合は，雑味の原因となるタンパク質や脂質含量が低いことが品質面で良い評価となるため，30～50％程度削った精米を使用する。

以上述べてきたように，米粒の成分の中でデンプンやタンパク質など

γ-アミノ酪酸（GABA）：天然に存在するアミノ酸の1つで，動物から植物にいたるまで広く自然界に存在する。人では主に抑制性神経伝達物質として機能する。主な生理活性作用としては，脳の血流改善，血圧降下，精神安定，腎・肝機能活性の維持などがある。化学式は $C_4H_9NO_2$

画分：混合物もしくは構造物を物理学的，化学的，生物学的に分けて，区画したものを収集したもの。

の含量や組成存在様態は，米を原料とするさまざまな食品の加工・調理特性や加工品のテクスチャーや風味，食味などの品質面に関わっている。さらに糠層や胚に多く含まれる脂質や食物繊維，GABA，ビタミンEやビタミンB群，無機質などは，栄養および食品機能面で人の健康維持のために食品から摂取可能な成分である。これらに関する米粒の評価解析が品質を把握するうえで重要となる。

2.2 穀物の育種遺伝学的特性

2.2.1 小麦

(1) 麦と小麦

日本で「麦」といわれる作物には，小麦（Wheat），大麦（Barley），ライ麦（Rye），カラス麦（Oats），ハト麦（Adlay）などがあるが，これらは植物としては別種のものである。すなわち，いずれもイネ科ではあるが，小麦は *Triticum* 属，大麦は *Hordeum* 属，ライ麦は *Secale* 属，カラス麦は *Avena* 属，ハト麦は *Coix* 属である。これらの中で，世界中で最も多く栽培されているのが小麦であり，パン，中華麺，日本麺（うどん），クッキー，ケーキ，パスタなど，さまざまなものに加工され世界中で日常的に消費されている。このうち，パスタのみ *Triticum durum Desf.*（デュラム小麦，マカロニ小麦）から作られるが，ほかはすべて *Triticum aestivum L.*（普通系小麦，パン小麦）から作られる。本節では普通系小麦を中心に，その育種遺伝学的特性について解説する。

普通系小麦の大きな特徴の1つが「異質倍数体（Allopolyploid）」であることである。例えば大麦は，その生物が生存するのに最低限必要な染色体数のセット（**ゲノム**）を1対ずつ持つ**二倍体**（Diploid）で，ゲノム構成はHHと表され，体細胞の染色体数は $2n=14$ である。

一方，普通系小麦は3対の異なるゲノムを持つ異質六倍体（Allohexaploid）で，そのゲノム構成はAABBDDと表され，体細胞の染色体数は $2n=42$ である。これについてはAAゲノムを持つ一粒系小麦（$2n=14$）とBBゲノムを持つ未確定の野生種（$2n=14$）が交雑した後，染色体が倍加してAABBゲノムを持つ二粒系小麦（$2n=28$）が成立し，さらにこれにDDゲノムを持つタルホコムギが交雑した後，染色体が倍加してAABBDDゲノムを持つ普通系小麦（$2n=42$）が成立したと推定されている（**図2.14**）。ちなみに，デュラム小麦はAABBゲノムを持つ二粒系小麦（$2n=28$）に属する。

ゲノム：生物が生存するのに最低限必要な染色体のセットをゲノムといい，通常は花粉や卵などに含まれる染色体のセットがゲノムに相当する。例えば大麦のゲノムは7本の染色体からなり，体細胞には14本（ゲノム2つ分）の染色体が存在する。

倍数体：多くの生物では，体細胞にはゲノム2つ分の染色体が存在する。これらの生物は二倍体（Diploid）とよばれ，そのゲノムをAで表せば，その生物の体細胞のゲノム構成はAAとなる。植物ではしばしば進化の過程で染色体数の倍加がみられ，体細胞の染色体数がゲノム4つ分の四倍体（Tetraploid）や6つ分の六倍体（Hexaploid）も存在する。これらは倍数体（Polyploid）である。なお，倍数体のゲノム構成が単一のゲノムの場合（AAAAなど）は同質倍数体（Autopolyploid）であり，異なるゲノムから構成される場合（AABBなど）は異質倍数体（Allopolyploid）である。

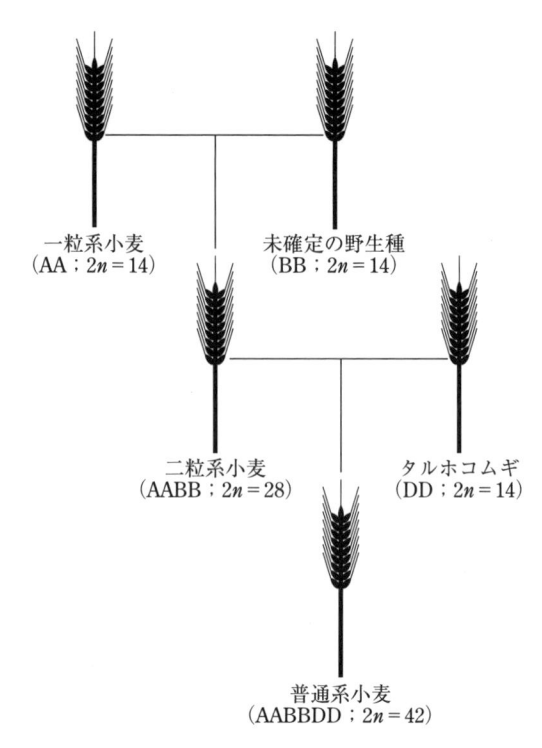

図2.14 普通系小麦の成り立ち

（一粒系小麦 AA；2n=14）
（未確定の野生種 BB；2n=14）
（二粒系小麦 AABB；2n=28）
（タルホコムギ DD；2n=14）
（普通系小麦 AABBDD；2n=42）

(2) 小麦品質に関わる遺伝子

① 硬軟質性

普通系小麦（以下，小麦）は大別すれば，粒の硬い硬質小麦（Hard Wheat）と軟らかい軟質小麦（Soft Wheat）に分けられる。この硬質であるか軟質であるかという特性の違いは極めて大きい。なぜなら，前述のように小麦は，さまざまな食品に加工され消費されているが，硬質小麦はパンや中華麺用，軟質小麦はうどんや菓子用と，硬軟質ではっきりと用途が異なってくるからである。

硬軟質性を決定する遺伝子はDゲノムの5番目の染色体にあってHa遺伝子とよばれ，軟質が優性である。近年の研究により，Ha遺伝子は1つの遺伝子ではなく，実際はPina-D1とPinb-D1という2つの遺伝子から成り立っていて，それぞれが小麦デンプン粒表層の**ピュロインドリン**とよばれるタンパク質の合成を支配していることが明らかとなっている。

このピュロインドリンは胚乳細胞中のデンプン粒と貯蔵タンパク質が強く結合することを妨げ，結果として小麦粒を軟らかくする。そして，Pina-D1とPinb-D1のいずれかもしくは両方の機能が失われたことにより，粒が硬くなったものが硬質小麦である。ちなみに，Dゲノムを持たないデュラム小麦にはピュロインドリンが存在せず，すべて硬質であ

ピュロインドリン（puroindoline）または，フライアビリン（friabirin）：デンプン顆粒膜の表層に結合しているタンパク質であり，ピュロインドリン-a（puroindoline-a），ピュロインドリン-b（puroindoline-b）の2種類がある。これらのタンパク質は，デンプン顆粒とタンパク質マトリックスとの接着性を妨げ，細胞質を柔らかくする性質を持っている。硬質小麦はそれらのタンパク質の一部のアミノ酸が置換されて結合能を失っているもの，タンパク質の構造の一部が欠失したものなどがあり，それらの遺伝子型の違いが小麦胚乳の硬軟質性に影響するものと考えられる。

る。

② タンパク質とグルテニンサブユニット

先に，硬質小麦はパンや中華麺用，軟質小麦はうどんや菓子用と，用途が異なると述べた。しかしながら，硬質小麦ならなんでもパンに向き，軟質小麦ならなんでも菓子に向くというわけではなく，加工適性にはタンパク質含量が非常に重要となる。すなわち，よく膨らむパンを作るためには焼き上がったパンの骨格となるタンパク質が多い小麦粉を使う必要があり，一般的には硬質小麦はタンパク質含量が高くなりやすいためパン用に向くとされるが，環境条件で硬質小麦でもタンパク質含量が十分に高まらないことがあり，そのような硬質小麦で作ったパンは膨らまない。同様に軟質小麦はタンパク質含量が高くなりにくいため，ソフトな食感が求められる菓子用に向くとされるが，環境条件でタンパク質含量が高まってしまった軟質小麦は，菓子には不適となる。

では，タンパク質含量が同じ硬質小麦ならすべて同じパンが焼けるかというとそれも異なる。なぜなら，タンパク質の性質の違いもまた加工適性に大きな影響を及ぼすからである。これには小麦に特有なタンパク質であるグルテン（Gluten）の構成を決める遺伝子が関わってくる。

グルテンは弾力のあるグルテニン（Glutenin）と伸展性のあるグリアジン（Gliadin）からできていて，電気泳動の手法の1つであるSDSポリアクリルアミド**ゲル電気泳動法**（SDS-PAGE）で分離すると，サブユニット（Subunit）とよばれる単位に分かれる（**図2.15**）。そのうち，分子量の大きいグルテニンのサブユニット（HMW-グルテニン）は，A，B，Dゲノムの各1番目の染色体にあるGlu-A1, Glu-B1, Glu-D1の3つの遺伝子に支配されていて，製パン性への寄与が大きい。

Lukow et al（1989）は製パン性に関して，満点が10点となるような点数の付与を，Glu-A1, Glu-B1, Glu-D1のそれぞれの遺伝子型に対して行った（**表2.2**）。すなわちGlu-A1については遺伝子型により1点または3点，Glu-B1については1点または2点または3点，Glu-D1については2点または4点の点数が与えられ，原則として総点数が高いものほど，小麦粉の生地物性が強く製パン性が優れる。

一方，分子量の小さいグルテニンのサブユニット（LMW-グルテニン）の製パン性への寄与は，HMW-グルテニンよりは小さいと考えられるが，4点が付与されるGlu-D1の遺伝子型（Glu-D1d）と特定のLMW-グルテニンの遺伝子型（Glu-B3gやGlu-B3b）の両方を持つ小麦は生地の物性が極めて強くなり，「超強力小麦（Extra Strong Wheat）」とよばれるものになる[7]。

タンパク質のゲル電気泳動法：タンパク質をゲルの中に入れ電流をかけると，その電気的性質や分子の大きさによってゲル中を異なる速さで移動する。この原理を用いてタンパク質を分離する手法がゲル電気泳動法である。

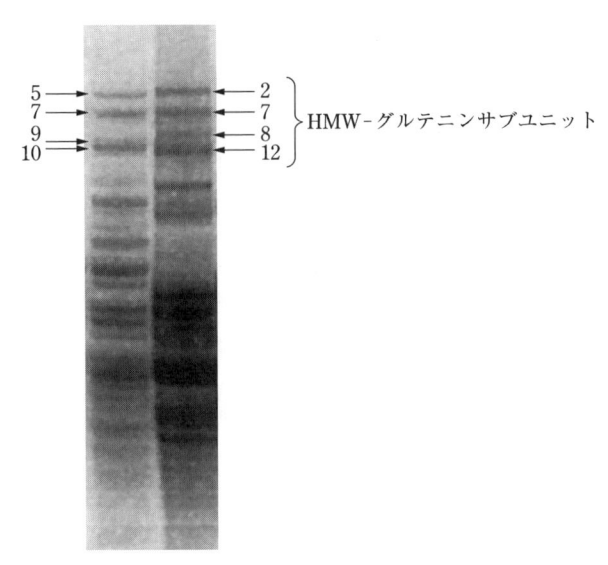

遺伝子座	サブユニット	サブユニット
Glu–A1	欠失型	欠失型
Glu–B1	7+9	7+8
Glu–D1	5+10	2+12

図 2.15 小麦粒タンパク質の SDS-PAGE 像と各遺伝子に対応するサブユニット

表 2.2 製パン性に関し各 HMW-グルテニンサブユニットに付与される点数

点数	Glu-A1 座		Glu-B1 座		Glu-D1 座	
	遺伝子型	サブユニット	遺伝子型	サブユニット	遺伝子型	サブユニット
4					Glu-D1d	5+10
3	Glu-A1a Glu-A1b	1 2*	Gllu-B1i Glu-B1b Glu-B1f	17+18 7+8 13+16		
2			Glu-B1c	7+9	Glu-D1a Glu-D1b	2+12 3+12
1	Glu-A1c	null	Glu-B1a Glu-B1d Glu-B1e	7 6+8 20	Glu-A1c	4+12

③ アミロース含量

　小麦品質には上述したようにタンパク質（グルテン）の関与が大きいが，全体の7割を占めるデンプンの影響も無視できない。特に日本麺（うどん）では，デンプンの組成が食感に大きな影響を及ぼす。デンプンはアミロース（グルコースが直鎖状につながった分子）とアミロペクチン（グルコースが枝分かれしてつながった分子）から構成され，アミロースの割合が少ないほど，デンプンが糊化した際の粘度が増す。

デンプン粒結合性デンプン合成酵素（Granule-Bound Starch Synthase）：デンプン合成酵素の1つで、デンプン粒に結合していることから、この名がある。分子量は約60 kDa。グルコース分子をα-1,4結合によって直鎖状に伸展させ、アミロースを合成する。

穀物種子の胚乳中のアミロースは、**デンプン粒結合性デンプン合成酵素**によって合成されるが、この酵素はWx遺伝子とよばれる遺伝子によって支配されている。二倍体のイネやトウモロコシでは、Wx遺伝子はゲノムに1つしかないため、これが機能を失うと、そのデンプンはアミロースを含まない「もち」になる。一方、異質六倍体の小麦ではWx遺伝子は各ゲノムに対応してWx-A1、Wx-B1、Wx-D1の3つがあり、その1つまたは、2つが機能を失っても「もち」にはならず、「通常よりアミロース含量が低い」小麦になる[9]。

このような小麦で作った麺（うどん）は通常の小麦で作った麺（うどん）より、もちもちした食感となり、好ましく評価される。実際、麺（うどん）用としての品質が国内産の小麦より優れているとされるオーストラリアの小麦の多くは、Wx-B1が機能していないタイプである。同様なタイプの小麦は日本でも開発されており、さらに日本ではWx-A1とWx-B1の2つの遺伝子が機能せず、よりアミロース含量が低く、よりもちもち感の強い品種も、多く開発されている。

上述したように、六倍体の小麦では、Wx-A1、Wx-B1、Wx-D1の3つが揃って機能を失わないと「もち」にはならず、突然変異でそのようなことが起こる可能性は極めて少ないため、長い間「もち」は存在しなかった。しかしながら、小麦のWx遺伝子の解析を進める中で、日本において世界で初めて、2つの方法を用いてもち性小麦（Waxy Wheat）が開発された（図2.16）。

方法の1つは、上述した「Wx-A1とWx-B1の2つの遺伝子が機能していない小麦」をもとに、**人為突然変異**処理により、残っているWx-D1遺伝子の機能を失わせて「もち性小麦」を作り出すというものである[10, 11]。

人為突然変異（Aratificial Mutation）：突然変異は自然界でも起こるが、その頻度は極めて低い（一般に10万分の1以下）ため、育種に有用な突然変異体を得ることは難しい。しかしながら、ガンマ線照射や化学薬品処理を用いれば、突然変異が起こる頻度を高めることができる。このようにして生じた突然変異を人為突然変異という。

もう1つの方法は、これまで見つかっていなかった「Wx-D1が機能

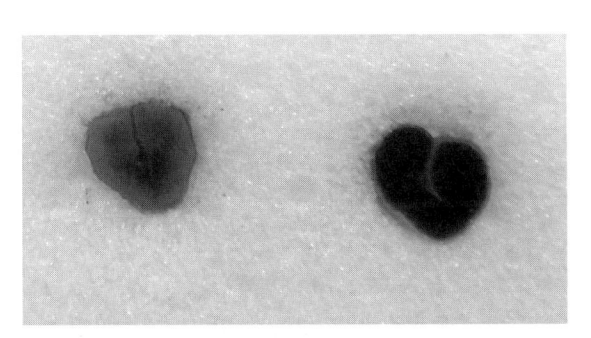

図2.16　ヨウ素-ヨウ化カリウム溶液で断面を染めた、もち性小麦（左）と通常の小麦（右）アミロースを含むデンプンは紫色に染まり、アミロースを含まないデンプンは赤褐色に染まっている。

を失っている小麦」を膨大な遺伝資源（Genetic Resources）の中からスクリーニングして見つけ出し，それと「Wx-A1 と Wx-B1 の 2 つの遺伝子が機能していない小麦」を交配させることで，Wx 遺伝子が 3 つとも機能していない「もち性小麦」を作出するという方法である[12]。現在は，開発された初代もち性小麦に，栽培性の改良を加えた品種も生まれている。

　それでは，アミロース含量が高い小麦についてはどうかというと，最近の研究で，アミロペクチンの合成に関わる酵素の 1 つである「可溶性デンプン合成酵素 II 型（Starch Synthase II）」が機能を失うと，アミロペクチンの構造が変わるとともに，アミロース含量も通常品種より 3 割程度増加することが明らかとなった[13, 14]。この酵素も小麦では各ゲノムに対応して SsII-A1，SsII-B1，SsII-D1 の 3 つがあるため，そのすべてが機能を失わないと高アミロースにはならない。興味深いことに，この SsII 遺伝子がすべて機能していない高アミロース小麦と，上述の Wx 遺伝子がすべて機能していないもち性小麦を交配し，両方の遺伝子がともに機能していない小麦を選抜したところ，その小麦はデンプンの代わりにショ糖や麦芽糖を多量に蓄積する「甘い」小麦（Sweet Wheat）となった（図 2.17）[15]。これは，もち性小麦に続く画期的な新規形質の小麦の作出であり，今後の利用が期待されている。

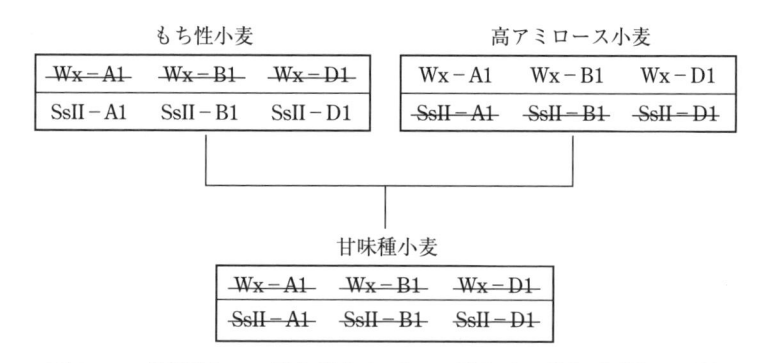

図 2.17　表現型と Wx 遺伝子および SsII 遺伝子の遺伝子型との関係
　　　　　取消し線（—）は遺伝子の欠損を表す。

稲作の起源：遺跡等の調査の結果，稲作は揚子江の中・下流のあたりで始まったと考えられている。浙江省の河姆渡遺跡では，約 7 000 年前のものとされる稲作遺物が見つかっている。日本に稲作が入ってきたのは約 2 300 年前のことといわれている。ただ，今後の研究により，稲作の始まった時期や場所については変更することもあり得る。

2.2.2　イネ（Rice）

(1) 稲作と米

　水田における**稲作の起源**は約 7 000 年前にさかのぼり，長きにわたってアジアを中心として多くの国で栽培され，主食として食べられてきた。一口にイネといっても多種多様な品種がある。イネはジャポニカとインディカに主に分類され，日本で栽培されている品種はほぼすべてジャポニカの品種である。世界的にはインディカの品種の方が多く栽培さ

れており，貿易量の約9割がインディカであるといわれている。また，西アフリカでも稲作は行われているが，*Oryza glaberrima* という別の種である。

現在，日本における米の主要品種は「コシヒカリ」，「ひとめぼれ」，「ヒノヒカリ」，「あきたこまち」，「はえぬき」などであり，この5品種だけで生産量全体の約7割を占める[16]。コシヒカリだけで約38%ある。これらの品種以外にも日本国内だけで現在200品種以上が栽培されている[17]。これらの品種のほぼすべては品種改良されたものであり，品種改良されていない品種（在来種）はほとんど栽培されていない。

現在でも公的機関や民間企業において品種改良は続けられており，毎年新品種が出されている。コシヒカリなどの品種があれば，もう品種改良の必要はないと考える人がいるであろう。確かにコシヒカリの食味は非常によく，米の品質面でこれ以上大きな向上はないのかもしれない。しかし，味以外の面でいくつか改良すべき点がある。

1つは，さまざまな地域への適応である。日本は南北に長く，標高差も大きいことから，その地域にあった品種が必要となる。例えば，コシヒカリは広い範囲で栽培されているが，北海道や東北北部では栽培できないことから，これらの地域では別の品種が必要となる。ほかには，病気への強さである。多くの良食味品種は**イモチ病**などの病気に弱く，病気が発生しやすい環境（日照不足，低温，高湿度）では，農薬を使用しないと被害が生じやすい。1993年の大冷害では，寒さだけでなく，イモチ病に感染して収量が著しく低下した産地も多かった。耐病性が改良されれば収量の安定性にも寄与するほか，減農薬栽培が容易となり，食品としての安全性が高まる。また，イネは成熟期が台風の多い時期と重なることが多く，風雨により根元から倒れたり茎が折れたりしやすいが，主要品種の中でもコシヒカリは草丈が高く，茎が細いことから，特に倒れやすい。また，収穫量を増やそうとして肥料を多く与えると，茎も伸びるためにより倒れやすくなる。これらのことから，品種改良ではコシヒカリ以上の良食味品種を目指しながら，耐病性，耐倒伏性などの栽培特性の向上に向けて品種改良の努力が進められている。

(2) 米品質に関わる遺伝子

品種改良とは，有用な性質を持つ植物体を作り出すことである。品種改良を行う組織ができ，近代的な品種改良が進められるようになったのは約100年前（明治37年）のことであり，イネ栽培の歴史からすると，ごく最近のことといえる。それまでは，偶然に生じた特徴的なイネを農家が意識的，無意識的に選び出すことにより，品種改良は行われてきた。収量性や生育期間，耐冷性など植物体の改良も長い時間をかけて

イモチ病（Rice Blast）：*Pyricularia Grisea* という糸状菌により引き起こされるイネの病害。苗，葉，穂などさまざまな場所で発生し減収をもたらす。発病が甚だしいときには収穫皆無となる。現在では栽培法の改良や優れた農薬などにより，発生は少ない。

国際イネゲノム塩基配列解析プロジェクト：イネの全遺伝子を解明することを目的として1997年に作られたプロジェクトである。日本，アメリカ，中国，フランス，台湾，インド，韓国，タイ，イギリス，ブラジルの10か国と地域が参加して，染色体を分担し，遺伝子の解析が行われた。

徐々に進んでおり，米の品質においてもさまざまな変化が起きている。

例えば，野生のイネは米粒も小さく玄米に赤色などのタンニン系の色素を含んでいるが，ほとんどの栽培種は粒が大きくタンニン系の色素がついていない。現在でも色素のついた米は在来種を中心に存在し，古代米ともよばれている。ただ，紫色の米（紫黒米）は日本の在来種にはないといわれている[18]。現在栽培されている紫色の「古代米」の多くは中国などの品種か，改良種である。赤米は日本でも古くから栽培されていたが，赤米についても，「ベニロマン」，「紅衣」など品種改良された赤米品種が開発されている。

品種改良の過程で，食味に関わる成分としてはデンプンの性質が大きく変化してきた。デンプンはブドウ糖が結合してできた多糖であり，直鎖状につながったアミロースと分岐鎖の多いアミロペクチンから構成されている。デンプンは米の成分の中で最も多く含まれ，炊飯米の食感に大きく影響する成分である。野生のイネやインディカの多くはアミロースがデンプン全体の30％程度であるが，ジャポニカの多くはアミロース含量が15〜20％程度のものが大半である。ジャポニカの方が低いアミロース含量となるのは，アミロースの合成を制御するデンプン粒結合性デンプン合成酵素Ⅰ（Granule-Bound Starch Synthase I：GBSSI）とよばれる遺伝子のDNA配列が自然に1塩基だけ変異したためである。G（グアニン）という塩基がT（チミン）に変化したために酵素の量が1/10以下に減少している[19]。そのため，ジャポニカの米のアミロース含量はインディカの米のアミロース含量より少なくなり，特有の粘りのある食感の米となっている。なお，アミロースがないともち米となる。これもGBSSI遺伝子の変異が原因であり，この場合は酵素ができないなどの理由でアミロース合成の機能が全く失われている。

炊飯米が冷めたときに，インディカの米の方がジャポニカの米よりも硬くなりやすい。これは，アミロース含量が違うためでもあるが，アミロペクチンの構造が異なっているためでもある。インディカの米の方が一般的にアミロペクチンの側鎖がより長いために，炊飯米が冷めたときにデンプンが老化（β化）しやすくなるためである。この性質の違いには，アミロペクチン合成に関わる遺伝子の1つであるデンプン合成酵素Ⅱa（Starch Synthase IIa：SSIIa）という遺伝子が関わっている[20]。ジャポニカでは自然の変異によりSSIIaの機能が失われており，アミロペクチンの側鎖があまり伸びない。それに対し，インディカの多くでは野生のイネと同様にこの遺伝子が機能している。これらの遺伝子以外にもさまざまな遺伝子が品種改良の過程で変化し，現在食べられている米が作られてきた。

(3) 品質改良の手法

現在行われている品種改良の手法にはさまざまなものがあるが，主に行われている方法は，2種類の品種を交配させ，双方の品種が持つ特長を兼ね備える植物を選抜する方法（交雑育種法：Cross Breeding）と，既存の品種の遺伝子を人為的に変化させることで新しい品種を生み出す方法（突然変異育種法：Mutation Breeding）とである。現在，ほとんどの品種は交雑育種法により品種改良される。

① 交雑育種法

交雑育種法は，性質の異なる2つの品種（例えば，収量の多い品種と食味の良い品種）を交配し，その子孫から優れた性質（収量が多く食味が良い）を持つ品種を選抜することである。この方法の特徴は，両親の優れた品種を両方とも持ち，親よりも優れた品種ができる可能性があるということである（逆に悪い性質を持つ植物も多数生じる）。自然に別品種が交配する確率は，栽培環境によって大きく変わるが，1,000分の1以下であるといわれているため，人工的に交配が行われる。その後，得られた種子を数世代にわたって栽培し，穂の数や葉の形，耐病性，食味などの形質を調査し，優れた品種を選抜する。

交配して得られた種子に由来する数千～1万個体の植物が調査対象となるが，この中から新たな品種となるものが全くないことも多い。そのため，1つの品種を開発するまでに数万の個体を調査することとなる。

交配から一般農家での栽培が可能になるまでには，10年程度の年数を要する。まずは植物体の草型や収量などで選抜を行い，ある程度選抜された段階で食味が調べられ，さらに選抜される。

食味について最初から調べないのは，手間がかかることが大きな要因である。良食味の品種を見つけ出す方法は，現在でも基本的には食べてみること（食味検定）によっている。しかし，数千，数万の種類の米を食べ比べることは事実上不可能である。コシヒカリ以上に食味のよい品種が育成されたとしても，収穫できる量が少なければ，経営上は不利となってしまい，栽培する意味がなくなってしまう。そのため，収量が高いことが新品種開発の前提となる。

交雑育種法により作られた初期の品種としてよく知られているのは，陸羽132号という品種であり，耐寒性が強い品種であったことから昭和の初期に東北地方を中心に普及した。また，この陸羽132号と森多早生という品種とを交配してできた品種が水稲農林1号であり，水稲農林1号はコシヒカリの親である（図2.18）。

コシヒカリは，1956年に育成された品種である。開発当初は新潟県と千葉県で栽培されるのみであったが，現在では東北南部から九州地方

```
                                    ┌─ 銀坊主
                    ┌─ 農林 8 号 ─┤
         ┌─ 農林 22 号 ─┤            └─ 朝日
         │          │            ┌─ 上州
         │          └─ 農林 6 号 ─┤
コシヒカリ ─┤                       └─ 撰一
         │          ┌─ 森多早生 ------ 東郷 2 号
         │          │         ＊圃場で選抜
         └─ 農林 1 号 ─┤            ┌─ 陸羽 20 号
                    └─ 陸羽 132 号 ─┤
                                 └─ 亀の尾 4 号
```

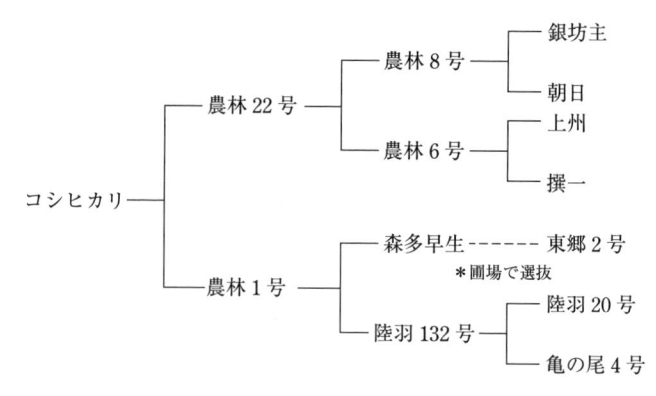

図 2.18　コシヒカリの系譜

まで栽培されている。現在栽培されているイネの上位 10 品種は，すべてコシヒカリを親か祖先に持つものであり，日本の主要な品種のほとんどにコシヒカリの遺伝子が入っているといってよい。

最近では，さまざまな米料理にあった品種も開発されている。例えば，カレー向きの品種「華麗米」やピラフ向きの「夢十色」，寿司用の「笑みの絆」など，コシヒカリにはなかった性質を持つ品種が生み出されている。

交雑育種法の 1 つとして，戻し交配という方法も行われている。これは最初に交雑してできた子孫に対し，最初の親の片方を複数回交配する方法である（図 2.19）。この方法の特徴は，交配親の性質（良食味など）を保持しつつ，ほかの形質（耐病性など）を改良することができることである。新潟県で現在作られている「コシヒカリ」はこの方法によって品種改良された。新潟県で「コシヒカリ」として販売されている米のほとんどは，品種名でいうと厳密にはコシヒカリではない。「コシヒカリBL」といい，ほぼすべての DNA 配列はコシヒカリと同一であるが，わずかな DNA 配列がほかの品種由来である。

BL とは，Blast Resistance Lines（イモチ病抵抗性系統）の略で，イネ最大の病害であるイモチ病の抵抗性を持っている。このため，減農薬栽培が容易となる。

```
                                           ┌─ コシヒカリ
                                        ┌─┤
                                        │ └─ ササニシキ
                                     ┌─┤
                                     │ └─── コシヒカリ
                                  ┌─┤
                                  │ └────── コシヒカリ
                               ┌─┤
                               │ └───────── コシヒカリ
                            ┌─┤
      コシヒカリ新潟 BL1 号 ───┤ └──────────── コシヒカリ
                            └──────────────── コシヒカリ
```

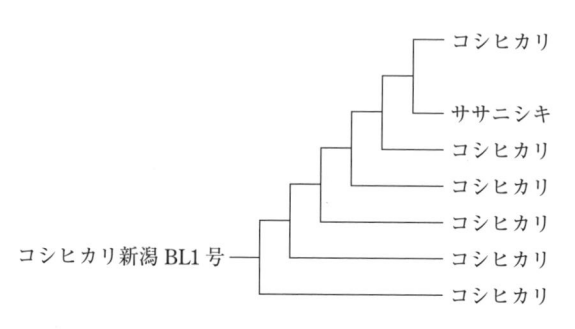

図 2.19　コシヒカリ新潟 BL1 号の系譜

現在，新潟県では10種類以上のコシヒカリBLが登録もしくは登録出願を行っている。これらのコシヒカリBLは，植物体の見た目やご飯の味はほかのコシヒカリと同等である。しかし，一部のDNA配列が違うことから，DNA判別により他県産のコシヒカリと区別ができるようになっている。新潟だけでなく富山県などでもコシヒカリBLは育成されている。

② 突然変異育種法

突然変異をもとにした品種改良は突然変異育種法といわれ，イネに限らず多くの生物種で行われている。1950年代より盛んに行われるようになった。自然に変異が起きる確率は極めて低いため（1遺伝子1世代当たりで，10万〜100万分の1），薬剤や放射線を用いることでDNAを高い頻度で変異させて突然変異を出やすくし，有用なものを選抜する方法がとられている。この方法の特徴は，自然には得られない変異を持つ品種が得られる可能性があること，比較的短期間で品種改良ができるという点などである。

米の成分や植物体の形状が変化したさまざまな品種が突然変異育種により開発されているが（表2.3），現在栽培されている品種としては，「ミルキークイーン」が挙げられる。コシヒカリに対してDNA配列を変化させる薬剤（N-メチル-N-ニトロソ尿素）で処理することで育成された。コシヒカリのGBSSI遺伝子が変異したことで，コシヒカリと比較してアミロースの合成量が少なくなった[21]。そのため，炊飯米がよく粘り，冷めても硬くなりにくいために，おにぎりなどに向く。

突然変異により得られた変異体を栽培品種と交配して，さらに品種改良を進めることも多い。例えば，「はいみのり」は九州大学が突然変異により育成された巨大胚芽米系統「EM40」と，「アケノホシ」という品種とを交配することで得られた品種である。ほかには，ミルキークイ

表2.3 突然変異をもとにして育成された品種

品種名	特　徴
レイメイ	突然変異育種で得られた初期の品種で，草丈が低く倒れにくい。
ミルキークイーン	デンプンの構成成分の1つであるアミロースの割合が低く，ご飯が冷めても硬くなりにくい。
エルジーシー1	消化できるタンパク質の割合が少なく，実質的に低タンパク質な米となる。
みずほのか	エルジーシー1を酒米に改良した品種で，すっきりした良質の純米酒を作ることができる。
はいみのり	胚芽が通常の米の3倍程度あり，発芽玄米にすると有用成分であるGABAが多く蓄積する。

ーンの栽培特性を改良して,「ミルキープリンセス」という品種も開発されている。なお,変異の課程でDNAは変化するものの,実際に食べられる米に放射線や薬剤の害が出ることはない。

　③　一代雑種育種法

　海外,特に中国でよく行われている育種法として,一代雑種育種法というものがある。これは,メンデルの優性の法則を活用した方法である。遠縁の品種（例えばインディカとジャポニカ）をかけあわせてできたイネ（F_1植物）は,両親の優れた性質を受け継ぎ（雑種強勢）,耐病性や生産量などで優れた性質を持つことが多い。こうして得られたイネをハイブリッドライスといい,中国のイネの約半分はハイブリッドライスであるといわれている。ハイブリッドライスの生産性は一般の品種より高いものの,食味に劣ることが多いために日本での栽培は少ない。しかし,ハイブリッドライスの中では食味の良い「みつひかり」という品種が開発されている。種子の価格が通常の品種の数倍するが,収穫量は3割ほど増加するため,比較的低コストで栽培が可能となり,業務用などに用いられている。

　これまでに開発されてきた品種とその特性については,「イネ品種・特性データベース検索システム（http://ineweb.narcc.affrc.go.jp/）」で調べることができる。

(4) イネ遺伝子解析

　イネは12本の染色体を持ち,その中に遺伝情報を担うDNAがあり,そのDNAを構成する塩基を解析することで性質を知ることができる（Gene Analysis）。イネの場合,DNAの長さが合わせて3.8×10^8塩基対と,主要穀物の中では最も小さい。トウモロコシの1/6,小麦の1/40程度である[22]。そのため,遺伝子の解析が早くから進められ,国際イネゲノム塩基配列解析プロジェクトなどにより,全DNAの配列が2004年に決定した。これは主要穀物では初めてで,植物ではシロイヌナズナに次いで2番目である。なお,このとき用いられた品種は「日本晴」という品種である。

　研究の進展により,イネではDNA配列だけでなく,遺伝子の発現量や発現部位,変異体についてもデータベース化が進んでおり,インターネット上で情報が得られるようになっている（**表2.4**）。これらの情報により,イネの研究がより加速している。多くの在来種は**ジーンバンク**で生物資源として保管されており,これらの品種と遺伝子の情報をもとにして,有用な性質を持った品種改良へとつながっている。

　遺伝子情報を用いた品種改良の方法で実用化が進んでいるのは,DNAマーカーの利用である。品種ごとに性質が異なるのは,DNAの

ジーンバンク（Gene Bank）：野生および栽培植物の種子や,動物の精子,微生物などの生物遺伝資源を収集,保存配布する業務を行う機関。国内では農業分野に関わる遺伝資源については農業生物資源研究所（つくば市）を中心にジーンバンク事業が展開されている。

表 2.4 イネ遺伝子のデータベース

データベース名	URL	特徴
RiceXPro	http://ricexpro.dna.affrc.go.jp/	植物の部位や生育時の遺伝子発現のデータベース
Rice TOGO Browser	http://www.dna.affrc.go.jp/jp/	塩基配列，DNA マーカー，イネの形態などの情報を統合している
Oryzabase	http://www.shigen.nig.ac.jp/rice/oryzabaseV4/	変異体や遺伝子地図などについてまとめられている
Rice proteome database	http://gene64.dna.affrc.go.jp/RPD/	イネにおけるタンパク質の発現についてのデータベース

塩基配列に違いがあるためである。特定の塩基が違っていることや，DNA の一部が欠失したり逆に増えたりしたために遺伝子の発現量や機能が変わり，品種間の差となる。塩基配列を調べることで違いを見ることができるが，多数の品種について行うには費用と手間がかかるために，品種改良の際の選抜には向いていない。そこで，DNA 配列の違いをもとにして，より簡便な方法で違いを見る方法が，DNA マーカーである。DNA の部分的な増幅と分離などの操作により，視覚的に DNA 配列の違いを判別することができる（図 2.20）。

これまでの研究により，穂の数を決める遺伝子，草丈の高さの決定に関与する遺伝子，穂の出る時期に関与する遺伝子などはわかっている。DNA マーカーを利用して作られた品種としては，コシヒカリ関東 HD1 号（生育期間が短い），関東 HD2 号（生育期間が長い），関東 BPH1 号（トビイロウンカ抵抗性），コシヒカリ SD1 号（草丈が短い）などが知られている。いずれも，2005 年以降に品種登録された新しい品種である。

DNA マーカーは品種判別にも用いられており，80 品種以上のイネを数時間で判別することができる技術が開発されている[23]。また，米の食味に関わる遺伝子についての研究も進められており，DNA 情報から米の食味を推定する技術も開発された[24]。このような技術がさらに進展していくことで，良食味の品種選抜が容易になることが期待される。

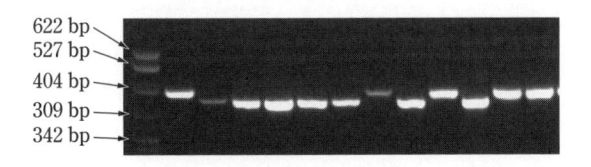

図 2.20 DNA マーカー
バンドの位置の違いが品種の違いを表す。一番左のレーンは，長さがわかっている DNA 断片の混合物（分子量マーカーという）。この例だと，上から 622，527，404，309，242 塩基対。

(5) 遺伝子組換え技術

　遺伝子組換えは，ある生物のDNA配列を別の生物に組み込むことで新たな形質を付与させる技術である。例えば，食味の良い品種に病気に強い遺伝子を組み込むことで，食味が良く病気に強い品種を作ることができる。もとの品種の特徴を残しつつ有用な形質を取り込むという点で戻し交配に近い。しかし，戻し交配だとイネが持っている耐病性などの有用形質しか取り込むことができないのに対し，遺伝子組換えではイネ以外の植物や微生物などの有用な遺伝子を導入することができる。そのため，通常の品種改良では得られない品種育成が可能となる。

　植物の遺伝子組換えはトマトやタバコなど，双子葉植物で先行しており，単子葉植物では困難であるといわれてきたが，イネの遺伝子組換え技術 (Recombinant DNA Technologies) として 1988 年に直接導入法が開発された[25]。これは，イネの細胞の中にDNA断片を入れることで，イネの染色体に組み込む方法である。この方法は効率が悪く，多数の遺伝子組換えイネを作出することは困難であった。現在多く用いられている方法はアグロバクテリウム法という方法である。これは，**アグロバクテリウム**という微生物が持つDNA断片を組み込む能力を用いることで効率的に遺伝子を導入できる方法である[26]。遺伝子組換えについてさまざまな改良が進められたことにより，イネは主要作物の中では比較的遺伝子組換えをしやすくなってきている。そのため，多くの大学や研究機関で実験に用いられ，さまざまな遺伝子の機能が調べられている。

　遺伝子組換えの効率は品種によって異なる。例えば，全DNA配列が明らかになった日本晴は遺伝子組換え植物を作りやすい品種として知られているが，コシヒカリはやや遺伝子組換え植物を作りにくいといわれている。しかし，コシヒカリについても効率的な遺伝子組換えを行う方法も開発されてきており，今後さらに容易に遺伝子組換えイネの作出ができるようになるだろう。

　遺伝子組換え技術の研究は進められているものの，食品としての遺伝子組換えイネは，環境や安全性への懸念などから日本だけでなく，どの国でも一般には流通していない。しかし，遺伝子組換え技術により，スギ花粉症を緩和する効果が期待される米や，インスリンを多量に含む糖尿病患者向けの米，ビタミンAを多く含む米などが開発されている。環境や安全性の問題がクリアされれば，このような栄養価や機能性に優れた遺伝子組換えイネの栽培が拡がることが期待される。

アグロバクテリウム (*Rhizobium Radiobactor*)：土壌細菌の一種で，植物に感染すると，DNAの一部を植物細胞の染色体に組み込む性質がある。この性質を利用して，イネだけでなく，さまざまな植物で遺伝子組換え体が作出されている。

引用文献

(1) Y. Pomeranz, ed. WHEAT Chemistry and Technology, AACC, St. Paul, Minnesota, USA, p.49 (1988)
(2) Jan A .Delcour, ed. Principles of Cereal Science and Technology Third Edition USA, p.1, p.3 (2009)
(3) 田谷省三，小麦粉―その原料と加工品―，日本麦類研究会，東京，pp.123-136 (2007)
(4) 尾関幸男，北海道の畑作技術，麦類編，農業技術普及協会，p.40 (1978)
(5) 星川清親，解剖図説・イネの生長，農文協 (1975)
(6) 並木満夫，中村良，川岸舜朗，渡辺乾二，現代の食品化学，三共出版 (1990)
(7) 竹生新治郎，米の食味，全国米穀協会 (1996)

参考文献

1) Bechtel, D. B., Abecassis, J., Shewry, M. I., Bogdevitch, P. R. and Evers, A. D., Development, Structure, and Mechanical Properties of the Wheat Grain. In WHEAT Chemistry and technology, ed. by Khalil Khan and Peter R.Shewry. AACC, Minnesota, USA, pp.51-96 (2009)
2) Delcour, A. and Hoseney, R., Structure of Cereals-Wheat. In Principles of Cereal Science and Technology, Third Edition. AACC,Minnesota,USA, pp.1-9 (2010)
3) 長尾精一，小麦の科学（長尾精一編），朝倉書店，東京，pp.37-40 (1995)
4) 稲学大成，形態編，農文協 (1990)
5) Morris,C.F., Plant Mol.. Biol., 48, pp.633-647 (2002)
6) Lukow,O.M., Payne, P.I. and Tkachuk, R., J., Sci. Food Agric., 46, pp.451-460 (1989)
7) Maruyama-Funatsuki,W., Takata, K., Funatsuki, H., Tabiki, T., Ito, M., Nishio, Z., Kato, A., Saito, K., Yahata, E., Saruyuma, H. and Yamauchi, H., Breed Sci., 55, pp.241-246 (2005)
8) Tabiki.T., Ikeguchi, S. and Ikeda, T.M., Breed Sci., 56, pp.131-136 (2006)
9) Nakamura, T., Yamamori, M., Hirano, H. and Hidaka, S., Plant Breed., 111, pp.99-105 (1993)
10) Kiribuchi-Otobe,C., Nagaimine, T., Yanagisawa, T., Ohnishi, M. and Yamaguchi I., Cereal Chem., 74, pp.72-74 (1997)
11) Yasui,T., Sasaki, S., Matsuki, J. and Yamamori. M., Breed Sci., 47, pp.161-163 (1997)
12) Nakamura,T., Yamamori, M., Hirano, H., Hidaka, S. and Nagamine, T., Mol. Gen. Genet., 248, pp.253-259 (1995)
13) Yamamori,M., Fujita, S., Hayakawa, K., Matsuki, J. and Yasui, T., Theor. Appl. Genet., 101, pp.21-29 (2000)
14) Hanashiro,I., Ikeda, I., Yamamori, M. and Takeda Y., J. Appl. Glycosci., 51, pp.217-221 (2004)
15) Nakamura,T., Shimbata, T., Vrinten, P., Saito, M., Yonemaru, J., Seto, Y., Yasuda, H. and Takahata, M., Genes genet. Syst., 81, pp.361-365 (2006)
16) 社団法人米穀安定供給確保支援機構情報部，平成22年産水稲うるち米の品種別作付動向について (2012)
17) 農林水産省生産局知的財産課，水陸稲・麦類・大豆奨励品種特性表，平成21年度版，pp.4-6 (2010)
18) 猪谷富雄，赤米・紫黒米・香り米―「古代米」の品種・栽培・加工・利用―，農文協，p.132 (2000)
19) Isshiki, M., Morino, K., Nakajima, M., Okagaki, R.J., Wessler, S.R., Izawa, T. and Shimamoto, K., A naturally occurring functional allele of the rice waxy locus has a GT to TT mutation at the 5' splice site of the first intron. Plant Journal,

15, pp.133-138（1998）
20) Umemoto, T., Horibata, T., Aoki, N., Hiratsuka, M., Yano, M. and Inouchi, N., Effects of variations in starch synthase on starch properties and eating quality of rice. Plant Production Science, 11, pp.472-480（2008）
21) Sato, H., Suzuki, Y., Sakai, M. and Imbe, T., Molecular Characterization of Wx-mq, a Novel Mutant Gene for Low-amylose Content in Endosperm of Rice (Oryza sativa L.). Breeding Science, 52, pp.131-135（2002）
22) Arumuganathan, K. and EarleNuclear E.D., DNA content of some important plant species. Plant Molecular Biology Reporter, 9, pp.208-218（1991）
23) 田淵宏朗，林敬子，芦川育夫，イネゲノムの1塩基多型判別法の開発とイネ品種識別への応用，特許第4344818号（2009）
24) 大坪研一，中村澄子，岡留博司，DNA判別による米の食味推定，日本食品科学工学会誌，50，pp.122-132（2003）
25) Toriyama, K., Arimoto, Y., Uchimiya, H. and Hinata K., Transgenic rice plants after direct gene transfer into protoplasts, Nature Biotechnology, 6, pp.1072-1074（1988）
26) Hiei, Y., Ohta, S., Komari, T. and Kumashiro, T., Efficient transformation of rice (Oryza sativa L.) mediated by Agrobacterium and sequence analysis of the boundaries of the T-DNA. The Plant Journal, 6, pp.271-282（1994）

第3章 シリアル中の成分の化学と機能

cereal science

シリアル中の重要な成分は，主成分である水および糖質（多糖類，食物繊維を含む）とタンパク質，脂質の3大栄養素のほか，微量成分としてビタミン，ミネラル，色素などがある。

以下，シリアルサイエンスにおけるこれらの成分の化学と機能について述べる。

3.1 水

3.1.1 水の化学

水は，主成分の一種であり，シリアルフードの世界では重要な役割を果たしている。水は，極性物質であり，水の分子同士は**水素結合**して結晶構造をとる。その場合，HOH角度は，104.5°，O-H間の距離は，0.096 nmである（図3.1）。

4℃で分子運動が静まって密度が最大の1となる，0℃で凍るときに規則正しく分子が並ぶため（HOH角度は約109°）密度が0.9付近まで下がり，そのため氷は水に浮く。

水分子内の酸素原子は，SP2軌道内（4つの電子対）に水素の電子を引き寄せようとして分子内で弱マイナス（(シグマ) σ^-）になるが，逆に水素原子は弱プラス（σ^+）となり，部分的に極性が生じるため，極性を持つ有機化合物と水素結合を生じる。そのため，タンパク質や糖のような極性基を持つ有機化合物（脂質はカルボキシル基やリン脂質の極性基を除き極性基が少ない）や金属イオンなどを加えると，水素結合が生じ，タンパク質や多糖類の構造を決める要因ともなる。

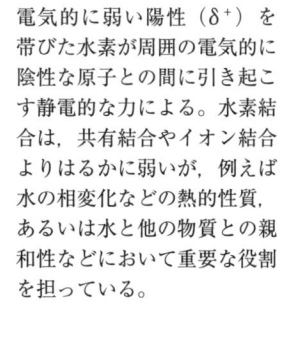

水素結合(Hydrogen Bond)：共有結合で結びついた水素原子が近傍に位置した酸素，窒素，硫黄などの電子対と相補的に透引する作用である。水素結合には，異なる分子の間に働くもの（分子間力）と単一の分子の異なる部位の間（分子内）に働くものがある。

水素結合は，陰性原子上で電気的に弱い陽性（δ^+）を帯びた水素が周囲の電気的に陰性な原子との間に引き起こす静電的な力による。水素結合は，共有結合やイオン結合よりはるかに弱いが，例えば水の相変化などの熱的性質，あるいは水と他の物質との親和性などにおいて重要な役割を担っている。

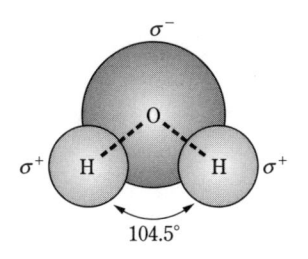

図3.1 水の分子モデル

3.1.2 シリアルフード中の水の機能

(1) 水の働き

- 多様な物質や化合物を溶解する，溶媒としての役割。
- 水分が多い場合，多糖やタンパク質などの高分子化合物を溶解あるいはコロイド溶液とする性質。
- 水分が少ない場合でも，食品中のタンパク質や多糖類の水素結合を媒介し，分子構造を維持。食品の物性やテクスチャーだけでなく，保存性に影響を与える。

コロイドの性質

水に溶解する状態以外に，水中に物質が分散した状態（コロイド：Colloidal Solution）が存在する。通常，コロイドでは $10^3 \sim 10^9$ 個の「原子」が集合凝集し水中に分散している。コロイドには，水和量の多い親水コロイドと少ない疎水コロイドがある。シリアル中のデンプン，多糖類，タンパク質など，主に有機物のコロイドが前者に属する。また，塩化銀，炭素，硫黄，硫酸バリウム，水酸化第二鉄などの無機質は後者に属する。

親水コロイドでは多めの電解質，アルコールの添加で沈降が起きる（塩析：Salting-Out）。これはコロイドの周りに水和する水分子の反発により凝集が阻害されてコロイドが形成されているが，電解質やアルコールの添加により水和水を取り除かれるために沈降が起きる。一方，疎水コロイドでは少量の電解質の添加で沈降する（凝析：Coagulation）。少量の電解質を加えることで電荷が打ち消され沈降する。

(2) 食品中の水の形態

食品中に存在する水として，自由水（Free Water）と結合水（Bound Water）がある。自由水は遊離の状態で存在し，通常の水の性質（無機質や有機物の溶媒）を持っている。結合水は，食品成分中のタンパク質や糖類などの親水基と水素結合して水和層を形成している水で，単分子層水分（食品成分の表面を覆う単分子層の被膜を形成する）ともいう。

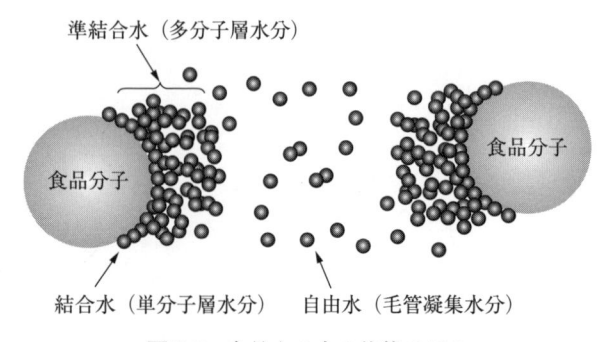

図 3.2 食品中の水の状態モデル

この結合水は0℃でも凍結しない。自由水と結合水の間に準結合水とよばれる，層状に結合水と結合している水があり，多分子層水分ともいわれる（図3.2）。

(3) 原料および食品中の水分と保存性

コメおよびコムギは，収穫後穀物サイロや保蔵庫に原料のまま保蔵する場合，物理的，化学的，生物的な変質を防ぐために水分の管理は重要である。管理項目として，保蔵中の温度，湿度のほか，入庫時，保管時，出庫時の原料水分がある。入庫時のコメやコムギの原料水分が高い場合には，乾燥機械や天日により乾燥して保蔵する。原料での保蔵は，一般的には最大でも水分15%以下（通常12%程度）になるよう調整する。

また，コムギを製粉する際には，原料に加水しタンク内で短時間保持する（「テンパリング」という）工程がある（この工程を「調質」という）。製粉しやすいように水分を調整する目的であるが，製粉後の穀粉水分はできた小麦粉の保存性や品質さらに収率にも大きな影響を与えるため，加水量の調整は大変重要なプロセスである。

食品（シリアルフード）中の水分は，粉砕した食品を通常105℃で3時間乾燥した後の乾燥減少重量を乾燥前の食品重量で割った値の百分率〔%〕で表す（水分率：Moisture Contentという）が，食品の物性やテクスチャーに大きな影響を与えるため，食品工業の品質管理上，厳格に管理されている。

また，食品の保存性の指標として，水分率と同時に水分活性（Water Activity）も管理されている。これは，食品の成分や種類により水分率と保存性の関係に相違があり，同じ水分率であっても食品の種類により水分活性や，品質保持期間も異なるためである。

水分活性（Aw）は，微生物の利用できる水（自由水）の指標として用いられる。Awは，食品を密閉条件下で置いたときの密閉内の雰囲気水蒸気圧（P）をその雰囲気温度の飽和水蒸気圧（P_0）で割った数字（P/P_0）で表す。

1に近いほど，自由水が多く，すなわち微生物が利用しやすい水が多くあるため，腐敗変質しやすい。ただ，微生物の種類により，利用できる食品中の水分が異なるので，水分活性と生育する微生物種の相関は，**表3.1**のようになる。

塩分や糖類の添加は，水分活性を下げて食品の保存性を上げるためにも利用される。また，水分活性が高い場合でも腐敗しないように，酸，アルコール，防腐効果のある化合物などを利用し保存性を高める場合もある。

表 3.1 水分活性およびシリアル食品，生育できる微生物との関係

水分活性	シリアル種類（水分）	生育する微生物の種類（例）
0.95	パン（約 35%）	大腸菌，シュードモナス，*Shigella*, *Klebsiella*, *Bacillus*, *Clostridium*, 酵母の一部
0.91	（チーズ（約 40%））	サルモネラ菌，ボツリヌス菌，コレラ菌，腸炎ビブリオ，*Serratia*, *Phicia*, *Lactobacillus*, *Pediococus*, *Rhodotorula*
0.87	スポンジケーキ（25%）	酵母の一部（*Candida*, *Torulopsis*, *Hansenula*），*Micrococus*
0.80		カビ（*Mycotoxigenic penicilla*），黄色ブドウ球菌
0.75	米（15%）	好塩性細菌，*Mycotoxigenic aspergilli*
0.65	米（13〜14%）	耐乾性カビ（*Aspergills chevalie*, *A. candidus*, *Wallemia sebi*），*Saccharomyces bisporus*
0.60	小麦粉（14〜13%）	耐浸透圧性酵母（*Saccharomyces rouxii*），カビの一部（*Aspergills ecbinulatus*, *Monascus bisporus*）
0.50 0.40	乾麺類（12%）クッキー，クラッカー（5〜3%）	水分活性 0.6 以下では，微生物は通常繁殖しないので，保存性は高いが，極端な乾燥（0.2 以下）の場合，脂質の酸化促進など，食品として好ましくない。

3.2 シリアルの糖質

シリアルは，いろいろな食品の中でもデンプン（Starch）の供給源として重要な役割がありデンプンをエネルギーに変換するための仕組みを人体は持っている（6.1 節）が，シリアル中にはデンプン以外にもいろいろな単糖，多糖類，食物繊維類など，成分や構造の異なる糖質が多数存在しており，それぞれの食品における物性や人体に対する生理機能が異なっている。

3.2.1 糖質の種類と化学

糖質（Cereal Sugars）は，炭水化物（Carbohydrate）ともいわれ，炭素，水素，酸素の 3 元素で構成されているのが一般的であるが，穀類の胚芽部や表皮部には脂質やタンパク質を含む複合糖質のようなものもあり，ほかに窒素や硫黄を含む特殊な糖質もある。

糖質の種類は，単糖（Mono Saccharide），二糖類を含むオリゴ糖（Oligo-Saccharide），多糖（Poly-Saccharide）に分けられる。

(1) 単糖

単糖は炭素数で，分類される。最も小さい糖単位は，3 炭糖（トリオ

ース)のグリセルアルデヒド(図3.3)である。糖の構造としてカルボニル基(R_1–CO–R_2)が末端にあり,アルデヒド基(CH–O–CHOH–)またはケトン基(CH_2OH–CO–)となっている。このようにアルデヒド基を分子内に持つ糖の場合をアルドース,ケトン基を持つ場合をケトースと分類している。

また,一般的な糖の場合,分子内にOH基を含む不斉炭素が1個以上あるため,立体異性体(D型とL型)が存在する。カルボニル基から最も遠い位置にある不斉炭素のOH基とH基の配置が,D型グリセルアルデヒド中の不斉炭素の場合と同じ配置の場合,D型となり,逆の場合がL型と分類される。シリアル中に含まれる単糖類のほとんどは,D型である。

D(デキストロ)型　　L(レボ)型(HとOHがD型と逆)

図3.3　グリセルアルデヒドの構造

単糖は,炭素数が増加するにつれて,3炭糖(トリオース:Triose),4炭糖(テトラオース:Tetraose),5炭糖(ペントース:Pentose),6炭糖(ヘキソース:Hexose),7炭糖(ヘプトース:Heptose)とよばれる。シリアル中にはヘキソースとペントースがほとんどである。6炭糖では,ブドウ糖(グルコース:Glucose)(図3.4と図3.5),乳糖(ガラクトース)(図3.6),果糖(フラクトース:Fractose)などがある。5炭糖では,キシロース(Xylose)(図3.7)やアラビノース

α-D-グリコピラノース　　β-D-グリコピラノース
ピラノース型

α-D-グルコフラノース　　β-D-グルコフラノース
フラノース型

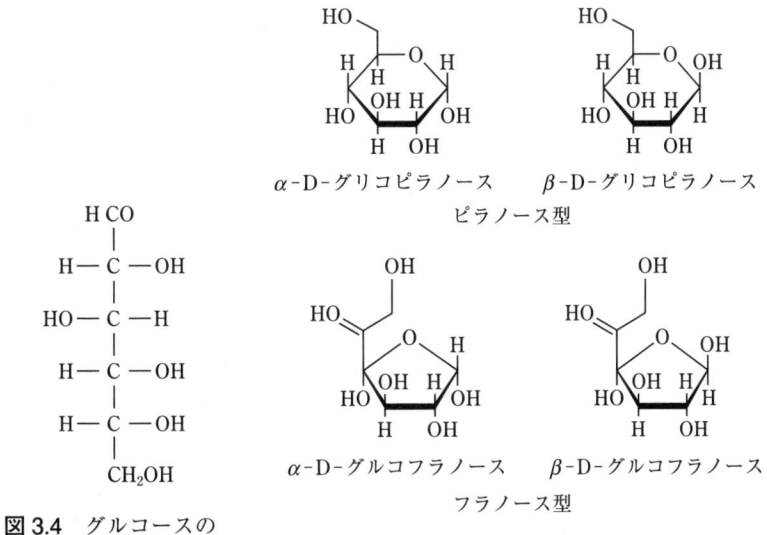

図3.4　グルコースの直鎖構造

図3.5　グルコースの環状構造

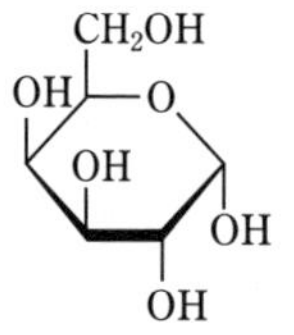

α-D-ガラクトピラノース　　α-D-キシロフラノース　　α-D-アラビノフラノース

図 3.6　ガラクトース（α-Galactopyranose）の構造　　図 3.7　キシロースとアラビノースの構造（フラノース型）

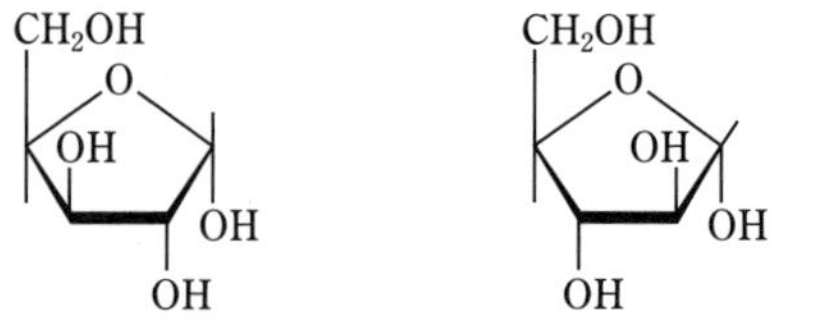

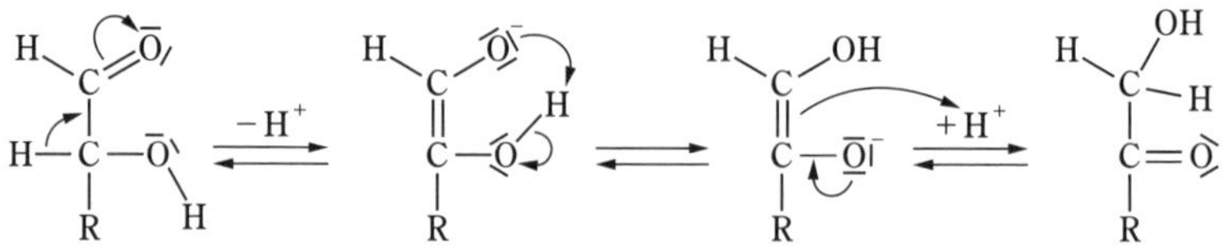

アルドース　　　　エンジオール（Deprotonierte Form）　　　　ケトース

図 3.8　ケト–エノール互変異性

（Arabinose）（図 3.8）などがある。

　糖の構造は，直鎖状と環状がある（図 3.4 と図 3.5）。直鎖状の末端カルボニル基と分子内のアルコール基が反応してヘミアセタール構造（環状構造）を形成する。5 因環を形成するものをフラノース（Furanose），6 因環をピラノース（Pyrarose）という。水が少ない系では（無水結晶の場合も）直鎖構造はなく，ほとんど環状構造となっている。

　ブドウ糖（グルコース）は構造上，C1 位の OH 基が α 位（6 因環平面の下側）と β 位（同上側）がある。ガラクトースのピラノース型とは，C4 位の OH 基の方向が異なっている。

　アルドースやケトースの場合，還元性を呈する。ケトースは還元末端を持っていないが，ケト–エノール互変異性によってエンジオールとよばれる構造を経由してアルドースに異性化して還元性を持つようになる（図 3.8）。

　還元性があると，アミノ酸やアミノ基を持つ化合物と反応（アミノカルボニル反応，4.3.1 項）を起こすので食品の性質に大きな影響を与える。ほとんどの単糖は還元末端を持っているが，末端がアルコール基となっているソルビトール（グルコースの還元糖）やキシリトール（キシロースの還元糖）のような糖アルコールは還元性を持たない。そのためアミノカルボニル反応は起こりにくい。

(2) 二糖類とオリゴ糖

　単糖の結合数に応じて，二糖，三糖，四糖とよばれる。さらに数個単位（単糖数で〜約 10 個）でグルコシド結合したものをオリゴ糖とよんでいる。

　穀類の主な二糖として，シュークロース（α-グルコースと β-フラク

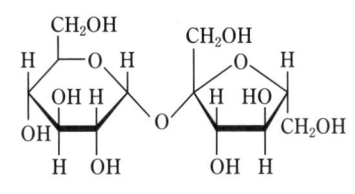

図3.9 シュークロースの構造（グルコースとフラクトースが結合）

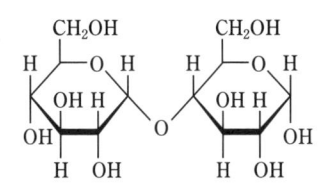

図3.10 マルトースの構造（グルコース2分子が結合）

図3.11 ラフィノースの構造（フルクトース，ガラクトース，グルコース分子の3分子が結合）

トースの1,2結合で還元性無）（図3.9），マルトース（グルコースが2個α-1,4結合したもので還元性有）（図3.10），ラクトース（D-ガラクトースとD-グルコースがβ-1,4結合したもので還元性有）等がある。マルトースは，パン発酵時イーストの栄養源にもなるため，パン用小麦粉の性質を決める要素として重要である。

三糖として，ラフィノース（ガラクトースとグルコースとフラクトース）（図3.11），四糖としてスタキオース（ラフィノースのガラクトース基にさらにガラクトースが結合したもの）なども含有しているが，大豆などと比較するとわずかである。

近年，ラフィノースやスタキオースなどを含むオリゴ糖は腸内細菌フローラを整える（整腸作用），齲蝕性（虫歯になりにくい），脂質代謝改善など生理活性を持つものとして，注目されている。

(3) 多糖類

多糖類は，単糖が多数結合したもので，単糖の種類やその結合方法により多様なものがある。代表的なものとしてはデンプン，**グリコーゲン**，イヌリン（Inulin），**ペクチン**などがある。

デンプンは，ブドウ糖が結合したものであるが，アミロース（Amylose）とアミロペクチン（Amylopectin）から構成されている。アミロースは，グルコースが主にα-1,4結合しほぼ直鎖状の構造である。アミロペクチンは，グルコースがα-1,4結合とα-1,6結合したものでグルコースの結合鎖が枝分かれしたような構造している。

うるち米はアミロースが約20％（アミロペクチンが80％）程度含まれているが，もち米はほとんど100％アミロペクチンである。そのため，老化（3.2.2項）しにくい。小麦粉のデンプンも約20％がアミロースで

グリコーゲン（Glycogen）：人間など動物が体内（主に肝臓）でブドウ糖から合成するデンプンのようなグルコースのポリマーで，デンプンよりもグルコース1,6結合による枝分かれ構造が多いのが特徴。

ペクチン（Pectin）：ガラクチュロン酸が重合し，6位のカルボン酸がメチルエステル化した構造。果物の皮部分に多く含まれる。サトウダイコン，ヒマワリ，オレンジ，グレープフルーツ，ライム，レモンまたはリンゴなどに多い。酸や酵素による分解で，オリゴ糖を生成する。

カルシウムを入れると凝固する性質があるが，エステル化されていないガラクツロン酸（Galacturoic Acid）のカルボキシル基がカルシウムイオンと結合してゲル化する。そのためメチルエステル化の頻度が強度を決める要因とされたカルボキシン基にはカルシウムが結合できないためその割合とゲル強度が決まる。

α-D-ガラクツロン酸

あるが，近年アミロースのない「もち小麦」（アミロペクチン100％）の品種や，アミロース含量が多い品種なども作られている（2.2節）。

デンプンは，アミラーゼ（Amylase）により加水分解される。アミラーゼには，αとβアミラーゼのほか，グルコアミラーゼ，枝切り酵素（イソアミラーゼ，プルラナーゼ）がある。

生デンプンの構造として，グルコース分子が直鎖状に重合している部分は水素結合によりグルコース6個で1サークルになるらせん構造をしているものが多い。らせん構造同士が相互に水素結合を介して平行に並び結晶構造をとる。結晶構造では，アミラーゼなどの分解酵素が作用しにくい。一重らせん状態の結晶では，デンプン顆粒に含まれる油脂成分（モノグリセリドやリゾレシチンなどのリン脂質）がアミロースの一重らせんのなかに包接された，包接錯体として存在している場合もある。

デンプンに水が多く存在する状態で加熱すると，結晶構造が緩み水素結合が崩壊し，デンプン粒が膨化しやすくなり，粘性ゲル状態になっていく（お米が炊けた状態）。その結果，溶液がしだいに透明化する。このような状態をα化または糊化（Gelatiration）という。この状態になると，アミラーゼ酵素等による加水分解反応が起きやすくなる。

α化したデンプン（αデンプンともいう）が冷やされると，老化またはβ化（βデンプンともいう）といって，デンプン分子間の水素結合が再生し一部再結晶化された状態となり，透明さが失われる。アミロペクチンが多いほど，老化しにくい性質が付与される。シリアルフード中のデンプンの老化防止として，老化しにくいタピオカデンプンやα化デンプンを混合したり，界面活性剤のようなものを添加することもある。また，デンプンを化学的に修飾した**架橋デンプン**などが用いられることもある。

デンプンは食されたのち，アミラーゼなどによりオリゴ糖まで分解されて，腸管上皮細胞上でグルコース変換と同時に腸管内へ吸収され，門脈（Hepatic Portal Vein）を通じて肝臓に送られる。肝臓で，解糖系によりピルビン酸まで分解されたのち，クエン酸回路（TCA回路）および電子伝達系を経てATP（エネルギー）が生産，またはグリコーゲンとして貯蔵，またはクエン酸回路物質から他の成分へ変換される。総計すると，グルコース1分子から36分子のATPが生産される（詳細は第6章）。

(4) 食物繊維

食物繊維（Dietary Fiber）とは，「ヒトの消化酵素で消化されない食物中の難消化性成分」と定義されているが，リグニンを除くとほとんど多糖類である。多糖類の中で，ヒト自身の酵素により消化できるもの

架橋デンプン：分子間水素結合するOH基がアジピン酸などで架橋されている。また分子内のOH基の一部がアセチル化されている。このため糊化しやすく老化しにくいなどの特徴がある。アセチル化リン酸架橋デンプン，アセチル化酸化デンプン，オクテニルコハク酸デンプンナトリウム，酢酸デンプン，酸化デンプン，ヒドロキシプロピルデンプン，ヒドロキシプロピル化リン酸架橋デンプン，リン酸モノエステル化リン酸架橋デンプン，リン酸化デンプンおよびリン酸架橋デンプンなど，食品添加物の指定となる。

は，デンプンとグリコーゲンくらいで，それ以外の多糖類のほとんどは難消化性である。ヘミセルロースの一部であるイヌリンのように腸内細菌で部分分解して，消化できる多糖類もあるが，これらも食物繊維として取り扱う。

食物繊維は，**水溶性タイプ**と**水不溶性タイプ**があるが，分子量が小さく，OHやNH$_2$などの官能基が多いものは，水素結合を作りやすく水に溶けやすい。

シリアル中の食物繊維として，細胞壁成分のセルロース（Cellulose），ヘミセルロース（Hemicellulose），リグニン（Lignin）がある。これらは，植物生体内では，細胞壁を構成して細胞の形状を保ったり，病原菌や害虫から身を守るため，セルロース直鎖構造にグルコースがβ-1,4結合したヘミセルロースとリグニンが結着して固定しているような，ミクロフィブリル構造（微細構造）をとっている。

主にイネ科穀類の外皮に含まれるもっとも一般的なヘミセルロースは，アラビノキシランである。小麦の外皮は，ふすまとよばれ約70%（乾物あたり）が食物繊維で構成されているが，アラビノキシランはその主成分で，ふすまの約40〜50%程度含まれている。

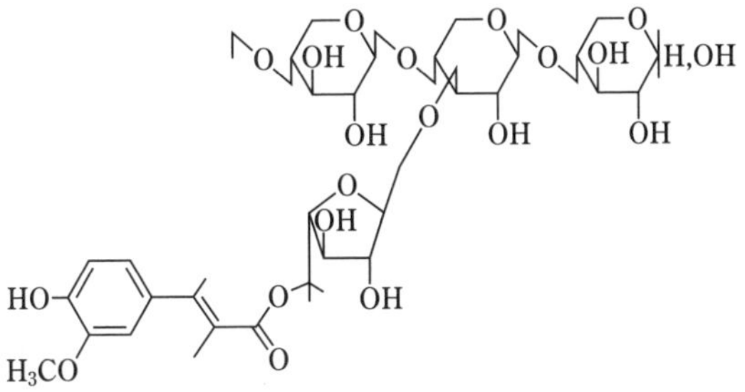

図3.12 アラビノキシランの構造

アラビノキシランは，5炭糖であるピラノース型のキシロース同士がβ-1,4結合し，その2位または3位のOHの位置にフラノース型のアラビノースがα位で一部分岐した構造（ブランチング構造）をしている。アラビノースの側鎖には，C5位にフェルラ酸，グルクロン酸などウロン酸やタンパク質などが共有結合している場合もある。シリアル中のヘミゼルロース成分として，アラビノキラシンのほかキシログルカンもわずかに含まれている。また，小麦粉中にはアラビノキシランの分解物（ペントザン）がわずかに（1〜2%程度）含まれる。

ヘミセルロース成分は，腸内細菌活性化効果（ビフィズスファクター）のほか，高血圧抑制作用や血中コレステロール上層抑制効果などの生理活性も報告されている（第6章）。

リグニンは，フェノール系化合物が重合した複雑な構造をしている

食物繊維の測定法：サウスゲート法があるが，ヘミセルロースを正確に測定できないとの欠点から，界面活性剤（中性および酸性）を用いたソエスト法も使われる。

食物繊維の由来：植物（セルロース，ヘミセルロースほか），動物（キチン，キトサン），微生物（細胞壁グルロン類）などさまざま。

微生物由来の繊維ナタデココ：ココナッツジュースに酢酸菌の一種（*Acetobactor Acetii*）を加えて発酵させると，同ジュースが凝固したゲル状物質を作る。酢酸菌が生合成するセルロース様成分からなる。

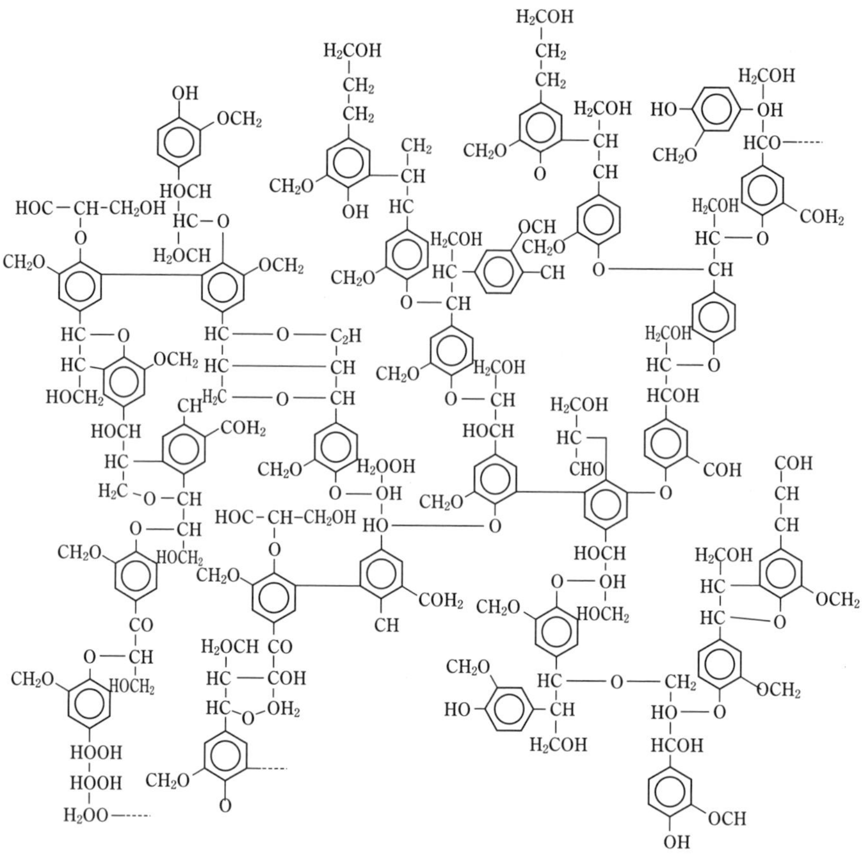

図 3.13 リグニンの構造の一部

（図 3.13）。小麦粉や米粉中にはほとんど含まれない。

3.2.2 小麦由来スターチ（Cereal Starch）の機能

シリアルの 60～70%（湿重量比）が**デンプン**であり，栄養学的には人体のエネルギー源としての役割がある。一方，食品製造上の役割としては，加熱によるゲル化と膨化によるボリューム感の付与等食品の物性，テクスチャーに影響を与えている。

デンプンは，シリアル中はデンプン粒（Starch Granule）として存在（第2章）。デンプン粒は種子の登熟において，層状に発達する。

一般的にデンプンは，結晶構造をとるが，その結晶性（Crystallinity）に3タイプがあり，X線解析により判別できる。Aタイプは，ほとんどの穀類のデンプンの結晶構造であり，米や小麦のデンプンもこのタイプである。Bタイプは，ジャガイモデンプンなど，根菜類のデンプンに多い。Cタイプは，豆類のデンプンが多く，AタイプとBタイプの中間に位置している。これらはデンプン構造の違いによる。

シリアルデンプンは，前述したように基本的に直鎖状のポリマーであ

デンプンタイプ：Aタイプは，α-グルコース残基6個で約1巻きのらせん構造をしているがらせん構造同士も相互に水素結合を介して平行に並んでいるものであり，Bタイプは，その間に水分子をはさむタイプと，両者が混合されたCタイプがある。一重らせん状態の結晶はV型と呼ばれるタイプがあり，油脂成分がらせん中に包埋された状態となっている。

るアミロースと多数ブランチング（枝分かれ）しているアミロペクチンがある。シリアルデンプンは，糖質のほか極性脂質（メタノール水系抽出成分）を0.5～1%含む（シリアルデンプン以外は脂質を含まない）のが特徴である。

(1) アミロース

基本的にα-D-グリコースの直鎖状のポリマーである（図3.14）。分子量は約25万くらいだが，穀物種や成熟度により分子量が異なる。

アミロースは，ヨウ素，アルコールまたは酸と複合体（クラスレイト Clathrate）を作る性質がある。ヨウ素はアミロースヘリックスの中心にヨウ素イオンが入り込み，青紫に発色する。アミロースは，KOHまたはジメチルサルフォキシド（DIMSO）に溶解するがn-ブタノールの添加で沈殿する。また，アミロース同士凝集して沈殿し再結晶構造をとりやすい性質があるが，1NのKOH溶液中ではOH基にプラスチャージが生まれ反発しあうため，そのようなことは起こりにくく，溶液の状態が継続する。

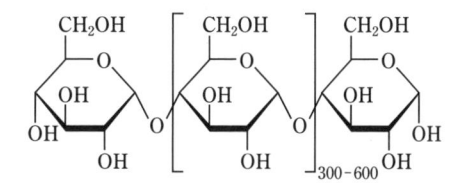

図3.14 アミロースの基本構造

(2) アミロペクチン

α-1,4結合したα-D-グルコース直鎖のほかに，ランダムにα-1,6結合して分岐している構造（図3.15）をしており，分子量は100万以上の巨大な分子である。

アミロペクチンは，A鎖，B鎖，C鎖とよばれる構造が異なる糖鎖タイプから構成されている（図3.16）[1]。A鎖は，B鎖に結合しているブランチング構造がない区分，B鎖はブランチング構造を持ち還元末端を

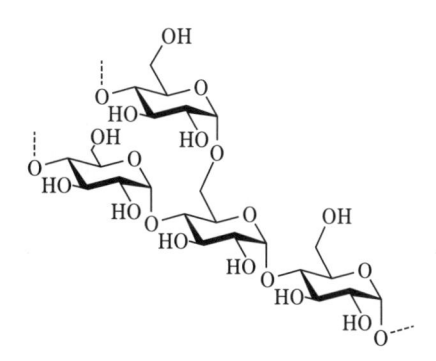

図3.15 アミロペクチンの基本構造

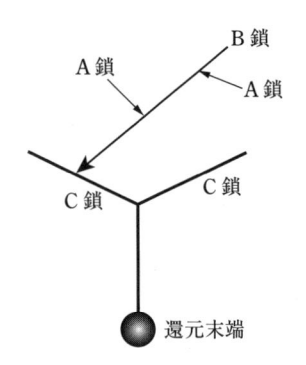

図 3.16 アミロペクチンの側鎖構造モデル

持っていない区分でC鎖と結合している。C鎖はブランチング構造を持ち還元末端も持っている構造をしている。アミロペクチンのブランチングユニットは平均して20〜25個程度のグルコースである。

アミロペクチンに対しβアミラーゼは，アミロペクチンの非還元末端からグルコース2個単位のマルトース（Maltose）を生成するように加水分解するが，α-1,6結合のある分岐地点は分解できない。βアミラーゼを反応させた場合，アミロペクチンは加水分解され，そのため約55％マルトースを生成するが，残りはβデキストリンとなり，分解されずに残存する。

プルラナーゼとイソアミラーゼはα-1,6結合のみを切ることができる酵素であり，側鎖に2個以上のグルコースが必要なプルラナーゼと3個以上のグルコースが必要なイソアミラーゼを用いてデキストリンを分解することで，デキストリンの構造が明らかにされた。

これらの結果から，デンプンの構造が提唱された（**図 3.17**）[1]。図3.16のように1つの単位が房状（長さ50〜70 Å）になっており，これらが連鎖状にポリマー化（長さ1 200〜4 000 Å）してブドウの房のような状態になりデンプン粒を形成している[2]。

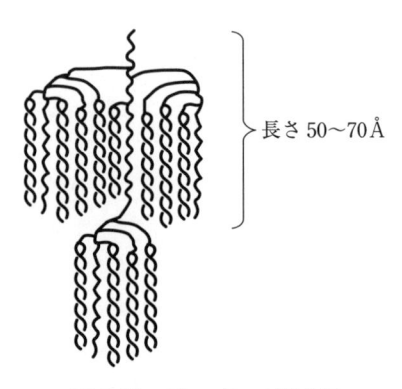

図 3.17 デンプンの模式図

もち米は、そのデンプンがアミロペクチン100%であるが、コムギの場合、もち性はなかった。もち性（Waxy）小麦の開発研究が近年進み、もち性を決定する遺伝子は、Waxy遺伝子とよばれるWx-A_1、Wx-B_1、Wx-D_1の遺伝子が関与していることが判った。これらの遺伝子が欠損するとアミロース含量が減じて、アミロペクチン含量が増加する（2.2節）。

国内では、アミロース含量が通常の小麦粉（20～25%）よりも2～3%程度少ないタイプがもちもちした食感で好ましいといわれており、そのような品種が多く開発されてきている。ASW（オーストラリア産小麦）は、Waxy遺伝子の1種を欠損しているためそのような性質を持っている。日本の品種で農林61号が長くうどん用に用いられてきたが、アミロース含量が29%程度あり、新たに「きたほなみ」（Waxy遺伝子1欠損株）や「あやひかり」（Waxy遺伝子2欠損株）などが新たに作出された。3つのすべての遺伝子が欠損したアミロペクチン100%のモチ性小麦も開発されている。

(3) 穀物種によるデンプンの違い

小麦、大麦、ライ麦などは大小二つのタイプのデンプン粒があり、それぞれゼラチン化温度に違いがある。穀物種によるデンプン粒とゼラチン化温度の違いについて表3.2に示した。

> **デンプンの区分**：小麦粉を5～10倍程度の水に溶かして、遠心分離すると、比重の違いから水に不溶な部分が3つの層に分かれる。底にある重密度な区分がプライムスターチとよばれ、その上に黄色いグルテンタンパクの層ができ、その上にゼラチン様の層ができる。この部分はテーリングスターチとよばれデンプン小粒のほか少量のペントザン、タンパク、灰分が含まれている。

表3.2 穀物のデンプンの糊化温度とデンプン粒の違い[3]

穀類	ゼラチン化温度〔℃〕	デンプン粒のタイプ	デンプン粒の大きさ〔nm〕
米	68～78	多角形	3～8
小麦	58～64	レンズ状 球状	20～35 2～10
ライ麦	57～70	球状またはレンズ状	28
大麦	51～60	球状 レンズ状	20～25 2～6
オート麦	53～59	多角形	3～10
コーン	62～72	球状またはレンズ状	15

(4) デンプンの加熱時の変化

● アミログラフによる測定

アミログラフ（Amylograph）は、シリアルフラワーと水の懸濁液の加熱時（1.5℃/分）の粘度変化を測定する装置である。通常、デンプンや小麦粉等のサンプルとほぼ同重量の水を加え、アミログラフのカップにセットして、カップを1分間に1.5℃の温度上昇するように加熱する。その間、カップの中で羽根が回転し、回転の負荷トルクを粘度として測

定する装置であり，デンプンの糊化特性を分析するのに適している（5.1節）。

小麦デンプンの場合，50〜57℃の間付近で粘度が上昇開始し，その後急激な上昇が起こる。この時点でデンプン粒の複屈折性が失われる。デンプン粒は破壊されペースト状の水溶性の高いゲル化（α化）デンプンとなる（ゲル化とは固体の性質を持つ高粘性の液体のこと）。その後温度上昇につれて粘度は高くなり，95℃まで直線的に上昇する。95℃でそのまま温度維持すると，粘度は減少してくる。この性質を，剪断減少（Shear Thinning）という。温度を95℃から下げると，粘度はまた上昇する（図3.18）。この状態は，老化（Set-Back）といわれ，水素結合の再形成による。

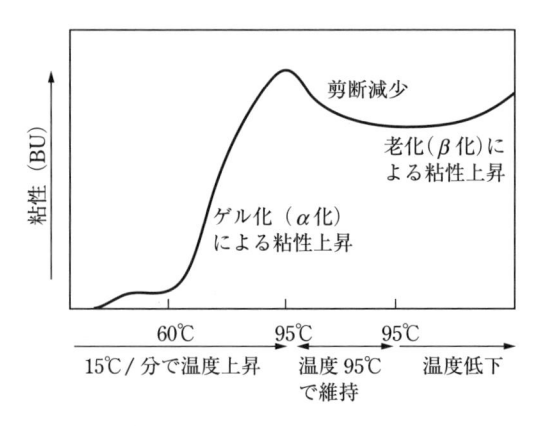

図3.18 小麦デンプンのアミログラフのパターン例

● DSC分析による測定

小麦デンプンと水の比率を1：2にしてDSC分析すると，図3.19のようになる。65℃付近で吸熱反応（相転移）のピークが表れる。デンプン粒は，吸熱反応のピークが表れる。後は結晶構造が完全になくなり，ゲル化状態となる。

DSC分析（Differential Scanning Calorimetry，示差走査熱量計）：測定試料と基準物質との間の熱量の差を計測することで，融点やガラス転移点などを測定する熱分析の手法である。この手法は，測定試料が相転移・融解など熱の収支を伴う変化が起こったときの標準試料との熱流の差を検出する。例えば，デンプンなどの試料がα化する場合，吸熱反応として熱エネルギーが吸収される。β化や凍結の場合は，発熱反応として熱エネルギーが放出される。

DSCでは，このような測定試料と基準物質との熱量の違いを熱量計を用いることで，ガラス転移のような微妙な相転移も測定できる。

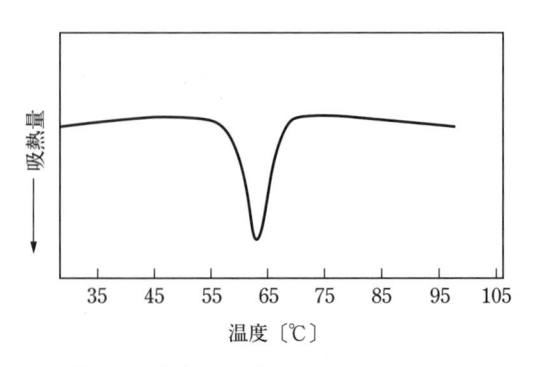

図3.19 小麦デンプンのDSCパターン例

3.2.3 スターチ以外の小麦由来の糖質とその機能

(1) セルロース

セルロースは，D グルコースが直鎖状に β-1,4 結合した不溶性ポリマーである。植物体ではヘミセルロースやリグニンと結合し通常結晶構造をとっており，微生物や酵素に対して分解耐性がある。

小麦外皮やアリューロン層に存在している。小麦粉からも 0.3% 程度検出されるが，小麦胚乳部からのオリジナルではなく製粉時外皮部分から混入した可能性が高い。

(2) ヘミセルロースとペントザン

ヘミセルロースの定義は，デンプンとセルロース以外の植物性多糖類となっている。種々のタイプがあり，ペントース，ヘキソース，タンパク質，フェノール系化合物などを含んでいる。構成する単糖としては，アラビノース，キシロース，ガラクトース，グルコース，グルクロン酸など。ヘミセルロースには水不溶性と水溶性の両タイプがあるが，ヘミセルロースのうちペントースを主成分とするものをペントザン (Pentosan) といい，水不溶性ペントザン，水溶性ペントザンという場合もある。

小麦中のヘミセルロース（ペントザンも同様）は，ほとんどがアラビノキシランであり，キシロースが直鎖状に β-1,4 結合したキシロース（キシラン）の 2 または 3 位の OH（もしくはその両方の OH）にアラビノースが，α-C1 位で結合している。水に対する溶解性の違いは，分岐したアラビノース数と分子量による。アラビノース分岐側鎖が多く分子量が小さいほど水溶性は高くなるが，水不溶性の場合，キシランのみかキシランのキシロース残基数個にアラビノース側鎖が 1 残基の割合で結合しているようなアラビノキシランかガラクタンのようなヘキソース成分で構成された多糖類の場合が多い（図 3.20）。

水不溶性ペントザンは，胚乳部に約 2.4% 含まれている。そのため小

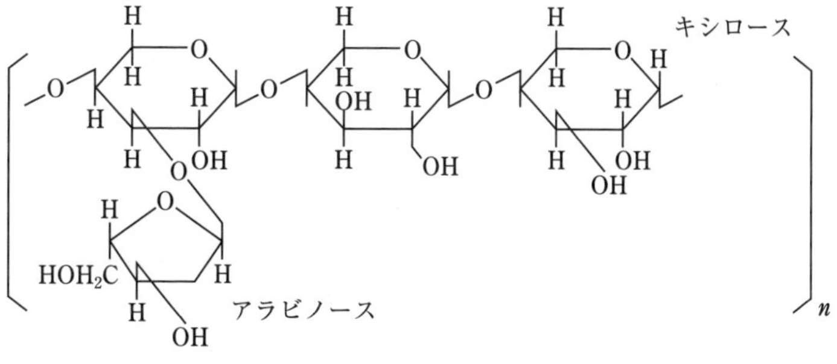

図 3.20 アラビノキシランの基本構造
L-Franosyl Arabinose の α-(1→3) 側鎖を 3 位に持つ β-(1→4) D-Pyranosyl Xylan

麦粉には水溶性ペントザンは約1〜1.5％含まれている。水溶性ペントザンは，キシロース，アラビノースのようなペントースが多いが，そのほかにガラクトースやグルコース，タンパク質も一般的に含んでいる。アラビノース側鎖の割合が高く，糖鎖が2〜3残基結合している場合もある。アラビノガラクタンはタンパク質と共有結合している場合が多い。水溶性アラビノキシランは，アラビノースのC5位にフェルラ酸とエステル結合している場合が多い（図3.12）。フェルラ酸と結合しているアラビノキシランは水溶性であるが分子量は比較的大きい。水溶性ペントザンは水溶液中で粘性の高いスラリー状であるが，過酸化水素水のような酸化剤を添加した場合，さらに粘性が増大する。実際，そのような酸化剤添加は水溶性をゲル化する。そのような現象を酸化的ゲル化といい，ペントザンのユニークな性質として知られている。このときに，320 nmの吸光度は消失するが，その理由としてフェルラ酸（320 nmに吸光性がある）が重合してゲル化構造に関与しているためといわれている。これらの現象が，パンの二次加工特性に一部影響を与えていると考えられている（3.7節）。

小麦ふすまから水溶性アラビノキシランを希アルカリ溶液で抽出して，DEAE-Sepharoseのような陰イオン交換樹脂に供すると，陰イオン交換樹脂に非結合性と結合する2種類に分離することができる（図3.21）[4]。

陰イオン交換樹脂非結合性のアラビノキシラン（AX-1）は，アラビ

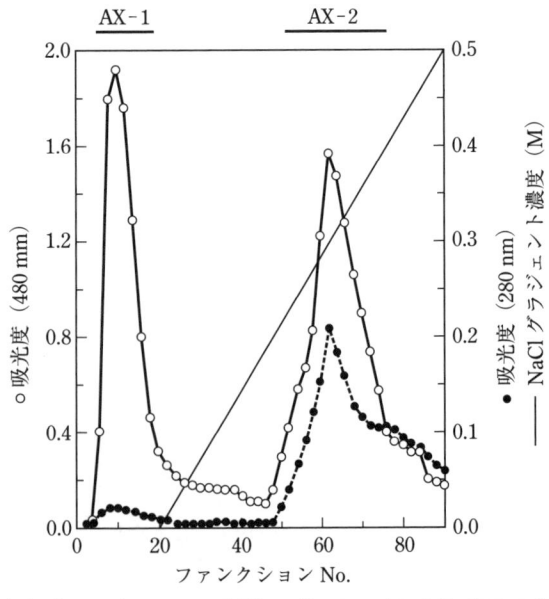

○：糖成分（AX-1とAX-2に分離），●：タンパク成分（AX-2と結合）

図3.21 陰イオン交換樹脂（DEAE）による小麦アラビノキシラン成分2種の分離

表 3.3 小麦アラビノキシランの 2 成分の比較[4]

画分	構成糖				
	キシロース〔%〕	アラビノース〔%〕	グルコース〔%〕	ウロン酸〔%〕	粗タンパク質〔%〕
AX-1 分子化	50.4 1	28.7 0.57	17.3 0.34	0.6 0.012	0.8
AX-2 分子化	42.4 1	45.5 1.07	2.4 0.057	4.7 0.11	4.8

ノース側鎖が少なく，キシラナーゼ（ヘミセルラーゼ）により分解されるが，陰イオン交換樹脂に対して結合性のアラビノキシラン（AX-2）は，アラビノース側鎖が多く（キシロースとアラビノースの比率がほぼ同じ），アラビノース側鎖の一部にウロン酸やタンパク質が結合している。また，キシラナーゼにより分解されない（**表 3.3**）。これらは，生理活性も異なり，AX-2 においてのみ血圧上昇抑制効果があることが見出されている[5]（6.3 節）。

また，アラビノキシランの加水分解物が，強いビフィズス菌などの善玉腸内細菌を選択的に増殖させるいわゆるプレバイオティクス効果も見出されている[6]。

(3) 単糖とオリゴ糖，その他の糖成分

小麦は，上記多糖類のほかにオリゴ糖を含む糖成分を約 2.8% 含んでいる。その成分として少量のグルコース（0.09%）とフラクトース（0.06%），シュークロース（0.84%），**ラフィノース**（0.33%），グルコフラクタン（1.45%）などがある。グルコフラクタンは，グルコースにフラクトースが結合したシュークロースのフラクトース側にさらにフラクトースが数残基結合したオリゴ糖（フラクトオリゴ糖）の一種である。一方，小麦胚芽は 24% の高比率の同類の糖を含む。シュークロース（約 60%），ラフィノースが主成分である。小麦ふすまは 4〜6% 程度の糖含量で，シュークロースとラフィノースが主成分である。

玄米は約 1.3% の糖を含み，シュークロースが主成分である。グルコース，フラクトース，ラフィノースもわずかに含んでいる。

その他，糖脂質や糖タンパク質などの複合糖質成分もわずかに含まれている。

3.3 シリアルのタンパク質

3.3.1 タンパク質の化学

タンパク質は，主として炭素，水素，酸素，窒素の 4 元素から成り立

プレバイオティクスとプロバイオティクス：プレバイオティクスは有用な腸内細菌を増やし，腸内環境の改善を促進する物質。オリゴ糖や食物繊維など。オリゴ糖は乳酸菌やビフィズス菌のエサとなり，食物繊維は腸内細菌をとどめて増殖を手助けする。ビフィズス菌や乳酸菌など有用な微生物のことをプロバイオティクスといい，プレバイオティクスと組み合わせたものをシンバイオティクスという。

ラフィノース：二糖であるシュークロースのグルコースの 6 位の炭素にガラクトースが C1 位でグルコシド結合した三糖。

っている高分子有機化合物で，核酸の遺伝子情報に基づき，多種のアミノ酸がペプチド結合によりポリマー状に生合成されたものである。4元素のほかに，硫黄，リン，金属を含む場合もある。また，糖や脂質と結合して，糖タンパク質，リポタンパク質といわれる成分もある。

(1) アミノ酸の構造と性質

タンパク質はアミノ酸（Amino Acid）から構成されている。アミノ酸は，カルボキシル基（COOH）とアミノ基（NH$_2$）の両残基を持ち，中性溶液中で，COO$^-$とNH$_2^+$の両性イオンを持つ。また，両残基がペプチド結合（–OC–NH–）するとポリマー化してタンパク質になる性質がある。遺伝子的にコードされるアミノ酸は，通常20種（通常ヒトの場合）とされるが，最近はセレン（Se）を含む**セレノシステイン**などを入れる場合もある。

> **セレノシステイン**：システインの硫黄（S）がセレン（Se）に置き換わった構造をしているアミノ酸。酸化・還元に関わるいくつかの酵素などに存在しているが，他のアミノ酸と違って直接対応するコドンはないが，特別な方法でタンパク質内に組み込まれる。近年セレノシステインを含むタンパク質は，セレノプロテインとして注目されている。

必須アミノ酸（ヒトが自分の体内で合成できないアミノ酸）は10種類（うちアルギニンは乳幼児のみ）ある。

① 必須アミノ酸10種

トリプトファン，リジン，メチオニン，フェニルアラニン，スレオニン，バリン，ロイシン，イソロイシン，ヒスチジン（長らく乳幼児期のみ必須とされてきたが，現在は成人も必須とされている），アルギニン（乳幼児のみ必須である）。小麦には，リジンやトリプトファン，メチオニンは少ない。

② アミノ酸の構造　（図3.22）

R部分がアミノ酸により異なる。

中央のCは必ずα(1位)であり，グリシン（RがHである）以外のアミノ酸では不斉炭素となる。

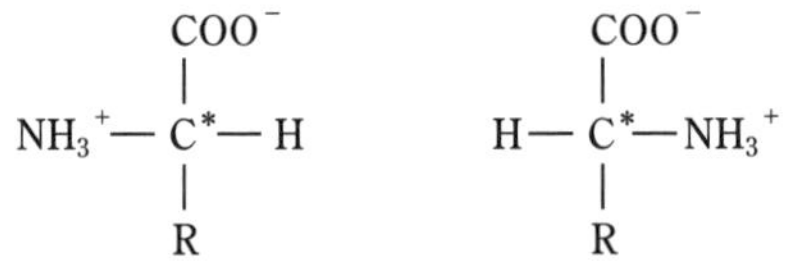

$$\begin{array}{cc}
\text{COO}^- & \text{COO}^- \\
| & | \\
\text{NH}_3^+-\text{C}^*-\text{H} & \text{H}-\text{C}^*-\text{NH}_3^+ \\
| & | \\
\text{R} & \text{R} \\
\text{L-アミノ酸} & \text{D-アミノ酸}
\end{array}$$

（＊は不斉炭素を表す）

図3.22　アミノ酸の基本構造

③ アミノ酸の性質
- グリシン以外は不斉炭素があるため光学異性体が存在する。生物が利用しているアミノ酸はほとんどL型（D型は細菌の細胞壁や神経細胞の一部でのみ発見されている）である。
- アミノ酸は，カルボキシル基の－とアミノ基の＋の両電位を持つ（両極性電解質）。

- R（図3.22中のR）の部分は多種あり官能基の種類によって，疎水-親水性，塩基性-中性-酸性，環状（イミノ酸）-非環状，芳香族，分岐，含硫黄，などに分類される（図3.23）。

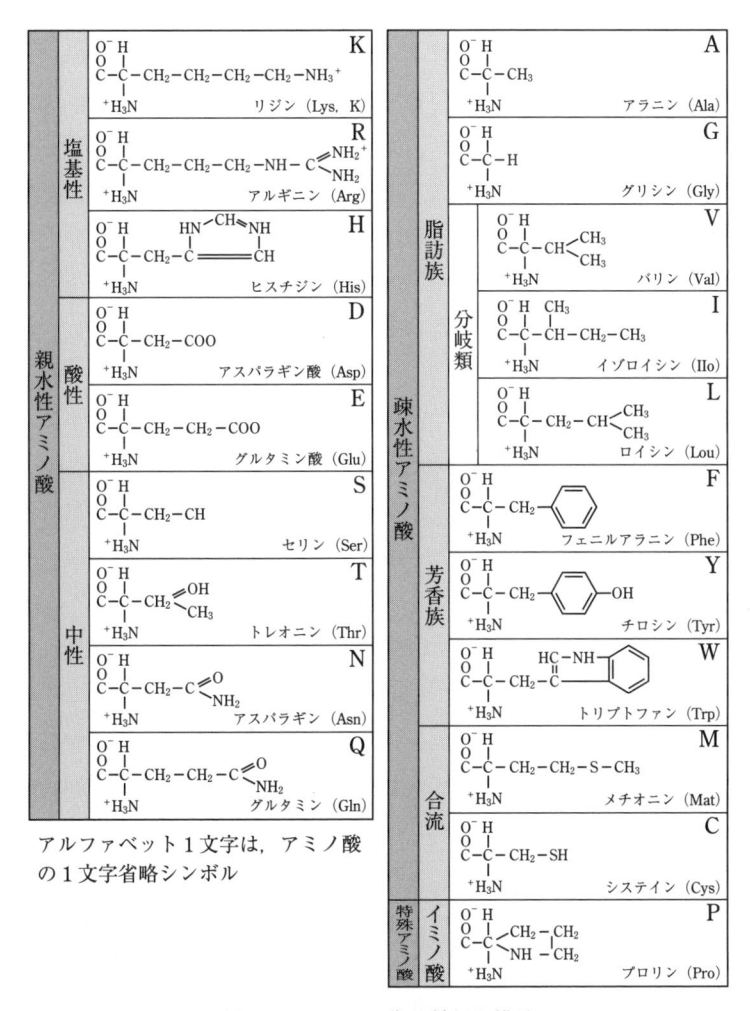

図3.23 アミノ酸の種類と構造

アルファベット1文字は，アミノ酸の1文字省略シンボル

表3.4 アミノ酸の呈味性

アミノ酸	呈味性	呈味質
グリシン，セリン，スレオニン，アラニン	弱	甘味，高濃度でうま味
バリン，メチオニン，システイン	中	甘味と苦み
ロイシン，イソロイシン，フェニルアラニン，トリプトファン	中～強	単純な苦味（疎水性アミノ酸による）
グルタミン酸，アスパラギン酸	強	酸味，Na塩はうま味
グルタミン，アスパラビン	弱	高濃度ではうま味
リジン，ヒスチジン，アルギニン	中～強	苦味
プロリン	弱	単純な苦味

3.3 シリアルのタンパク質

- アミノ酸の NH_2 と別のアミノ酸の COOH がペプチド結合（NHCO）するとポリペプチド（タンパク質）ができる。
- アミノ酸は＋－の電荷を持っているため，溶媒中で電荷を失う pH が存在する。この溶媒の pH を等電点（Isoelectric Point, pI）といい，この pH ではイオン性を失い，溶解性が低下する。
- アミノ酸には，呈味性を持つものがある。特に，グルタミン酸やアスパラギン酸（ナトリウム塩）はうま味成分として呈味性が強い。ほかにグリシンやアラニンも高濃度ではうま味を呈する。

(2) タンパク質の構造と性質

① タンパク質の構造

一次構造

ペプチドまたはタンパク質のアミノ酸の配列のことを一次構造（Primary Structure）という。アミノ酸残基は通常 N 末端側から数える。タンパク質の一次構造はそれに対応する遺伝子によって決定される。DNA の特異的な塩基配列は伝令 RNA に転写され，その遺伝子情報に従いリボソーム上で，アミノ酸がペプチド結合して，別のアミノ酸とペプチドが伸長する。タンパク質の配列は，構造と機能を決定する。小麦タンパクでは，グルタミン酸が多い特徴がある。

二次構造

アミノ酸同士のタンパク質中の水素結合が α-ヘリックス，β-シートとよばれる構造（二重構造：Secondary Structure）を作る。

α-ヘリックス構造とは，隣接するアミノ酸同士の水素結合によりらせん状にアミノ酸が並んだ状態になる。

ペプチド結合の酸素と 3 個先のペプチド結合の水素が水素結合を形成しやすい。プロリンにはイミド結合のためそのペプチド結合の水素がなく，α-ヘリックス構造をとりにくい。

α-ヘリックス（α-helix；らせん）は 1 残基あたりヘリックスの縦軸方向に 1.5 Å の長さで，3.6 残基で一周期 5.4 Å の長さとなる。

Leu, Met, Phe, Glu などが並んだようなとき形成しやすい。

β-シートとは，平行に配置された 2 本のポリペプチド主鎖が水素結合によって固定された構造であり，Gly, Ala, Ser などが平面的に近接する場合形成しやすい。

β-シート（β-sheet）は，ペプチドが伸びたような構造（1 残基あたり 3.2 Å の長さ）をしていて，平衡に並んだペプチドのポリマーが隣同士水素結合でつながっている（図 3.24）。これは，小麦グルテンの構造上重要である。

うま味の発見：1908 年（明治 41 年），東京帝国大学教授の池田菊苗が，昆布のうま味成分はグルタミン酸ナトリウムであることを発見，味の素創業者の二代目鈴木三郎助が工業化に成功した。うま味成分は，ほかに核酸系があり，イノシン酸（かつおに多く含まれる）やグアニル酸（しいたけに多く含まれる）がある。

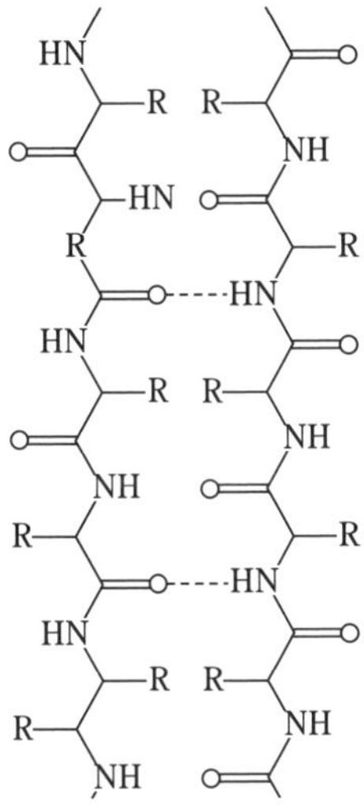

図 3.24 タンパク質のβ-シートの構造模式図

三次構造

三次構造（Tertiary Structure）の形成は，アミノ酸の疎水性残基が水と反発してタンパク質の中に潜ろうとする力によって進む。さらに水素結合，イオン結合，ジスルフィド結合などによっても折り畳れた構造になり安定化される。三次構造には，二次構造に含まれなかったすべての非共有結合が含まれ，タンパク質全体の構造を決定している。特に，小麦グルテンの立体構造上，ジスルフィド結合の位置は重要である。

四次構造

四次構造（Quaternary Structure）は分子間結合をすることで構造化される。サブユニットとよばれる。三次構造をもつポリプチド同士が相互作用により，それぞれのサブユニットは共有結合で結合している必要はなく，ジスルフィド結合や水素結合，疎水結合の場合もある。

すべてのタンパク質が四次構造を持つわけではなく，単量体で機能を持つタンパク質もある。2つ以上のポリペプチドからなる複合体は多量体とよばれる。特にサブユニットが2つの場合は二量体（ダイマー），3つの場合は三量体（トリマー），4つの場合は四量体（テトラマー）といわれる。また同じ一から三次構造を持つサブユニットだけから構成されているものはホモ（ホモテトラマーなど），異なる構造のサブユニットから構成されているものはヘテロ（ヘテロダイマーなど）タイプとよばれる。グルテニンサブユニットなどの四次構造の二次加工中の変化が物性に影響を与える。

② タンパク質の性質

タンパク質の等電点

アミノ酸は一分子内にプラス，マイナスの両方の電荷を持っているため等電点があるが，同様にタンパク質も結合するアミノ酸の種類によりそれぞれ異なった両極性電解質であり，その総和として，電荷0のポイント，すなわち等電点が存在する。等電点付近では，電荷がなくなるため溶解性が低下，凝集し沈殿を生じる場合がある（等電点沈殿）。

変性

タンパク質は，加熱，極端なpH，強い攪拌，高濃度の塩や尿素，還元剤，強い光などで高次構造を支える結合が切れ，溶解度が低下したり固有の機能（活性）の低下・消失（失活 Deactivation）が起こる。これを変性（Denaturation）という。これは，高次構造（二次構造以上）の構造の変化によるものである。食品では，タンパク質の変性を利用して加工する場合が多い。

タンパク質の組成

一般的には，タンパク質は，単純にアミノ酸のみからできていることもあるが，糖と共有結合して糖タンパク質，脂質と共有結合してリポタンパク質として存在する場合もある。

タンパク質の消化

タンパク質はまず胃酸によってその三次構造が破壊され，プロテアーゼ（タンパク質分解酵素）が作用しやすくなる。次に胃のペプシン（ペプシノーゲンが活性化したもの）によってポリペプチドであるペプトンにまで加水分解される。その後，膵液中のトリプシン，キモトリプシン，エラスターゼ，カルボキシペプチダーゼなどや腸液内のアミノペプチダーゼやジペプチダーゼの働きによりポリペプチド，ジペプチド，遊離アミノ酸にまで分解される。

アミノ酸は，腸管吸収され門脈を通って肝臓へ送られる。肝臓にアミノ酸プールとして蓄えられ，体のタンパク質を合成したり，またエネルギーとなる（6.2節）。

3.3.2 シリアルタンパク質の性質

シリアルタンパク質は，水溶性，不溶性があり，タンパク質の種類や状態により異なる。穀類タンパク質の特徴として不溶性のタンパク質が多く，水溶性のアルブミンやグロブリンは少ないことにある。

一般に，分子量が比較的小さく，親水性アミノ酸が多く，それらの水溶性残基がタンパク質表面にあるものは水と水素結合しやすく水に溶

けやすい。ただし，一般的に水溶性タンパク質は熱などで変性すると不溶化しやすい。温度が高くなるにつれて水素結合が破壊されやすくなり，また，タンパク質の構造が変化することで疎水的な残基が表面にでてくる場合があり，水との親和性が減少する。

また，高塩濃度や有機溶媒により，タンパク質の電荷を消去して不溶化することもできる。これらの溶解性の違いを利用して，シリアルタンパク質を分画することができる。

(1) シリアルタンパクの種類

古典的には，シリアルタンパク質は溶解性の違いによりオズボーン分画法（Osborne's Fractionation）により大きく4種類（不溶性グルテニンを入れると5種類）に分けることができる。

アルブミンは，水溶性で溶解性は塩濃度に左右されないが，熱変性で不溶化しやすい成分である。グロブリンは，純水には不溶であるが薄い塩濃度溶液には溶ける成分である。高濃度塩溶液には溶けない。プロラミンは，70％エタノールに溶解する（小麦の場合グリアジン）成分である。グルテリンは，酸や塩基に溶解するが70％エタノールには溶解しない（小麦の場合グルテニン）。このほかに，糖タンパク質もあり，小麦の糖タンパク質は熱しても凝固しない性質がある（表3.5）。アルブミンとグロブリンが水溶性タンパク質として分類される。

酵素のような生理学的に活性化するタンパク質は，ほとんどアルブミンやグロブリン分画にあり，アリューロン層やふすま，胚芽由来が多い（胚乳由来は少ない）。この区分のタンパク質は栄養学的には優れており，リジンやトリプトファン，メチオニンが比較的多い（この3種のアミノ酸は貯蔵タンパク質では少ない）。

プロラミンやグルテリンは貯蔵タンパク質であり，それらにはリジンやトリプトファン，メチオニンが少ないが，グルタミンやプロリンが多

表3.5 穀類のタンパク質の種類と性質

溶解性による分類	水	希塩溶液	希酸溶液	希アルカリ溶液	70％エタノール溶液	穀物タンパクの分類
アルブミン（Albumins）	○	○	○	○	×	同じ
グロブリン（Globulins）	×	○	○	○	×	同じ
グルテリン（Glutelins）	×	×	○	○	×	グルテニン Glutenin（小麦）オリゼニン Oryzenin（米）
プロラミン（Prolamins）	×	×	○	○	○	グリアジン Gliadins（小麦）ツェイン Zein（コーン）

いのが特徴である。小麦の場合，それらはドウ（Dough：生地）形成能力がある。

小麦胚乳部のタンパク質のうち，アルブミンは約11％，グロブリンは約3％，グリアジン35～45％，グルテニン35～45％であるが，小麦品種や栽培によりそれぞれの比率が変動する。特にグリアジンに対するグルテニンの量の比率は0.86～1.5の範囲であるが，ややグルテンのほうが多い。グルテニンが多いほうが製パン性に優れている[7]。

（2）小麦栽培によるタンパク質含有量の変化

小麦中のタンパク質量は通常8～16％のタンパク質量であるが，その含有量は品種や栽培中の天候に左右される。

タンパク質量は種子の果実期（Fruting Period）に多く作られる。一方，デンプン類は果実期後期から登熟期（Maturity）に作られる。登熟期に環境が良ければ（適当な雨と栄養に恵まれれば）糖がよくできるため，タンパク質含量は低くなる。

一方，霜や日照り，病気などでタンパク質含量が上がる場合がある。この場合，デンプンやタンパク質の生合成率は下がるが，デンプンよりも生合成率に対する影響が少ないので結果的にタンパク質含量は上がる。

現在の生産者の傾向として，窒素を果実期に投入してタンパク質量を上げる方向にある。タンパク質量を上げると，グルテリンやプロラミンタンパク質が上がる傾向（アルブミンやグロブリンは相対的に下がる）がある。

（3）小麦タンパク質の性質

① グルテンの性質

小麦タンパク質量は，品種により異なるが，パン用小麦（強力系小麦）で12～14％，パスタ用や中華麺用（準強力系小麦）で11～14％，麺用小麦（中力系小麦）で10～12％，菓子用小麦（薄力系小麦）で8～10％程度であり，小麦タンパク質のうちほとんど不溶性タンパク質でグルテンを形成する。

グルテンは（対乾物量あたり）タンパク質約80％，約8％が脂肪，残りは炭水化物とミネラル，タンパク質は主として水に不溶性のグリアジンとグルテニンからできている。ドウ形成能があるグリアジンとグルテニンはグルテン全タンパク質の約85％を占めている。両タンパク質とも，貯蔵タンパク質の一種であり小麦胚乳部にある。グリアジンとグルテニンタンパク質のアミノ酸構成は**表3.6**にある[8]。

グルテン中のアミノ酸に特徴的なのはグルタミン酸とプロリンが多いこと。グルタミン酸が全アミノ酸の1/3以上を占めている。また，グルタミン酸はアミノ基が結合したグルタミンの形で多く存在しているアン

グルテンの発見：小麦タンパク質として知られているグルテンは，1728年イタリアのベッカリが，動物以外からとられたタンパク質として知られるようになった。

小麦粉からグルテンを簡単に採る方法：①紙コップなどに，小麦粉を約30g入れて水約20ml入れる。②スプーンでよくこねて団子を作る。③団子に水をたくさん入れてスプーンで団子をつぶしながら，水とよく混ぜる。④数秒間静かにして，上の白い水をゆっくり捨てる。下のほうに黄色い固まりが溜まっているので，それは，そのままにしておく（白い水にはデンプンを多く含んでいる）。⑤溜まったものに水をたくさん入れて，スプーンでよく混ぜ，しばらくして水を捨てる。⑥同様の操作を繰り返し，入れた水がきれいになったところで，水を捨てて底にたまった黄色い固まりを取り出し，団子状にまとめる。⑦余分な水はティシュペーパなどで吸い取る。

残った黄色い団子がグルテン。ゴム状の弾力性がある。麩（ふ）の原料となる。

表3.6　グルテン成分のアミノ酸組成〔mg/100g〕例

アミノ酸	グルテン	グリアジン	グルテニン
リシン（Lys）	1.3	0.7	1.9
ヒスチジン（His）	2.3	2.3	2.0
アルギニン（Arg）	3.5	2.6	3.5
アスパラギン酸（Asp）	2.9	2.6	3.0
トレオニン（Thr）	3.8	3.3	4.7
セリン（Ser）	4.2	4.0	5.3
グルタミン酸（Glu）	42.4	46.3	40.6
プロリン（Pro）	15.8	17.0	13.1
グリシン（Gly）	3.5	1.9	5.9
アラニン（Ala）	2.7	2.2	3.0
システイン（Cys）	1.7	1.2	1.2
バリン（Val）	5.3	5.0	4.8
メチオニン（Met）	1.8	1.8	1.8
イソロイシン（Ile）	4.3	4.9	3.7
ロイシン（Leu）	7.7	8.1	7.5
チロシン（Tyr）	2.4	1.9	3.0
フェニルアラニン（Phe）	5.3	6.3	4.5
トリプトファン（Trp）	1.2	1.0	1.6
アンモニア（Ammonia）	5.1	5.1	4.1

モニア量が多いことから証明されている。特徴として，グルタミン酸（35％）やプロリン（12％）のアミノ酸含量が高く，リジン，メチオニンの含量が低い。プロリンが多いので，α-ヘリックス構造が起こりにくい。

グルテンには，リジン（ヒスチジン，アルギニン）等の塩基性アミノ酸は少なく，そのため，酸性溶液ではプラスチャージしにくい性質がある。また，アルカリ溶液でもグルタミン酸やアスパラギン酸はアミド化されており酸性アミノ酸が少ないためマイナスチャージは少なくイオン的な電離性が少ない。そのため，水に溶けにくいタンパク質である。タンパク質の電荷性（イオン性）が極端に低いために，水素結合の影響はたいへん大きく，水素結合を切るような尿素などの還元剤の添加はグルテンの変性とそれに伴うドウ構造の崩壊による粘弾性の極端な低下を招く。

グルテンタンパク質は脂質と結合しやすい性質がある。通常の小麦粉には約0.8％の石油エーテルで抽出される脂質があるが，ドウミキシン

グしたのちは0.3%しか抽出されない。脂質は，グルテンの疎水結合の中に取り込まれているためである。(脂質については3.4節)。

小麦粉や小麦粉混合物の加工特性を判断するのに，レオロジーの測定が行われる。ファリノグラフやミキソグラフ，アミログラフ，エキステンソグラフなどの測定装置がある（5.1節）。

加工中のグルテンタンパク質の構造変化については，第4章で述べる。

② グリアジンの性質

グリアジンはグルテンを構成するタンパク質の主成分の1つであり，70%エタノールに溶解する貯蔵タンパクで，ドウに伸展性を与える（粘弾性は少ない）。大きく4種のサブユニット（α, β, γ, ω）がある[8]。メチオニンやシステインなど硫黄（S）成分が少ないωグリアジンと，Sが多いα, β, γグリアジンに分けられている（なお，Weiserらは，構成アミノ酸から，グリアジンはω5, ω1,2, α/βとγグリアジンの4種に分けるべきであると報告している）。表3.7にあるように，分子量はそれぞれ，3万〜5万くらいで，グルタミンやプロリンが多い。α, β, γグリアジン中のシステイン残基はほとんど分子内でS-S結合しているが，分子間S-S結合できるシステインも含んでいる一方，ωグリアジンはそのようなシステインはないがグリアジンの中で最も量が多い[9], [10]。そのため，グリアジンはほとんど分子間結合をしないモノメリックな構造である。

しかしながら，ωグリアジンはグルタミン（Q）とプロリン（P）の繰り返し構造（例えばPQQPFPQQ構造/Fはフェニールアラニン）が多く，α, β, γグリアジンは，ωと比較してそのような構造割合は低い。

表3.7 小麦タンパク質の比較[8]

	ωグリアジン	αグリアジン	γグリアジン	LMW-Sグルテニン	HMW-Sグルテニン
アミノ酸構成〔mol%〕					
グルタミン	41〜53	36〜42	39〜40	38	34〜39
プロリン	20〜30	15〜16	18〜19	15	13〜16
グリシン	0.9〜1.4	1.9〜2.7	2.7	3.3	14〜20
フェニルアラニン	8.1〜9.0	3.7〜3.9	1.4〜1.7	4.7	0.3〜1.1
システイン	0	1.8〜1.9	1.9〜2.0	2.7	0.4〜1.5
メチオニン	0〜0.1	0.9〜1.2	0.9〜1.7	0.6	Tr〜0.4
分子量（SDS-PAGE）	44〜74 000	32 000	38〜42 000	36〜44 000	95〜136 000
遺伝子座	*Gli*-1 1AS, 1BS 1DS	*Gli*-2 6AS, 6BS 6DS	*Gli*-1 1AS, 1BS 1DS	*Gli*-1/*Glu*-2 1AS, 1BS 1DS	*Glu*-1 1AL, 1BL 1DL

③ グルテニンの性質

グルテニンは，大きく高分子（High Molecular Weight），低分子（Low Molecular Weight）の2種の各サブユニットそれと会合性サブユニット（Aggregative Subunit）ともよばれる成分があり，サブユニットはそれぞれ種々のポリペプチドから構成され，分子間結合しているためポリメリックな構造である。そのため，自然状態でのポリメリックなタンパク質の分子量は百万を超える巨大なポリマーである。メルカプトエタノールのような還元剤でジスルフィド結合（S-S結合）を切って，一次元のSDS電気泳動すると，分子量8〜13万程度の高分子量サブユニットとよばれるタンパク質と4〜5万程度の低分子量サブユニットおよびその中間の6〜7万程度のバンドが現れる（**表3.7**, **図3.25**）。

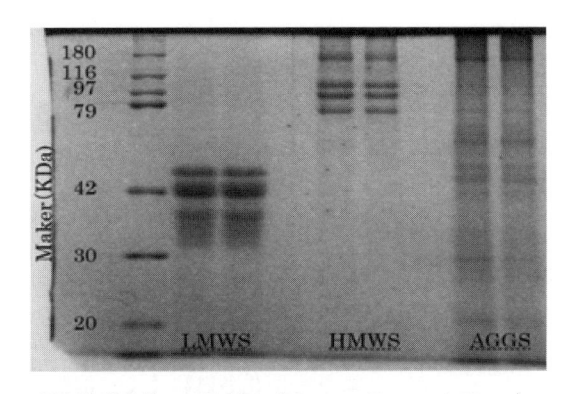

電気泳動条件：10％ゲル（60 mm×60 mm×0.75 mm），
定電流 10.5 mA，泳動時間 60 min.
LMWS：低分子量サブユニット区分
HMW：高分子量サブユニット区分
AGGS：会合性サブユニット区分

図3.25 グルテニンサブユニットのSDS-PAGEパターン例

さらに二次元電気泳動すると，それぞれ数十のタンパク質に分けられる。このようにして，グルテニンをABCDのサブグループに分けると，サブグループAは高分子量サブユニットであり，SDS-PAGEでは80〜130 kDa（アミノ酸ベースで65〜90 kDa）で6倍体小麦の染色体1A, 1B, 1Dの長腕（Long Arm）上の *Glu-A1, Glu-B1, Glu-D1* 遺伝子座上にある。B, Cのサブグループは，低分子量サブユニットで，それぞれ42〜51 KDa, 30〜40 kDaであり，Cはγとαグリアジンに類似している。B, Cサブグループは，染色体1A, 1B, 1Dの短腕（Short Arm）遺伝子上にコードされている。Dのサブグループは，58 kDaでωグリアジンに類似している。

なお，グルテニン低分子量サブユニットは，N末端がメチオニンで始

まるタイプとセリンで始まるタイプがあるが，それぞれ構造が異なりメチオニンタイプのほうが数は多い。

高分子サブユニット中のタンパク質と二次加工性には相関性があることから，タンパク質をコードする遺伝子の解析が行われている。特に，高分子量サブユニット（*GluA1,B1,D1* の遺伝子がコードしている）のうち，D1 遺伝子でコードされている *Glu-D1d* の 5 と 10 のサブユニットがあると，製パン性が特によいといわれている[11]（2.2 節）。

グルテニンには脂質や糖質とも結合（共有結合ではない）しているが，ほとんどは低分子量サブユニット区分（または会合性サブユニットとよばれる区分）に多く含まれている。

(4) 米のタンパク質

米のタンパク質は小麦に比べて含有量は低く，白米で 6〜7％（玄米で約 8％）である。米にはタンパク質中の全アミノ酸含量は小麦タンパク質と比較して必須アミノ酸が多く栄養バランスがよい。小麦タンパク質には少ないリジンも 3.5％程度含まれている[12]（**表 3.8**）。そのため精白米の**プロテインスコア**は 81，アミノ酸スコアは 65（小麦粉はそれぞれ 56，44）であり，栄養学的には小麦タンパク質より優れている。

米のタンパク質をオズボーンの分画で分画した場合，グルテリン（オリゼイン）が最も多く，全タンパク質の約 80％に相当する。プロラミンは 3〜5％と比較的少ないのが特徴である。プロラミンはグルテリンよりも消化されにくく，溶解性も低いためこれら米タンパク質を溶解するのに，0.1 N NaOH がよく用いられる。

プロテインスコア（Protein Score）：1955 年に，国際連合食糧農業機関（FAO）タンパク質必要量委員会が，人体のアミノ酸必要量を基準とした比較タンパク質を設定した。各種食品に含まれるアミノ酸配合量（食品タンパク質の窒素 1 g 当たりの必須アミノ酸）を，比較タンパク質のアミノ酸配合量と比較し，比較タンパク質より，少ない比率しか含まれないアミノ酸を，制限アミノ酸とよぶ。最も，少ない比率で含まれるアミノ酸が第一制限アミノ酸，第一制限アミノ酸の百分率がプロテインスコアとなる。

米中のタンパク質の利用：精白米中のタンパク質は約 6％程度あり，日本人の 1 日総タンパク質摂取量に占める米タンパク質の割合は，10〜20％で比較的大きな割合である。これは高タンパク質である大豆から摂取されるタンパク質の 2 倍以上に相当する。ただし，米胚乳中のタンパク質（プロテインボディ）は，不消化性のプロラミン（PB I 型）と易消化性の主としてグルテリン（PB II 型）の 2 種類があり，PB I 型のプロラミン（顆粒状タンパク質で径 150 Å のプロテインボディ）はそのまま糞中に排泄されているため，栄養的に利用されていない。米中のタンパク質プロラミンの消化性を上げることは，飢餓で苦しむ途上国で特に期待されている。

表 3.8 米タンパク質のアミノ酸組成[12]〔mg/100 g〕例

アミノ酸		アミノ酸	
リシン（Lys）	3.51	アラニン（Ala）	5.51
ヒスチジン（His）	2.25	システイン（Cys）	2.52
アルギニン（Arg）	8.28	バリン（Val）	6.45
アスパラギン酸（Asp）	9.05	メチオニン（Met）	2.88
トレオニン（Thr）	3.53	イソロイシン（Ile）	4.63
セリン（Ser）	5.12	ロイシン（Leu）	8.04
グルタミン酸（Glu）	17.74	チロシン（Tyr）	4.86
プロリン（Pro）	4.42	フェニルアラニン（Phe）	5.20
グリシン（Gly）	4.54	アンモニア（Ammonia）	2.89

3.4 シリアルの脂質

3.4.1 脂質の種類と構造

脂質（Cereal Lipids）は，主として炭素，水素，酸素からなるが，ほかにリン，窒素，硫黄などを含む脂質もある。水には溶けず，エーテルやクロロホルムなどの極性の低い有機溶媒に溶ける性質がある。

また，親水性物質と疎水性物質を溶媒中で**乳化**させたり，水や油のような極端に極性の異なる液体の界面に作用し乳化性を上げる効果（界面活性）を持つ脂質もある。

一般的に脂質は4種に分類している。

- 単純脂質（脂肪，ロウ）
- 複合脂質（リン脂質，糖脂質，リポタンパク）
- 誘導脂質（脂肪酸などの脂質分解物）
- その他の脂質（ステロイド，炭化水素，など）

(1) 脂肪

脂肪（Fat）は，水溶性のグリセロールに疎水性の脂肪酸がエステル結合した構造である（図3.26）。

グリセロール炭素1，2，3の3個すべてに脂肪酸がエステル結合したものをトリグリセリド（Triglyceride）またはトリアシルグリセロール（Triacylglycerol）といい，脂肪酸が2個，1個結合したものをそれぞれ，ジ（Di），モノ（Mono）グリセリドという。結合する脂肪酸は，炭素数，不飽和/飽和により多種ある（表3.9）。

小麦や米の脂質として，トリグリセリドがジ，モノと比較して最も多いが，ほとんど不飽和脂肪酸がエステル化している状態である。

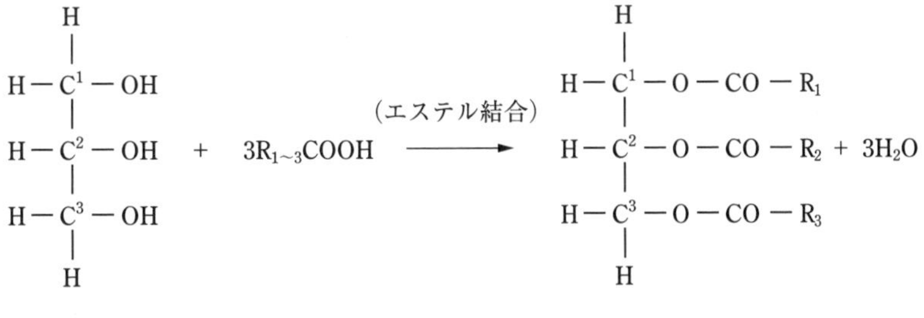

乳化（Emulsification）：一般に，水と油のように相互に混ざり合わない液体は，液滴状に分散しても界面張力が大きいために液滴が合体することで界面の表面積を小さくする作用が働き，最終的には2つの層に分離する。1分子内に「親水基」と「疎水基」の両方を持つ物質を両親媒性物質とよぶが，極性のまったく異なる溶液に両親媒性物質があると，ミセルを形成し，液滴の分散系が安定化する（この状態を乳状液：エマルジョン Emulsion）。牛乳やマヨネーズのように，水の中に油の粒子（ミセル）が分散した（O/W型乳化），マーガリンやバターのように油中に水が分散した（W/O型乳化）がある。

脂質の中で乳化剤として用いられるものは，レシチンのほかに，モノグリ（セライド），ジグリ（セライド）などがある。

レシチンの体内での働き：レシチンは，体内で脂肪がエネルギーとして利用・貯蔵される際，タンパク質と結びついて血液の中を移動するが，このタンパク質と脂肪の結合にレシチンを必要とする。体内のレシチンの総量は，体重60 kgのヒトで600 g程度である。レシチンの不足は，疲労，免疫力低下，不眠，動脈硬化，糖尿病，悪玉コレステロールの沈着など多くの症状の原因になるといわれている。

$$
\begin{array}{c}
H \\
| \\
H-C^1-OH \\
| \\
H-C^2-OH \quad + \quad 3R_{1\sim3}COOH \\
| \\
H-C^3-OH \\
| \\
H
\end{array}
\quad \xrightarrow{\text{（エステル結合）}} \quad
\begin{array}{c}
H \\
| \\
H-C^1-O-CO-R_1 \\
| \\
H-C^2-O-CO-R_2 \quad + \quad 3H_2O \\
| \\
H-C^3-O-CO-R_3 \\
| \\
H
\end{array}
$$

グリセロール　　　　脂肪酸　　　　　　　　　　トリグリセリド

図3.26　脂肪の構造

(2) リン脂質

グリセロールに脂肪酸のほか，リン酸がエステルが結合している複合脂質をリン脂質（Phospholipid）（グリセロリン脂質）という。その代表がレシチン（別名フォスファチジルコリン）である（図3.27）。レシ

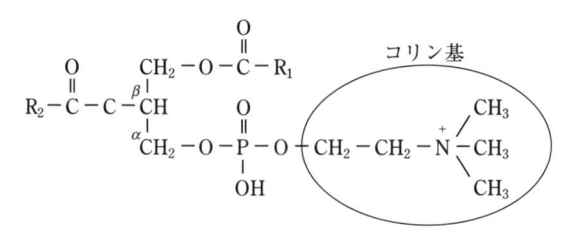

$$\begin{array}{c}
\overset{O}{\underset{\|}{}}\\
\underset{\|}{\overset{O}{}}CH_2-O-C-R_1\\
R_2-C-O-\underset{\alpha}{\overset{\beta}{CH}}\\
CH_2-O-\underset{\underset{OH}{|}}{\overset{\overset{O}{\|}}{P}}-O-CH_2-CH_2-\overset{+}{N}\begin{array}{c}CH_3\\CH_3\\CH_3\end{array}
\end{array}$$

（コリン基）

図 3.27 レシチンの構造

チンはグリセロールのC3（α位）にリン酸がエステル付合し，リン酸にコリン基が結合している。コリン基は親水性であり，C1（γ位），C2（β位）に結合している脂肪酸は親油性なので，1分子内に親油性/親水性残基が存在する（両親媒性物質）ため，界面活な効果がある。胚芽に多く含まれている。

(3) 脂肪酸

飽和脂肪酸は融点が高く（室温で固体），同じ炭素数でも不飽和脂肪酸（Unsaturated Fatty Acid）は融点が低い（室温で液体）。穀物種子は不飽和脂肪酸を豊富に含んでいる。不飽和脂肪酸はグリセリドとしてエステル化している場合が多いが，遊離状態でシリアルフラワー中に存在している割合も大きい（10～20%）。穀類に含まれる主な脂肪酸の種類を**表 3.9**に示す。

活性メチレン（CH_2）を中心として両側に不飽和結合している構造（-C=C-C-C=C-）を持つ不飽和脂肪酸は，酸化されやすく，酸化されると酸敗臭（腐敗臭）を発生する場合がある。油の酸化は，空中の酸素により自動的に行われる自動酸化と，リポキシゲナーゼのような酵素による酸化がある。これらはラジカル反応となり，連鎖的に酸化が継続される。

不飽和脂肪酸のうち，高度不飽和脂肪酸（多価不飽和脂肪酸，Poly Unsaturated Fatty Acid：PUFA）は栄養学的に主に2系統存在し，n3系とn6系とよばれる（**図3.28**）。

表 3.9 穀類に含まれる主な脂肪酸

脂肪酸（Fatty Acid）	炭素数：不飽和度	融点
ミリスチン酸（Myristic Acid）	14：0	54.4
パルミチン酸（Palmitic Acid）	16：0	62.9
ステアリン酸（Stearic Acid）	18：0	69.6
オレイン酸　（Oleic Acid）	18：1	14.0
リノール酸　（Linoleic Acid）	18：2	-5.1
リノレイン酸（Linolenic Acid）	18：3	-11.0
アラキジン酸（Arachidic Acid）	20：0	75.3
アラキドン酸（Arachidonic Acid）	20：4	-49.5

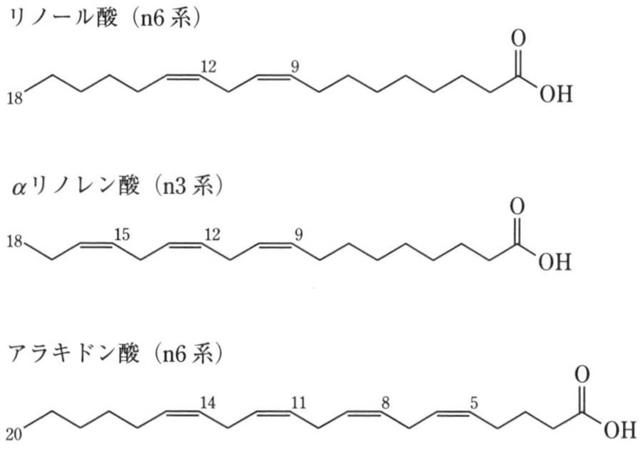

リノール酸（n6系）

αリノレン酸（n3系）

アラキドン酸（n6系）

図 3.28 n3系およびn6系不飽和脂肪酸

　構造の違いは，炭素間二重結合の存在位置による。n3系は脂肪酸アルキル基のメチル末端（カルボン酸と逆）から数えて最初の二重結合が3番目炭素にある一方，n6系は，メチル末端から数えて最初の二重結合炭素が6番目炭素にある脂肪酸のことをいう。n3系脂肪酸の代表はリノール酸，n6系の代表はリノレン酸であり，これらは，プロスタグラニジンなどのヒトホルモンの合成に関与しており必須脂肪酸とよばれる場合がある。両方のバランスが重要といわれている。

3.4.2　脂質の体内での分解と吸収

　口から咀嚼・摂取された脂肪は小腸に至り，胆管より分泌される胆汁酸で分散・溶解される。さらに，膵臓から分泌される膵リパーゼにより，モノアシルグリセロールと脂肪酸に分解される。小腸内に吸収され，肝臓において，β酸化によりアセチルCoAまで分解され，エネルギー生産（ATPの生産）が行われる。また，アセチルCoAはTCA回路により，他の成分へ変換されるか電気伝達系によりエネルギー生産，または体内の脂肪酸やコレステロールへ合成され，蓄積される（6.2節）。

3.4.3　シリアル中の脂質と性質

　シリアル中の脂質は少量であるがさまざまな種類があり，タンパク質や糖のような他成分と結合している場合も多く，抽出と定性定量的な測定が難しい。一般的にはクロロホルムやアルコールなどで抽出・溶解する極性脂質（Polar Lipids）とヘキサンやエーテルなどで抽出・溶解する非極性脂質（Nonpolar Lipids）に分ける。また，糖やタンパク質などと結合している結合脂質（Bound Lipids）と結合していない遊離脂質（Free Lipids）に分類される。

(1) 小麦の脂質

非極性溶媒である石油エーテルにより全粒粉小麦より抽出される非極性脂質は，主として遊離脂肪酸やトリグリセライド等の遊離脂質で約1.9%抽出される。極性溶媒である水飽和ブタノール溶液から抽出される極性脂質は，主としてリン脂質や糖脂質（Glucolipids）などの結合脂質で約2.2%抽出される。また，酸加水分解法により脂質は2.5%以上（約3%）存在していると計算されている。

表3.10に小麦中の脂質の分布を示している[10]。全脂質のうち約60%が非極性脂質であり，残り40%の極性脂質のうち，約10%が糖脂質，30%がリン脂質である。糖脂質として，ガラクトースがグリセロールC3位に1残基がエーテル結合したMonogalactosyldiglycerideや2残基が結合したDigalactosyldiglycerideのようなものも報告されている[13]。胚乳部には，極性脂質のうち糖脂質が多く含まれ，一方，胚芽やふすまにはリン脂質が多く含まれている。

表3.10　小麦中の脂質例[14]

区　分	小麦粒100 g中の粗脂質量〔g〕	区分中の含有比〔%〕
ふすま	0.88	6.4
アリューロン層	0.48	8.5
胚乳	1.23	1.5
胚芽	0.71	28.5
総脂質	3.3	

小麦粉中の脂質は，デンプン粒に結合しているタイプ（Starch Lipids）と結合していないタイプ（Nonstarch Lipids）に分けられる（3.2.2項）。Nonstarch Lipidsは非極性脂質と糖脂質，リン脂質に分かれ，それぞれ60%，25%，15%程度ある。Starch Lipidsは非極性脂質が9%，糖脂質が5%，リン脂質が86%と，リン脂質の割合がたいへん

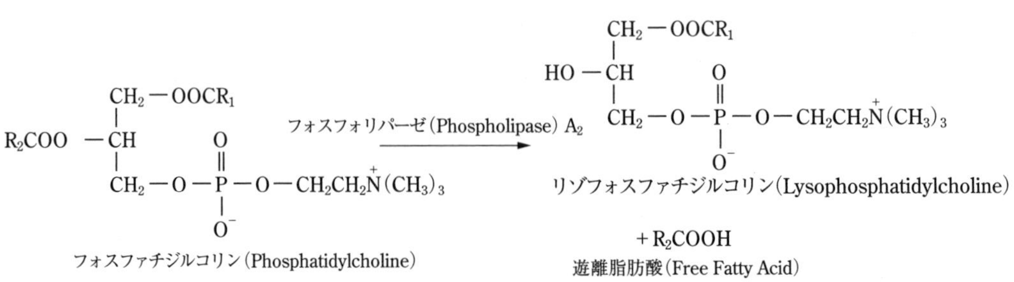

図3.29　リゾレシチンの生成と構造

表 3.11 小麦中の脂質の脂肪酸構成[14]

区 分	脂肪酸					
	パルミチン酸 16:0	パルミトオレイン酸 16:1	ステアリン酸 18:0	オレイン酸 18:1	リノール酸 18:2	リノレイン酸 18:3
全粒粉						
全脂質	20	1	1	15	57	4
非極性脂質	20			22	53	3
極性脂質	18			15	62	4
ふすま	19	1	2	20	50	4
胚芽	21	tr	2	13	55	6
小麦粉						
非デンプン区分	19		tr	12	63	4
デンプン区分	40		tr	11	48	2

多い。そのリン脂質中約85%がリゾフォスファチジルコリン（別名リゾレシチン）である。リゾフォスファチジルコリンは、レシチン（フォスファチジルコリン）のグリセロール骨格のC2位の脂肪酸エステルがフォスフォリパーゼにより加水分解して生成された脂質である（図3.29）。乳化剤として製パン性にもプラスの影響を与える。

小麦中の構成脂肪酸は、飽和脂肪酸として、パルミチン酸が20%、不飽和脂肪酸としてn6系統のリノール酸が約57%と最も多く、オレイン酸（同15%）、n3系統のリノレン酸（同4%）の順である（表3.11）。胚乳部も同様にリノール酸が最も多い。デンプン区分には、リノール酸（48%）のほか、パルミチン酸（40%）が多く含まれているのが特徴である。

(2) 米の脂質

米は約3%の脂質を含んでいるが、脂質は穀粒の外皮と胚芽部分に多く含まれるため、精米にはほとんどない（0.9%以下）。含まれている脂質は非極性脂質が多く、糖脂質やリン脂質などの極性脂質は少ない。脂肪酸組成は、ほかの穀類と同じく、パルミチン酸、オレイン酸、リノール酸が多い。

米油には、オリザノール（Oryzanol）というフェルラ酸とステロールが縮合したエステル化合物が含まれているのが特徴である（図3.30）。コレステロールの吸収を抑えるなどの生理活性がある。

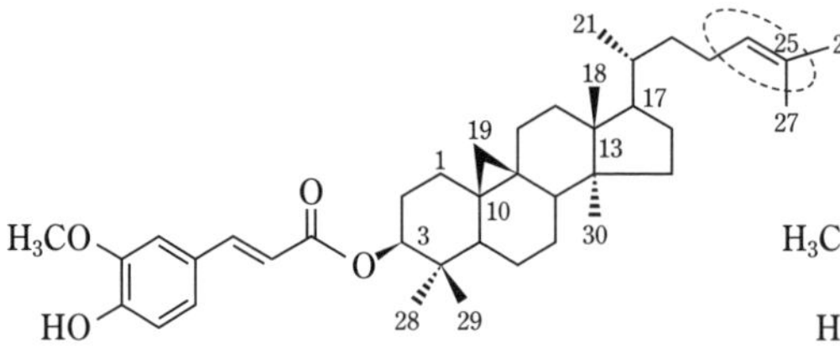

シクロアルテノールフェルラ酸エステル 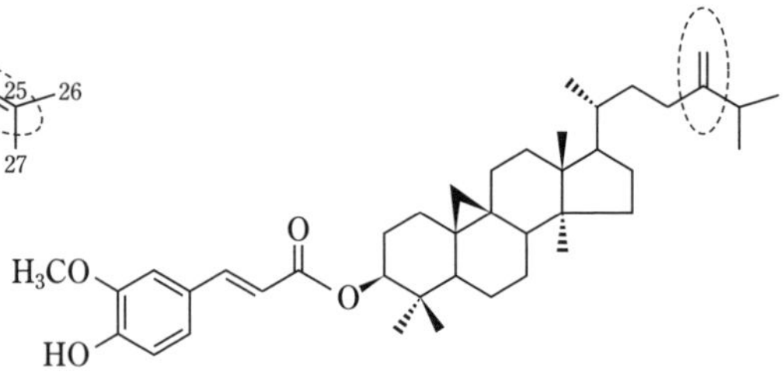　　24-メチレンシクロアルタノールフェルラ酸エステル

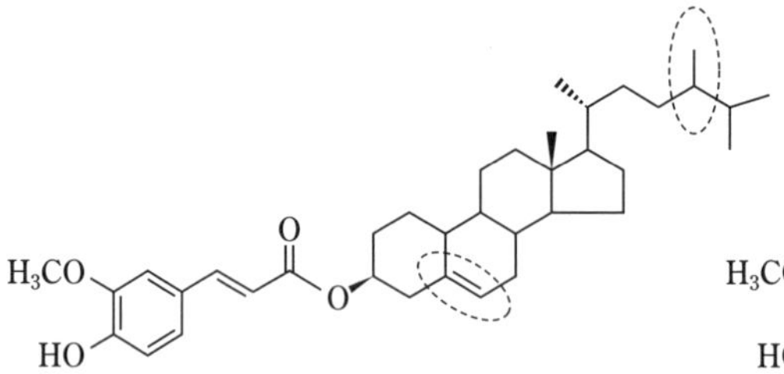

カンペステロールフェルラ酸エステル　　β-シトステロールフェルラ酸エステル

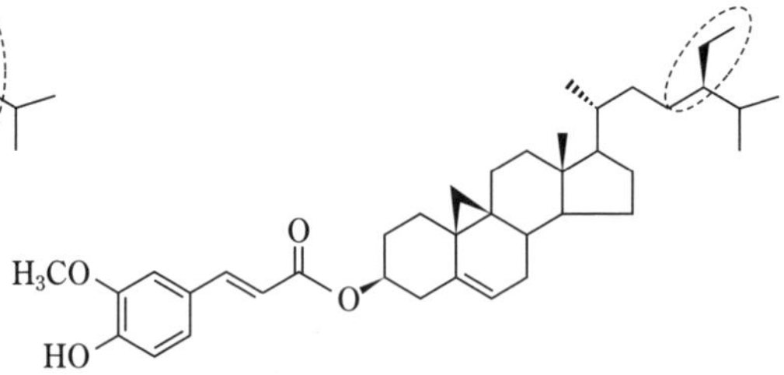

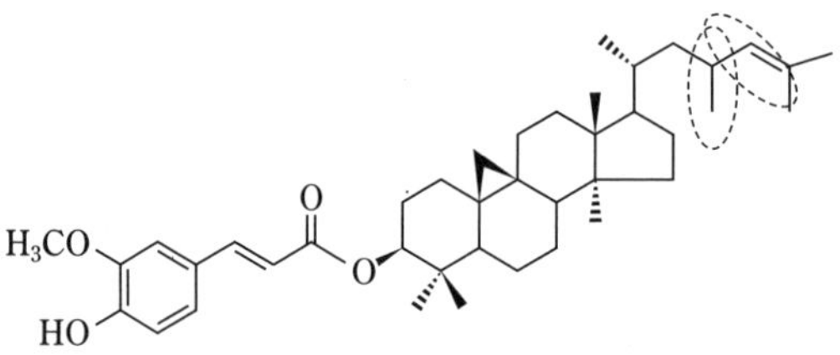

シクロブラノールフェルラ酸エステル

図 3.30　オリザノールの構造

3.5　シリアルのビタミン・補酵素

　ビタミン（Vitamin）は補酵素（Coenzyme）ともよばれ酵素やホルモンの働きを活性化するため，代謝反応，生命維持には不可欠なものである。生体内で，合成できないものも多く，主として食品から摂取する。ビタミンは食品中に微量存在し，水溶性と脂溶性に分けられる。栄養欠乏が問題になるのは，脂溶性ビタミンではA，D　水溶性ではB_1，B_2，C，ナイアシン（ニコチン酸）などである。一方，過剰摂取が問題となるのは，脂溶性ビタミンでA，Dがある。特にビタミンAは，上限許容量が5 000 IUであり過剰摂取の場合，催奇性が疑われるため（カロテンであれば特に問題はないといわれている），妊娠女性の場合，特に注意が必要である。

3.5.1　穀物中のビタミンの種類と含有量

　穀物は以下のビタミンの重要な源となっているが，アリューロン層や

ビタミンの種類の詳細

水溶性ビタミン：ビタミンB_1（チアミン），ビタミンB_2（リボフラビン），ナイアシン，パントテン酸，ビタミンB_6（ピリドキサール／ピリドキサミン／ピリドキシン，ビオチン，葉酸），ビタミンB_{12}（シアノコバラミン／ヒドロキソコバラミン），ビタミンC（アスコルビン酸）

脂溶性ビタミン：ビタミンA（レチノールなど），ビタミンD（エルゴカルシフェロール／コレカルシフェロール），ビタミンE（トコフェロール／トコトリエノール），ビタミンK（フィロキノン，メナキノンの2つのナフトキノン誘導体）

胚芽の部分に集中しているため，胚乳部の多い小麦粉にはあまり含まれていない（穀物中のビタミンとミネラルの含量については，表3.12）。そのため，葉酸やその他ビタミン類を小麦粉に添加して栄養強化している国もある。

穀物に含まれる主なビタミン類

水溶性ビタミン：チアミン（ビタミンB_1），リボフラビン（ビタミンB_2），ナイアシン（ニコチン酸），ピリドキシン（ビタミンB_6），パントテン酸

脂溶性ビタミン：レチノール（ビタミンA），トコフェノール（ビタミンE）

表3.12 穀類中の主なビタミン量

	小麦全粒	小麦胚芽	米全粒	トウモロコシ全粒
水溶性ビタミン〔mg/100 g〕				
チアミン	0.55	1.82	0.33	0.44
リボフラビン	0.13	0.71	0.09	0.13
ナイアシン	6.4	4.2	4.9	2.6
パントテン酸	1.36	1.34	1.2	0.7
ピリドキサールリン酸	0.53	1.24	0.79	0.57
脂溶性ビタミン〔mg/100 g〕				
β-カロチン当量	—	0.06	trace	0.15
α-トコフェノール	1.2	28.3	1.2	1.0
β-トコフェノール	0.6	10.8	0.1	0.1

3.5.2 穀物中の水溶性ビタミンの性質

(1) ビタミンB_1（チアミン：Thiamin）

チアミンは，通常 TPP（チアミン二リン酸：リン酸基が2分子結合した）の形で穀類に存在している（図3.31）。酸化的脱炭酸反応，ペントースリン酸回路の補酵素として作用する。

作用例（ピルビン酸脱水素酵素反応の補酵素）

ピルビン酸 + CoA + NAD^+ → アセチルCoA + CO_2 + NADH

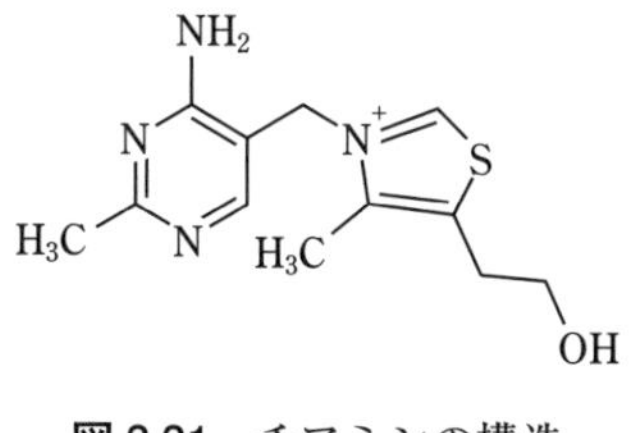

図3.31 チアミンの構造

ビタミン B_1 の発見：世界で初めて，1910 年に東京帝国大学の鈴木梅太郎博士がこの物質を米ぬかから抽出し，1912 年にオリザニンと命名したことでも知られる。脚気を予防する因子として発見された。

1910 年 6 月東京化学会で「白米の食品としての価値並びに動物の脚気様疾病に関する研究」を報告した。この中で，ニワトリとハトを白米で飼育すると脚気様の症状がでて死ぬこと，ぬかと麦と玄米には脚気を予防して回復させる成分があること，など報告されている。ところが日本語で発表したため世界に広まらなかった。1912 年，カジミール・フンク（ポーランドの化学者）が，自分が抽出した成分をビタミン B_1（チアミン）として初めてビタミンの名で発表して，世界的に広がった。

- 欠乏症として脚気，中枢神経系障害（ウェルニッケ脳症）。
- 熱，アルカリ性で分解されやすい。
- 炭水化物の代謝に必要。
- 穀類（ぬか部に多い），豆類，酵母に多く含まれる。
- 1 日の所要量は，男性で 1.1 mg，女性で 0.8 mg（厚生労働省「日本人の栄養所要量」第 6 次改訂版より）。

(2) ビタミン B_2（リボフラビン：Riboflavin）

フラビンタンパク補酵素である FAD（フラビンアデニンジヌクレオチド）と FMN（フラビンモノヌクレオチド）の前駆物質であり，FAD 酸化還元酵素の補酵素として作用する（図 3.32）。

作用例 コハク酸脱水素酵素反応の補酵素

コハク酸＋FAD → フマル酸＋$FADH_2$

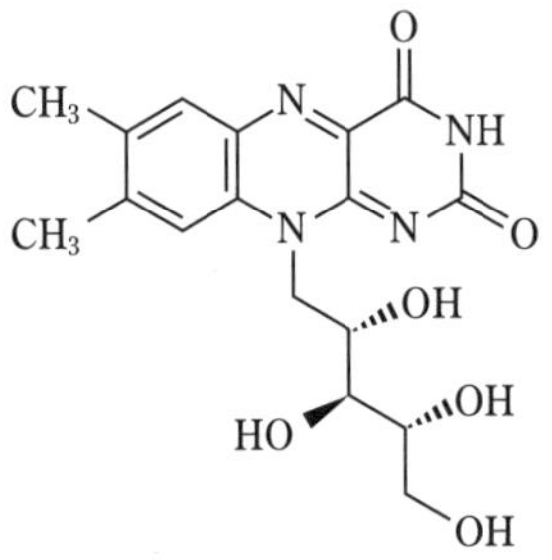

図 3.32 リボフラビンの構造

- 熱に安定，光分解されやすい。
- 炭水化物の代謝に必要。
- 穀類胚芽のほか，牛レバー，卵，納豆，チーズ，緑黄野菜，海藻などに多く含まれている。
- 1 日の所要量は，男性で 2.2 mg，女性で 1.0 mg（厚生労働省「日本人の栄養所要量」第 6 次改訂版より）。

(3) ナイアシン

ナイアシンは，ニコチン酸（Niacin）とニコチン酸アミドのことで，通常 NAD（NADH），NADP（NADPH）として表す（図 3.33）。生体内の酸化還元酵素の補酵素として機能している。トリプトファン（必須アミノ酸）から生体内で合成できる。

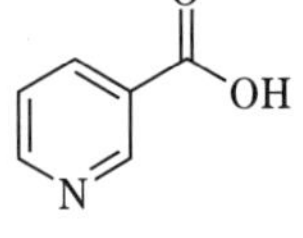

図 3.33 ナイアシンの構造

作用例 α-ケトグルタル酸脱水素酵素複合体反応の補酵素

α-ケトグルタル酸＋CoA＋NAD^+
　　→　スクシニルCoA＋CO_2＋NADH

- 欠乏症として紅斑性皮膚炎，ペラグラ（紅斑性皮膚炎，精神障害）がある。→アルデヒドを分解するのに必要なため，アルコール依存症時に発生することが多い。
- 酸，アルカリ，熱，光には比較的安定。
- 穀類のほか，カツオ，マグロ，大豆，ピーナッツなどに多く含まれている。
- 1日の所要量は，男性で17 mg当量，女性で13 mg当量（厚生労働省「日本人の栄養所要量」第6次改訂版より）。

(4) ビタミンB_6（ピリドキシン：Pyridoxine）

アミノ基転移反応・脱炭酸反応・ラセミ化（光学異性体であるL体からD体への異性化）反応において補酵素として機能するピリドキサールリン酸の誘導体の一種である。アミノ酸のアミノ基を尿素として排泄するアミノ酸の分解に必要である（図3.34）。アスパラギン酸トランスフェラーゼの補酵素でもある。そのため，タンパク質の摂取量に比例して必要となる。

作用例 （アスパラギン酸トランスフェラーゼ反応の補酵素

アスパラギン酸＋αケトグルタール酸→オキザロ酢酸＋グルタミン

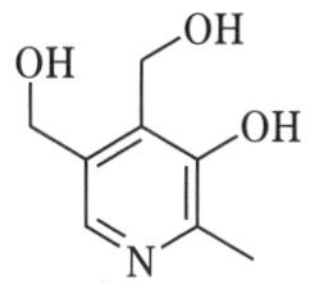

図3.34　ピリドキシンの構造

- 光に不安定であるが，酸性条件下では，熱，酸化に対して安定である。
- 欠乏症は血色素減少症，小赤血球性貧血，腎結石になりやすくなる。
- 穀類のほか，大豆，鶏肉，アボガドなどに多く含まれる。
- 1日の所要量は，男性で1.6 mg，女性で1.2 mg（厚生労働省「日本人の栄養所要量」第6次改訂版より）。

(5) パントテン酸

補酵素A（CoA）の成分の1つ。CoAは，パントテン酸（Pantothenic acid）部分（図3.35）のほか，反応部位であるSH基を含む$β$-メルカプトエチルエミン部分とADP部分からなる。CoAとアシル基（RCO^-）がチオエステル結合したアシルCoAは，生体内においてアシル基を運

ぶ活性化担体として働く。CoAに結合しているアシル基としてはアセチル基（CH_3CO^-）が多く，その場合，この誘導体をアセチルCoAという。

作用例 スクシニルCoA シンセターゼ反応の補酵素

スクシニルCoA＋GDP＋Pi → コハク酸＋CoA-SH＋GTP

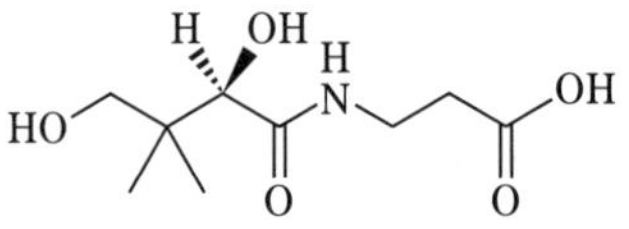

図3.35 パントテン酸の構造

- 酸，アルカリに不安定。
- 欠乏症は，皮膚過敏症，インスリン過敏症，抗体生成不全。
- 1日の所要量は，男・女性で5mg（厚生労働省「日本人の栄養所要量」第6次改訂版より）。

3.5.3 穀物中の脂溶性ビタミン

(1) ビタミンA（レチノール）

動物性食品ではビタミンA（レチノール：Retinol）（図3.36）の形で存在するが，植物性食品にはカロチノイドの一種であるβカロテン（プロビタミンA）の形で存在している。βカロテンは，腸内細菌により2分子のレチノールへ変換される。レチノールは，網膜の明暗に関与するロドプシンの構成成分である。ビタミンAから生成するレチノイン酸は遺伝子レベルで動物細胞の分化，成長に関係している。発がん抑制作用もある。小麦胚芽油にβカロテンの形で多く含まれている。

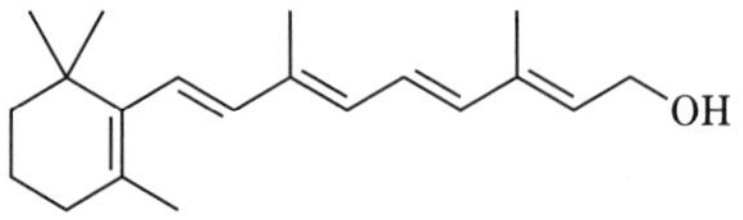

図3.36 レチノールの構造

- 酸，空気，光，熱，金属イオンに対して不安定。
- 欠乏症は夜盲症，成長停止，上皮角質化など。
- 過剰摂取として妊婦において，催奇性が確認されている。
- 1日の所要量は，男性で600μgレチノール当量，女性で540μgレチノール当量（厚生労働省「日本人の栄養所要量」第6次改訂版より）。

(2) ビタミンE（トコフェロール）

トコフェロール（Tochopherol）はトコールのメチル化誘導体である。メチル基の位置によりα，β，γ，δの4種がある。また，トコフェロー

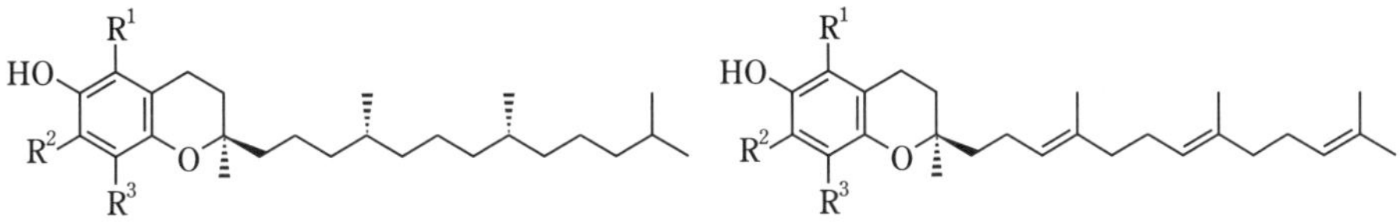

図3.37 トコフェロール（左）とトコトリエノール（右）の構造

表3.13 トコフェロールの構造と活性
(R^1, R^2, R^3 は図3.37中に示されている)

誘導体	R^1	R^2	R^3	活性比
α	CH_3	CH_3	CH_3	100
β	CH_3	H	CH_3	40
γ	H	CH_3	CH_3	10
δ	H	H	CH_3	1

ルの関連化合物であるトコトリエノール（Tocotrienol）もビタミンE活性を持つが，トコフェロールに比べ活性は低い。以下にトコフェロールとトコトリエノールの構造と置換基の位置と活性比を示す（図3.37と表3.13）。

ヒトに対する作用として，フリーラジカル消去による抗酸化作用（細胞質のリン脂質や多価不飽和脂肪酸の酸化防止）がある。αトコフェロールが最も抗酸化作用の活性が高い。

小麦全粒粉100 g中約1.8 mg（α1.2 m, β0.6 mg）あり，100 gの小麦胚芽油には約40 mgのトコフェロール（α28 mg, β10 mg）が含まれている（γとσタイプは検出されていない）。また，胚乳部でも，わずかに検出されている（粉100 g中αトロフェロール約1 mg）が，製粉中アリューロン層や胚芽，ふすまより混入された可能性が高い。

- 空気に不安定（酸化されやすい）。
- 食品では油脂を含む油の酸化防止に利用される。
- 欠乏すると血行障害を引き起こす。
- 過剰障害はほとんどない。
- 1日の所要量は，男性で10 mg（αTE当量），女性で8 mg（同）（厚生労働省「日本人の栄養所要量」第6次改訂版より）。

3.6 シリアル中のミネラル

有機物の主成分として構成している炭素，酸素，窒素，水素以外の元素をミネラル（Minerals：無機物）と定義している。これらのうち，カルシウム，リン，カリウム，イオウ，ナトリウム，塩素，マグネシウムは多量元素とよばれ，それ以外のミネラルを微量元素という。なお，亜

鉛も微量元素であるが，近年不足が指摘され，その不足が味覚障害として表われる場合もある。小麦には比較的多く含まれており（3 mg/100 g 全粒粉）供給源となっている（6.3節）。

穀物を含む食品など有機物を550〜600℃で数時間（6時間程度）加熱すると（灰化という），カルシウム，リン，ナトリウム，カリウム，鉄，硫黄などの酸化物が灰分（Ash）として残る。これらの成分は，生体内ではタンパク質（アミノ酸）や核酸，ビタミンなどの有機化合物の一部として含有されている。

これらは体外に排出されやすいので，食事や飲料からの補給は必要である。

3.6.1　穀類中のミネラルの含有量

穀類は表3.14にあるようなミネラルの重要な源となっている。胚芽や外皮層に特に多く含まれている。胚乳部には少ない。小麦の場合，ミネラルはほとんど（約60％以上）がアリューロン層に集中しているため，全粒粉やふすまを混合した小麦粉で作られたパンには，ミネラルが豊富に含まれる。ミネラルは，ビタミンと同様，胚乳部の多い小麦粉にはあまり含まれていないが，カリウム，マグネシウムは比較的多く含まれている。

ただ，ふすま中には，ミネラルの人体への吸収を阻害するフィチン酸（3.7節）やシュウ酸もわずかながら存在している。

表3.14　穀類中のミネラル類と含量

	小麦全粒	小麦胚芽	米全粒	トウモロコシ全粒
ミネラル類〔mg/100 g〕				
リン（Phosphorus）	410	1 100	285	310
カリウム（Potassium）	580	1 100	340	330
カルシウム（Calcium）	60	42	68	30
マグネシウム（Magnesium）	180	310	90	140
鉄（Iron）	0	9	—	2
銅（Copper）	0.8	0.9	0.3	0.2
マンガン（Manganese）	5.5	—	6	0.6

3.6.2　ミネラルの化学と機能

(1) リン（P）

リン（Phosphate）は，核酸やリン脂質など生体成分の構成原子として，植物体に含まれている。

人体中には約 1% 含まれ，その 80% がリン酸カルシウムやリン酸マグネシウムの形で骨格と歯にあり，15% が筋肉にある。カルシウムやマグネシウムの摂取量が増加すると，リンの吸収が抑制される。リンは，小麦粉中には 70～75 mg/100 g 含まれている。

- リンの欠乏はクル病や歯槽膿漏などがあるが，リンは多くの食品に含まれているため通常不足することはない。
- リン摂取の目安は 18～69 歳男子で 1 050 mg/日，同女子で 900 mg/日（厚生労働省「日本人の栄養所要量」第 6 次改訂版より）。

(2) カリウム（K）

カリウム（Potassium）は，植物の 3 大栄養素であり，植物体内で最も大量に存在する無機陽イオンである。植物細胞内浸透圧の維持，酵素機能の維持，膜電位形成（細胞膜の膜電位の一部は，カリウムの濃度勾配に基づいて形成されている）など重要な機能がある。

人体中には約 0.3%（200 g）程度あり，細胞膜にその約 90% がある。ナトリウムとともに体内水分のバランス調整に機能している。ナトリウムの排泄を促し，血圧を下げる働きがある。小麦粉中に約 80～120 mg/100g 含まれている。

- カリウム摂取の目安は 12 歳以上男子で 1 900～2 200 mg/日，同女子で 1 600～1 700 mg/日（厚生労働省「日本人の栄養所要量」第 6 次改訂版より）。

(3) カルシウム（Ca）

カルシウム（Calcium）はマグネシウム，イオウとともに肥料の中量要素の 1 つに数えられ，植物の要求性も高い。植物の細胞組織を強めたり，光などの外部からの刺激を植物体に伝え，根の生育を促進する等の作用がある。

人体内には，約 1.5～2% あり，無機質の中では最も多く含まれている。リン酸カルシウムの形で骨格や歯にほとんど存在している。血液中には，血清カルシウム濃度を調整するホルモンによりその濃度が保持されている。ビタミン D，タンパク質，乳糖はカルシウムの吸収を高め，小麦中にも存在しているフィチン酸やシュウ酸は吸収を阻害する。CPP（カゼインホスホペプチド）は，牛乳カゼインの部分分解物であるが，Ca の溶解性を高め，小腸からの Ca 吸収を助ける働きを持つ。小麦粉中に 20～23 mg/100 g 含まれている。

- カルシウムの欠乏はクル病，骨粗しょう症などになりやすくなる。
- カルシウム摂取の目安は 10～17 歳男子で 950～1 100 mg/日，同女子で 850～950 mg/日（厚生労働省「日本人の栄養所要量」第 6 次改訂版より）。

(4) マグネシウム（Mg）

マグネシウム（Magnesium）は植物の光合成色素であるクロロフィルを構成していて，エネルギーを化学エネルギーへ変換する役割を担っている。このためマグネシウムが欠乏すると，植物は生育が減退し，収穫量の減量につながる。肥料として，マグネシウム化合物（苦土石灰など）を含んだものが使用されることがある。

人体には，0.05％（約 35 g/70 kg 体重）存在し，その 60～70％がリン酸塩として骨組織に，23％は筋組織に存在する。エネルギー産生に関与する酵素など，酵素の活性化に必要である。小麦粉中に 12～23 mg/100g 含まれている。

- マグネシウムが不足すると，循環器系の障害が見られ，神経障害が起こる。
- マグネシウム摂取の目安は 12 歳以上男子で 300～370 mg/日，同女子で 270～300 mg/日（厚生労働省「日本人の栄養所要量」第 6 次改訂版より）。

3.7 シリアル中のその他微量成分

シリアル中には，上記の栄養成分のほか，微量であるがシリアル食品の化学変化やそのプロセッシングに影響を与え，また，生体調節因子としても働く成分が含まれている。それらは，ビタミン同様に，主として胚芽や外皮部分に多く，胚乳部には微量であるが，小麦の場合，製粉中にわずかに小麦粉中に混入し生地（Dough）の物性や化学的な変化に影響を与えている成分もある（酵素類もその一種であるが，次章で詳細に述べるためにここでは除く）。その代表的な微量成分について述べる。

(1) フェルラ酸

フェルラ酸（Ferulic Acid）は，小麦やイネの細胞壁や外皮などに存在する，ケイ皮酸の誘導体で，リグニンやヘミセルロースを一部構成する成分である（図 3.38）。細胞壁のリグノセルロース中でリグニンと多糖を繋ぎ合わせる役割を担っている。ほかの芳香族化合物を生合成するときの前駆体となる。小麦ふすまや米ぬかに含まれるフェルラ酸は，アラビノキシランのアラビノース側鎖の 5 位の炭素と共有結合している（3.2 節）。

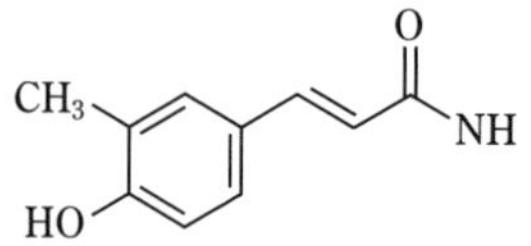

図 3.38 フェルラ酸の構造

濃アルカリを用いて小麦や米の外皮や胚芽区分から抽出できる。フェルラ酸は，ほかのフェノール類と同様に抗酸化作用を持ち，活性酸素種などのラジカルの消去活性がある。活性酸素種とラジカルは DNA の損傷やがんの原因となり，細胞の老化を促す。動物実験や in vitro での実験では，フェルラ酸は乳がんや肝臓がんに対して抗腫瘍活性も示している。またがん細胞にアポトーシスを起こさせる作用を持つこと，さらにベンゾピレンなどによる発がんを予防する効果も示唆されている。

アスコルビン酸，ビタミン E と共存すると酸化ストレスを相乗的に減らす。また，酸化されるとフェルラ酸同士でチアミン二量体を形成して皮膚を守ることが報告されている。米ぬかから精製されたフェルラ酸がアルツハイマー型認知症に有効との報文もいくつか発表されている（6.3 節）。

穀物中に含まれるフェルラ酸量は，全粒粉や胚芽には多く含まれているが，胚乳部には少ないことが報告されている（表 3.15）[15]。

表 3.15　穀物中のフェルラ酸含有量[15]

穀物	フェルラ酸量〔mg/100 g〕
米	
玄米	41.8
米粉	9.4
胚芽米	21.4
小麦	
全粒粉	127.2
薄力粉	4.7
中力粉	7.0
強力粉	7.9
胚芽	137.1

フェルラ酸は，小麦ドウにおいてはラジカル消去剤（スキャベンジャー）として作用するため，ドウの酸化反応を抑え粘弾性を著しく低下させる。このようにフェルラ酸は，製パンにおける還元剤として働くため，その成分が多いふすまの小麦粉への混入は製パンの阻害となる。

(2) フィチン酸

フィチン酸（Phytic Acid）は，穀物やその外皮に多く含まれる。小麦には，イノシトールの 6 個の OH 基にリン酸が結合した（フィチン態リン酸）形で，約 0.2〜0.3% 含まれている（図 3.39）。種子など多くの植物組織に存在する主要なリンの貯蔵形態であり小麦の場合，含まれる全リンの 70〜80% が，フィチン態リンである。

鉄，亜鉛など重要な多くの金属イオン（ミネラル）を，キレート作用により強く結合する。そのため，ミネラルが著しく少ない食事において，フィチン酸が大量にある場合にはミネラルの吸収を阻害する可能性があるため，フィチン酸含量を大幅に低下させ無機リン含量を上昇させた品種も作出されている。

一方，食物繊維に含まれるフィチン酸の摂取量が多い場合に大腸がんの発生率が少ないことが報告されている。抗がん作用や抗腫瘍作用，抗酸化作用による治療への応用が期待されて研究が進められている（6.3節）。また，尿路結石や腎結石の予防，歯垢形成の抑制に役立つ可能性もある。

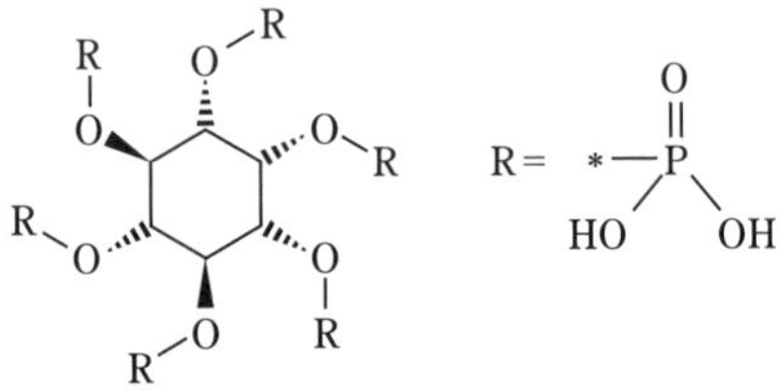

図 3.39 フィチン酸の構造

(3) ポリフェノール，フラボノイド

ポリフェノール（Polyphenol）は，分子内に複数のフェノール性ヒドロキシ基（OH 基）（ベンゼン環，ナフタレン環などの芳香環に結合したヒドロキシ基）を持つ植物成分の総称であり，フラボノイド（Flavonoid）もその一種である。特に，小麦や米の胚芽や外皮に多く存在するのは，トリシンとよばれ（正式には，5,7,4-Trihydroxy 3,5-Dimethoxy Flavone），図 3.40 のような構造をしている。アルカリ性で黄色に発色する，天然色素の一種である。ラーメンなどの中華麺を製造するときに，小麦粉に炭酸ナトリウム（またはカリウムの混合物）を主成分とする「かん水」を入れるが，それらによりアルカリ性になりトリシンが黄色に発色して，独特の色合いを示すようになる。

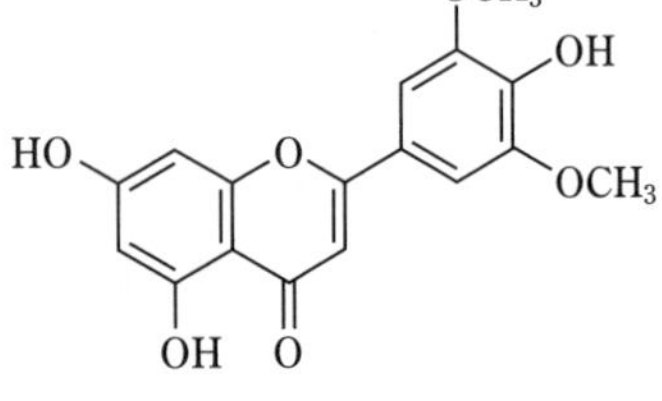

図 3.40 トリシン（Tricin）
(5,7,4-Trihydroxy 3,5-Dimethoxy Flavone)
の構造

参考文献

1) Manners, D.J. and Matheson, N.K, The fine structure of amylopectin. Carbohydr. Res. 90 pp.99-110 (1981)
2) Manners, D.J., Some aspects of the structure of starch. Cereal Food World 30 pp.466-467 (1985)
3) Lineback, D.R. Baker's Dig. The starch granule organization and properties. 58 (2) pp.16-17 (1984)
4) Shiiba K., Yamada, H. Hara, K., Okada, K. and Nagao, S. Purification and characterization of two arabinoxylans from wheat bran. Cereal Chem., 70 (2) pp.209-214 (1993)
5) 児玉俊明，椎葉 究，辻 啓介 高血圧自然発生症ラットにおける小麦フスマヘミセルロースの血圧上昇抑制効果 日本栄養食糧学会誌, 49 (2) pp.101-105 (1996)
6) Morishita Y., Yamada H., Shiiba, K., Kimura, N. and Taniguchi H. Bifidobacteria Microflora, 12 (1), pp.19-24 (1993)
7) Uthayakumaran, S., Gras, P.W., Stoddard, F.L. and Bekes, F. Effect of varying protein content and glutenin-to-gliadin ratio on the functional properties of wheat dough. 76 (3), pp.389-394 (1999)
8) Shewry et al., The classification and nomenclature of wheat gluten proteins: A reassessment. J.Cereal. Sci. 4 (2) pp.97-106 (1986)
9) MacRitchie, F. Evaluation of contributions from wheat protein fractions to dough mixing and breadmaking. J.Cereal. Sci., 6 pp.259-268 (1987)
10) Weiser, H. Chemistry of glutenin proteins. Food Microbiology, 24, pp.115-119 (2007)
11) Payne P., Nightingale, M.A. Krattiger, A.F. and Holt, L. M. The relationship between HMW glutenin subunit composition and the bread-making quality of British-grown wheat varieties. J. Sci. Food Agric. 40 (1) pp.51-65 (1987)
12) Houston D.F., Allis, M.E., and Kohler, G.O. Amino acid composition of rice and rice by-products. Cereal Chem.46 pp.527-537, (1969)
13) Hargin, K.D. and Morrison, W.R. The distribution of acyl lipids in the germ alueurone, starch and non-starch endosperm of flour wheat varieties. J. Sci. Food Agric. 31 pp.877-888 (1980)
14) Morrison, W.R. Cereal lipids. proc. Nutr. Soc. 36, pp.143-148 (1977)
15) 西澤千恵子，太田剛雄，江頭祐嘉合，真田宏夫 穀類のフェルラ酸含量 日本食品化学工学会誌, 45 (8) pp.499-503 (1998)

第4章 シリアルフード加工プロセス中の重要な生化学的反応

4.1 酵素反応

すべての物質は，固有のエネルギーを持っている。ある物質S（反応物）が別の物質P（生成物）に化学的に変化するとき，Sはエネルギーを吸収し励起して遷移状態（活性化状態）で反応し，その後エネルギー消失とともに物質Pへ移行する。結果的に物質SとPの固有のエネルギーに差が生じることになる。そのため，通常，反応には熱や光（紫外線），酸化還元電位などの活性化エネルギーが必要であり，活性化エネルギーが大きいほど反応は起こりにくいことになる。触媒は，活性化エネルギーを低くして，反応を起こしやすくする。このような触媒機能を持つタンパク質を酵素（Enzyme）という（図4.1）。

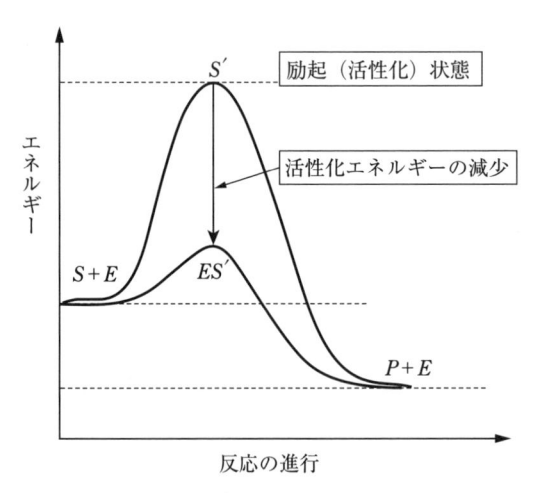

S：基質, E：酵素, S'：活性化状態の基質, P：生成物

図4.1 酵素反応のしくみ

すべての生物体内には，種々の酵素があり遺伝子に制御されながら生命活動を支えている。穀物の場合，収穫後の保管中，また，その加工中においても穀類原料中の酵素は働き，または働く能力を有するため，食品加工中その酵素反応（Enzymatic Reaction）を制御したり，または積極的に利用することが行われる。

4.1.1　酵素反応速度

酵素反応速度（Enzymatic Reaction Rate）は，酵素濃度や基質濃度に依存する。酵素量（E）を一定として基質濃度（S）を増加すると，反応速度（v）が次第に増加し，最大の一定速度になる（$V_{\max}$）（図4.2）。

ミカエリス・メンテン式
（Michaelis and Menten）：酵素Eと基質Sが反応（平衡定数k_{+1}）してESの酵素基質複合体を作る。その反応後，生成物Pと酵素Eへ分離する（平衡定数k_{+2}）。また，一部のESは，EとSへ戻る逆反応も生じる（平衡定数k_{-1}）。

$$E+S \underset{k_{-1}}{\overset{k_{+1}}{\rightleftarrows}} ES \overset{k_{+2}}{\to} E+P$$

各酵素種の経時的濃度変化はゼロであるという式を作る。

$$\frac{d[E]}{dt}=(k_{-1}+k_{+2})[ES]-k_{+1}[E][S]=0 \quad (1)$$

$$\frac{d[ES]}{dt}=k_{+1}[E][S]-(k_{-1}+k_{+2})[ES]=0 \quad (2)$$

この反応機構ではEとESしか酵素種が存在しないので，

$$[E]+[ES]=[E]_0 \quad (3)$$

反応産物はESよりk_{+2}の速度で生成されるので，

$$v=\frac{d[P]}{dt}=k_{+2}[ES] \quad (4)$$

式(1)または式(2)と式(3)を連立方程式とみなして$[ES]$を求めると，

$$[ES]=\frac{k_{+1}[E]_0[S]}{k_{-1}+k_{+2}+k_{+1}[S]} \quad (5)$$

式(5)を式(4)に代入して速度式vを得た後，分子分母をk_{+1}で割ると，

$$v=\frac{k_2[E]_0[S]}{\frac{k_{-1}+k_{+2}}{k_{+1}}+[S]} \quad (6)$$

反応速度が最大（$V_{\max}$）の場合$[ES] \fallingdotseq [E]_0$となるため式(4)から，

$$V_{\max}=k_{+2}[E]_0$$

ここで，

$$K_m=\frac{k_{-1}+k_{+2}}{k_{+1}} \quad (7)$$

と定義すると，
式(6)，(7)より，

$$v=\frac{V_{\max}[S]}{K_m+[S]}$$

となる。

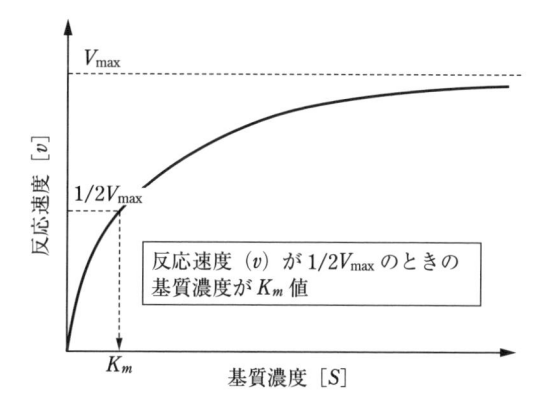

図 4.2　酵素反応における基質濃度と反応速度の関係

このときの基質濃度と反応速度の関係が，**ミカエリス・メンテンの式**となる。

$$v=\frac{V_{\max}[S]}{K_m+[S]} \quad (4.1)$$

式(4.1)中のK_mは，ミカエリス・メンテン平衡定数で，酵素と基質の間の親和性（両者が結合しやすい状態）を示し，値が小さい程，親和性が高くなるため，酵素反応は起こりやすくなる。

式(4.1)において，$v=V_{\max}/2$の場合，$K_m=[S]$となるため，最大速度の1/2の反応速度のときの基質濃度がK_mとなる（図4.2）。また，式(4.1)を変形して，$1/v$をY軸，$1/[S]$をX軸として作図すると，X軸の切片が$-1/K_m$となるため，この値からK_m値を求めることもできる。

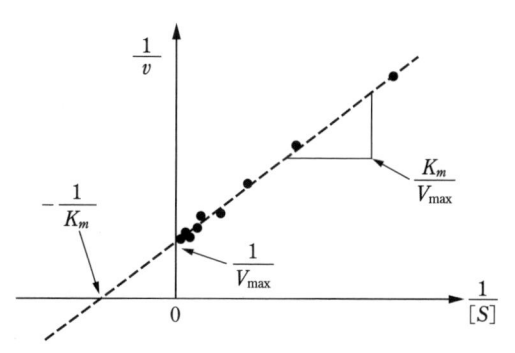

図 4.3　ラインウェーバーバークの式による$1/v$と$1/[S]$の関係式

$$\frac{1}{v} = \frac{K_m}{V_{\max}} \cdot \frac{1}{S} + \frac{1}{V_{\max}} \qquad (4.2)$$

式(4.2)をラインウェーバーバーク（Lineweaver–Burk）の式という。

酵素反応速度は，酵素の種類や基質との親和性，反応条件により異なる。

4.1.2 酵素反応に影響を与える要因

- 基質特異性：酵素は，特定の基質（反応する化合物）のみに作用する性質が強い。これを基質特異性という。酵素の活性中心の構造に適合する基質のみが化学反応を受けることができるためである。
- 温度：温度を上げると，活性化エネルギーが高まるため，反応速度は早まる。しかし，温度が高すぎるとタンパク質の変性が生じ高次構造が崩壊するため，触媒能力が失活する。
- pH：酵素はタンパク質のため，電荷がなくなる pH が存在する（等電点）。等電点以外の部分で反応が進みやすく，反応が進みやすい最適の pH やその pH 領域が存在する。
- 補酵素：アポ酵素部分（酵素のタンパク質部分）と可逆的に結合して酵素反応の発現に寄与する。水溶性ビタミン類のほとんどは，その一種である。
- 活性化物質：Mn，Mg，Fe，Zn，Ca など二価の金属イオンが多い。触媒能力を高める作用を持つ場合が多い。
- 阻害物質：不可逆的阻害と可逆的阻害があり，酵素の活性部位に共有結合して酵素機能を不可逆的に阻害するのが前者。一方，可逆的阻害には，競争的（拮抗的）阻害（阻害物が基質と競合的に活性部位に結合）と非競争的（非拮抗的）阻害（活性部位以外の部位を阻害）する物質がある。アロステリック酵素の場合は，プロダクトや基質により酵素結合部位の構造が変化して酵素反応を阻害したり促進したりする（細胞内の代謝調節に利用される場合が多い）。

EC 番号（Enzyme Code）：EC 番号は，国際生化学分子生物学連合の酵素委員会によって 1961 年に作られた。酵素を大きく 6 種類に分類し最初の番号を 1〜6 とし，さらに細かい反応特異性の違いや基質の違いにより，番号が割り振られる。分類は階層的であり一般的には 4 個の番号 "ECX.X.X.X"（X は数字，ピリオドで区切り）による表記がなされる。

4.1.3 酵素の分類とその特性

酵素は，国際的に 6 種類に分類されており，それぞれに **EC 番号**が付けられている。

- EC1：オキシドレダクターゼ（Oxidoreductase：酸化還元酵素），酸化還元反応を触媒する。
- EC2：トランスフェラーゼ（Transferase：転移酵素），原子団（官能基など）をある分子から別の分子へ転移する。
- EC3：ヒドロラーゼ（Hydrolase：加水分解酵素），加水分解反応

を触媒する。
- EC4：リアーゼ（Lyase：脱離酵素），原子団の結合の解離を触媒する。
- EC5：イソメラーゼ（Isomerase：異性化酵素），分子の異性体を作る。
- EC6：リガーゼ（Ligase：合成酵素），ATPの加水分解エネルギーを利用して，2つの分子を結合させる。

4.1.4 穀類中の酵素とその働き

穀類中の酵素は，植物生体の生命活動を行うため穀粒中の貯蔵デンプンやタンパク質を分解してエネルギーに転換するそのための酵素類の他，生体防御のため害虫や微生物（特にカビ）の侵入を防ぐための酵素類などを備えているが，それらの酵素は，収穫後保蔵中，食品加工中であっても活動するため穀物食品の質やその加工物性にも影響を与える。収穫後の保管や輸送中の温湿度や水分の管理が重要である。

4.1.5 食品加工に影響を与える穀類原料中の酵素の種類と作用

（1）酸化還元酵素

① リポキシゲナーゼ

EC.1.13.11に属する。不飽和脂肪酸も酸化する酵素である。

リポキシゲナーゼ（Lipoxygenase，以下LOXとして表す）はジエン構造（–C=C–C–C=C–）を持つリノール酸やリノレン酸などの脂肪酸と反応して，空気中の酸素分子を付加し，過酸化ラジカルを発生する。LOXは，大豆，小麦や米など穀物に多く存在する。これらは，青くさい臭いの原因物質であり，大豆を用いた食品では好まれないため，LOX活性の低い大豆品種も作られている。LOXは，植物体内では，病原微生物の植物体への侵入を防ぐ生体防御機構に関与しており，その機能性物質である**ジャスモン酸**の生合成に関与している。アイソザイムが数種類存在することが知られており，それぞれ，酵素反応性がそれぞれ異なっている。

LOXのアイソザイムは，それぞれ脂肪酸を酸化するときの至適pHや温度，基質特異性，金属阻害性など酵素学的な違いがあり，小麦や大豆から少なくとも3種類の**アイソザイム**の存在が知られている。小麦LOXの3種類のアイソザイムは，精製され，酵素的性質が分析されている[1]。

小麦と大豆のLOXはそれぞれ基質特性が異なり，小麦LOXは遊離の脂肪酸に反応するが大豆LOXはグリセライドの形になった脂肪酸に

ジャスモン酸（Jasmonic Acid）：植物ホルモン様物質。果実の熟化や老化促進，休眠打破などを誘導する。また傷害などのストレスに対応して合成されることからエチレン，アブシジン酸，サリチル酸などと同様に環境ストレスへの耐性誘導ホルモンとして知られている。

アイソザイム（Isozyme）：基質に対する反応（活性）がほぼ同じでありながら，一部のアミノ酸配列や至適pH，至適温度，K_m値などが多少異なる酵素類。

も反応するため基質特異性の幅が広く，かつ反応速度も速く酵素反応も強い。そのため，製パン改良材としてLOXを多く含む大豆粉が利用されている。

小麦ドウに対するLOXの反応として，製パンボリュームの向上や内相を白くする過酸化反応により黄色色素（フラボノイドなど）を漂白しドウを白くする効果がある。色の悪い小麦粉からパンを作るとき効果的であるが，添加が多いと異臭の発生や極度に生地が白くなる（漂白作用）ため，その利用が制限される。パスタのように黄色であることが重要な場合，マイナスとなるため，LOX活性が低い品種も作られている。

ほかに，大豆由来のLOXの作用としては酸化反応により2分子システインのSH基をジスルファイド結合（SS結合）しドウを固くするため，ミキシング耐性や発酵耐性を付与するとされている。一方，小麦由来のLOXは，そのような効果もあるが，ドウ物性の安定化（ミキシング抵抗幅の縮小化）にも寄与している（4.4節）。その原因としてグルテニンの表面疎水性の減少やグルテニンサブユニットの高次構造変化が示唆されている[2]。大豆LOX添加による酸化反応による異臭発生などの劣化は小麦ドウにマイナスの影響を与える場合があるが，小麦LOX添加はそのような発生は少ない。

② オキシダーゼ（Oxidase）

グルコースオキシダーゼ（EC.1.1.3.4）や**ポリフェノールオキシダーゼ**（EC.1.10.3.2）などがアリューロン層を含むふすまなどから見出されている。これらは，アミノ酸のチロシンから派生したDOPA（3,4dehidroxyphenylalanine）を酸化し，インドール5,6キノン（Indole-5,6-quinone）などを経由してメラニンに至るいわゆる酵素的褐変反応に関与しているため，ドウに色素の沈着を起こす場合もあるが，一般的な小麦粉中には少ない。

ポリフェノールオキシダーゼ
(Polyphenol Oxidase)：フェノール系化合物を酸化するポリフェノール酸化酵素の一種で銅を含むタンパク質。フェノール系化合物を酸化する酵素として，ほかに，鉄-ポルフィリンタンパク質であるパーオキシダーゼがある。

(2) 加水分解酵素

① アミラーゼ

EC.3.2.1に属する。グルコシド結合を加水分解する酵素である。

穀類中には2種類のアミラーゼ（Amylases）（α, β）が存在する。αアミラーゼは，エンド型の酵素でありα-1,4-グルコシド結合をほぼ不規則に加水分解する。その結果，デンプンの分子量が下がり粘度も低下する。熱をかけてゼラチン化されたデンプンの方が生デンプン（粒）よりもアミラーゼによる反応を受けやすいが，時間をかけると生デンプン（粒）の状態でもアミラーゼの反応は進む。β-アミラーゼはエキソ型で非還元末端からグルコース2分子（マルトース）単位で加水分解するため，糖化酵素ともよばれる。

アミロースデンプンの場合，β-アミラーゼにより全体の約70%をマルトースまで分化できるが，アミロペクチンデンプンの場合，約55%までとなる。残りの部分は，β-リミットデキストリン（β-Limit Dextrin）とよばれる。

αおよびβ-アミラーゼが両方あると，α-アミラーゼが非還元末端を多く作るためデンプンの分解が早く進み，通常の小麦デンプンでは約85%加水分解するが，アミロペクチンのα-1,6結合しているデキストリン区分は分解できない。

β-アミラーゼは，健全なデンプン粒の状態では反応しにくく，酵素分解が進みにくい。そのため，α-アミラーゼによりデンプン構造が一部分解したあとで，活性化する。このため植物生体中のβ-アミラーゼ単独での活性測定は難しい。

穀類デンプンのアミラーゼによるゲル化粘度の低下は，アミログラフやフォーリングナンバーという装置で測定できる。

発芽（Germination）のとき，α-アミラーゼ活性は大量に発現されるため，小麦の品質管理のためにα-アミラーゼ測定が厳密に行われる。アミラーゼ活性が強い小麦粉の場合，麺やケーキの製造と品質に大きなマイナスの影響を与えるためである。β-アミラーゼは発芽時には大量に発現されることは少ない。

α-アミラーゼの至適pHは約5.5付近でありβはそれよりもやや高いが，β-アミラーゼの方が熱に弱い。α-アミラーゼは50℃まではほとんど安定であり90℃付近まで活性はあるが，β-アミラーゼは50℃以下でも失活があり80℃付近で完全に失活する。

小麦由来α-アミラーゼインヒビター（0.19AI）によるα-アミラーゼの阻害機構

米，小麦，豆などの穀物の種子や実の中には，タンパク質のα-アミラーゼインヒビター（Amylase Inhibitor：AI）が含まれており，アルブミン区分から抽出される。これらの生理学的な役割としては，昆虫などの外敵からの防衛手段，発芽・成育の際の内因性アミラーゼの活性の調節が考えられている。

近年，これらAIは食後の炭水化物の消化・吸収を遅らせ，血中グルコース濃度を低下させるという報告があり，肥満予防やインスリンを用いない糖尿病の治療に応用されている（6.3節）。これまでに0.19AIはブタ膵臓α-アミラーゼ（PPA）に対し，拮抗型の阻害を示すことが明らかにされており，α-アミラーゼの基質結合部位に糖だけでなく，タンパク質も結合できることは，興味深い。

② プロテアーゼ

EC.3.4 に属する。ペプチド結合を加水分解する種々の酵素がある。

プロテアーゼとペプチダーゼは成熟した穀類種子でも活性はあるが，通常，果物や野菜などの同活性よりも低いレベルである。プロテアーゼが高いとグルテンタンパク質などが分解され，生地物性も弱くなり二次加工性によい影響を与えない。小麦中のプロテアーゼとして至適 pH4.1 付近の酸性プロテアーゼがあり，乳酸菌を用いたサワードウなどの発酵中に活性化する可能性があるが，通常の発酵では特に問題はない。ペプチダーゼは水溶性ペプタイドに反応して分子量の低い水溶性のアミノ酸などを生産するが，それらは発酵中イーストにより窒素源として利用されるため，ある程度必要である。

③ フィターゼ

EC.3.1.3 に属する。フィターゼ（Pytase）はフィチン酸（3.7節）を加水分解する酵素（エステラーゼの一種）。イノシトール6リン酸であるフィチン酸から6分子のリン酸基の結合が解離して，イノシトールになる反応を触媒する。穀物中のリン酸は，70〜80％がフィチン酸の形で不溶化しているため，フィターゼを持っていない非反芻動物にはリン酸は利用されない。

反芻動物ではルーメン（反芻胃）内の微生物由来のフィターゼがこれを分解するためフィチン態リンを利用できる。小麦外皮（ふすま）には，フィチン酸が多く含まれているが，フィターゼも存在するため，消化管内でフィターゼ活性が発現すればフィチン態リンの栄養的な利用ができる。その目的のために，微生物由来のフィターゼを飼料に添加する場合もある。

④ リパーゼ

リパーゼ（Lipase）は，いわゆる脂肪のトリグリセリド（グリセロールの脂肪酸エステル）を分解して脂肪酸とグリセロールを遊離するトリアシルグリセリドリパーゼ（EC 3.1.1.3）と，リン脂質に作用して脂肪酸を遊離するホスホリパーゼがある。ホスホリパーゼは，A1，A2，C，Dなどのタイプがあり，それぞれで分解する位置が異なる（**図4.4**に示されている）。

リパーゼは，胚芽や外皮（ふすまやアリューロン層）部分に多く存在しているが，胚乳（小麦粉，精米）には少ない。遊離した脂肪酸は，酸化されやすいため，リパーゼ活性を抑制することが，穀物保蔵中の品質の劣化防止のため重要である。

(3) その他の穀物中の酵素

アリューロン層や胚芽の部分には，代謝や発芽時に誘導されるいろい

プロテアーゼ（Protease）：ペプチド結合（−CO−NH−）の加水分解を触媒する酵素の総称で，プロテイナーゼ（Proteinase）とペプチダーゼ（Peptidase）とに分けられる。

プロテイナーゼは，タンパク質分子のペプチド結合を加水分解する酵素で，エンドペプチダーゼ（Endopeptidase）ともいわれ，高分子タンパク質に作用すると急速な低分子化が起こり，タンパク質はペプトン化する。

ペプチダーゼはペプチド鎖のアミノ末端あるいはカルボキシ末端のペプチド結合を加水分解する酵素で，エキソペプチダーゼ（Exopeptidase）ともいわれ，ペプチド鎖の末端から順次アミノ酸を遊離させる。

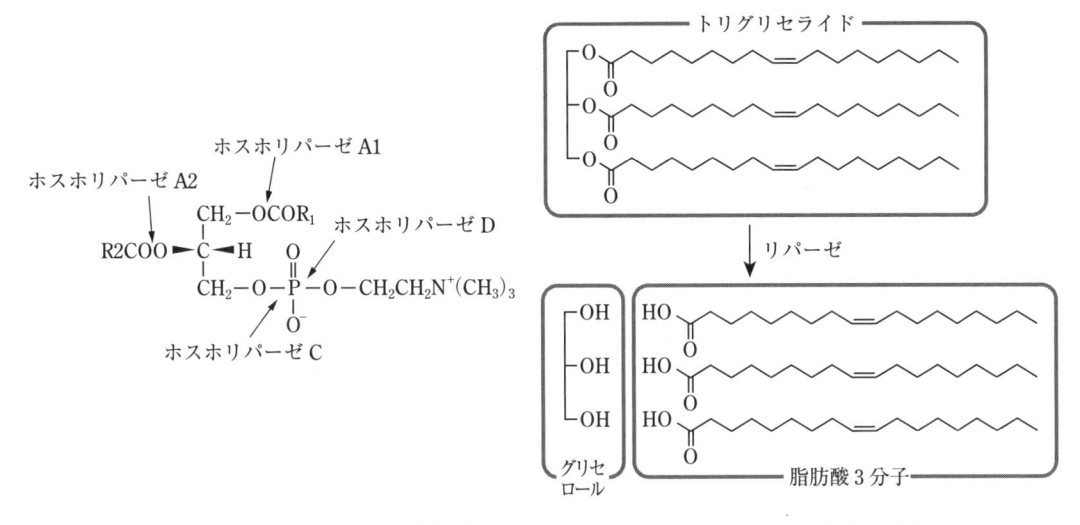

図4.4 ホスホリパーゼ活性（右）とトリアシルグリセドリパーゼ活性（左）

ろな酵素群や生体防御に用いられるカタラーゼ，オキシダーゼ，エステラーゼの類，細胞壁合成や分解酵素のような酵素群も多数存在している。しかし，通常，製粉や精米加工によりその部位が除去されるため，小麦粉や米粉の加工プロセス中または栄養成分まで影響を与えるものは，上記以外の酵素は一般的に活性化されない。ただし，全粒粉を熱処理など酵素の失活処理をしない場合は，生の状態で酵素活性が維持されているため，アリューロン層や胚芽にある酵素であっても加工や栄養成分に影響を与える場合がある。

4.2 酸化および抗酸化反応

酸化還元反応は，小麦粉加工中，システインのSH基の酸化によるS-Sシスチンの生成（ジスルフィド結合の生成）と，その逆反応である還元反応のほか，水素結合，疎水結合などにも影響を与えるため，タンパクの構造変化だけでなく食品の物性，保存性，栄養などにも影響を与える大きなファクターの1つである。

4.2.1 酸化反応

穀粒や小麦粉や米粉などの穀粉の保存中や加工中に引き起こされる反応のうち，酸化反応（Oxidative Reation）は，物性や食味，食感，色，保存性に大きな影響を与えるだけでなく，栄養性の低下，人の健康などにも影響を与える。酸化反応としては，酵素的な反応と非酵素的な反応がある。小麦粉の製パン工程では，酸化はグルテンの形成や生地物性の改良にプラスに働く。

(1) 酵素的酸化

酵素的酸化（Enzymatic Oxidation）として，

- ポリフェノールオキシダーゼ類，グルコースオキシダーゼなどの酸化酵素（オキシダーゼ）による脂質以外の基質の酸化反応
- リポキシゲナーゼによる不飽和脂肪酸の酸化反応

がある。

① ポリフェノールオキシダーゼ，グルコースオキシダーゼ，アスコルビン酸オキシダーゼなど脂質以外の基質の酸化反応

これらの酵素反応は，酵素的褐変反応（4.3節）の原因であり褐変化とそれに伴う臭い成分の発生などがあるが，そのほかに多量にあった場合，生地物性への変化などに大きな影響を与える。しかし，影響を与えるほどには，これらの酵素量は，胚乳部の多い小麦粉には存在していない。ただし，物性改良剤として，微生物や他植物由来のグルコースオキシダーゼ，アスコルビン酸オキシダーゼなどを添加する場合がある。

グルコースオキシダーゼは，生地中のグルコースを酸化して，グルコノラクトンと過酸化水素を生成し（図4.5），さらに，生成した過酸化水素が酸化剤としてヒドロキシラジカル（OH・）を発生して，グルテンの酸化（S–S結合の形成など）に寄与するといわれている[3]。なお，過酸化水素はパーオキシダーゼによりグルテン中にチロシンダイマー（Tyrosine Dimmer）の形成を促進して，グルテン立体構造を強固にするとの報告もある（4.3節）[4, 5]。

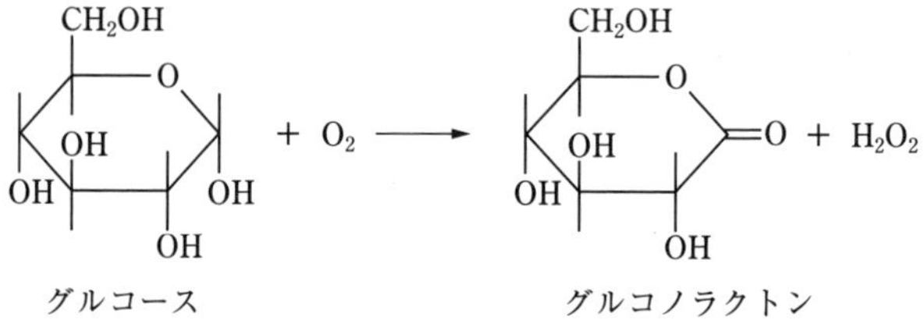

図4.5 グルコースのグルコースオキシダーゼによる酸化

② LOXによる不飽和脂肪酸の酸化反応

$-CH=CH-CH_2-CH=CH-$ のようなジエン構造（真ん中のCH_2は活性メチレンとよばれる）を持つ不飽和がある脂肪酸のリノール酸（およびαリノレン酸）は穀物中に多く含まれている（3.4節）。リノール酸およびαリノレン酸は，LOXにより二重結合の炭素C9（n＝10）またはC13（n＝6）に酸素分子（O_2）を添加して脂肪酸ヒドロペルオキシド（LOOH）となる（図4.6）。

生成されたヒドロペルオキシドは，グルテン中のシスティン（Cys–SH）の酸化をすすめ，シスチン（Cys–S–S–Cys）による分子間結合を

促進するだけでなく，タンパク質表面の疎水結合や水素結合にも影響を与えてタンパク質の構造を変化させる（4.3節，4.4節）。

また，ヒドロペルオキシドは，その後，ヒドロペルオキシドリアーゼの反応を受けて3ノネナール（またはヒキサナール）とオキソカルボキシ酸に開裂する（穀類由来でこのタイプのリアーゼ酵素の報告はないが，3ノネナールなどの臭い成分は穀類の貯蔵中で確認されている）[6]。

図4.6 リノール酸のリポキシゲナーゼによる酸化

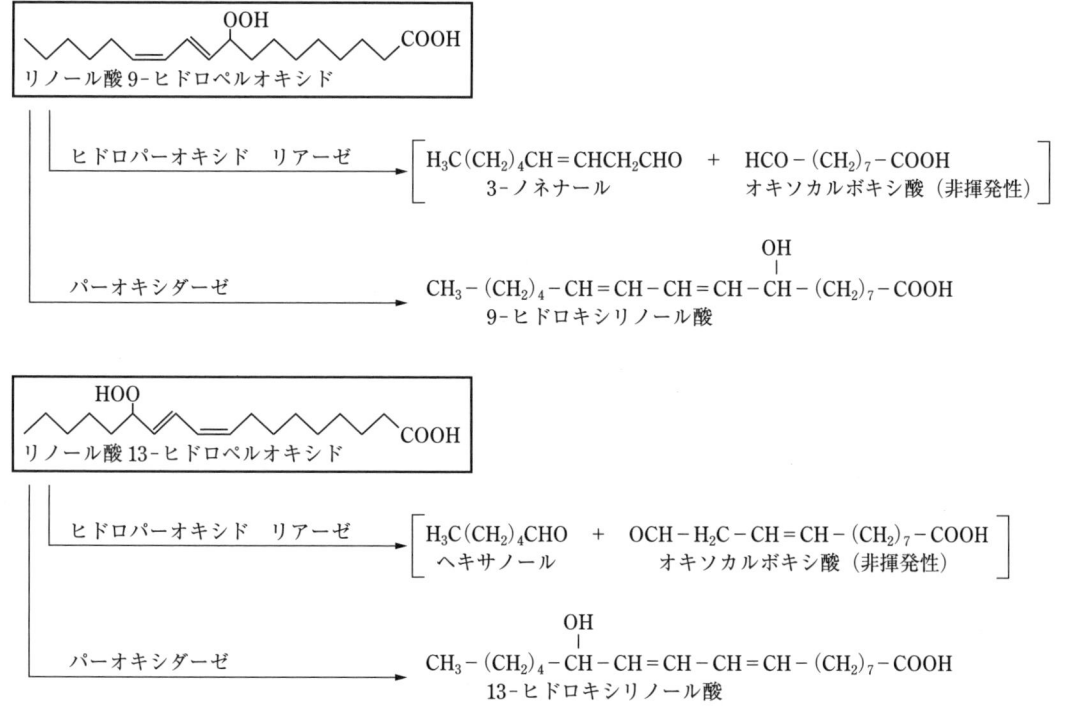

図4.7 穀物中のリノール酸ヒドロペルオキシドの酵素反応[6), 7)]

4.2 酸化および抗酸化反応　95

3ノネナールは揮発性で，青臭い緑葉香気成分であるが，オキソカルボキシ酸は，揮発性はない。

また，ヒドロキシペルオキシドは，パーオキシダーゼの反応によりヒドロキシ酸を生じることはオーツ麦で報告されている（図4.7）[7]。

(2) 自動酸化

空気中の酸素により，自動的にシリアルの保蔵中，加工中に酸化反応が生じる場合がある。酸素のほか，金属，不飽和化合物，水素供与体などの物質の存在と温度，紫外線などの環境的要因が整うと，自動的に酸化（Auto-Oxidation）と同時にラジカル反応が発生して，酸化的ラジカル反応が連鎖的に継続される。最終的にラジカルが消去されるまで停止されない。

ラジカル反応は，開始反応→連鎖反応→停止反応の3段階がある[8]。

① 開始反応

小麦粉と水のミキシング中，二重結合を2個以上持つリノール酸のような不飽和脂肪酸（LHと略）の活性メチレンから水素が引き抜かれ脂肪酸ラジカル（L・）が自動的に発生することが考えられる（式(4.3)）。この反応が，ミキシングや光などの物理的な作用により直接引き起こされるのか，それとも，フェルラ酸のようなフェノール化合物の自動酸化やFe，Cuなどの金属の関与により発生したラジカルから誘引されるか，または別の個所で発生したヒドロキシラジカル（OH・）により誘因されるか十分な解析はなされていない。少なくともオレイン酸のような二重結合1個の不飽和脂肪酸やステアリン酸のような飽和脂肪酸では，ラジカルは発生しにくい。

$$LH \rightarrow L\cdot + H^+ \tag{4.3}$$

② 連鎖反応

脂肪酸ラジカル（L・）は，酸素と結合して過酸化脂質ラジカル（ペルオキシラジカル）（LOO・）となる（式(4.3)）。LOO・は別のLHから水素を引き抜きLOOHとなるが，別のLHはL・となる（式(4.4)）。このとき発生した脂肪酸ラジカル（L・）は，（式(4.4)）の反応に戻り繰り返すことにより連鎖する。

$$L\cdot + O_2 \rightarrow LOO\cdot \tag{4.4}$$
$$LOO\cdot + LH \rightarrow LOOH + L\cdot \tag{4.5}$$

仮に，Lがリノール酸の場合，9-ヒドロペルオキシド，13-ヒドロペルオキシドが多数生じる。

これらは，リポキシゲナーゼによる酵素的酸化と類似しているが，リノール酸の9または13位に直接酸素2分子（OO・）が入りヒドロペルオキシドとなる反応は，自動酸化の場合起こりにくい。

自動酸化または酵素的酸化反応により生じたヒドロペルオキシド（LOOH）は，さらに，式(4.6)や二価の金属（FeやMnなど）の影響などにより式(4.7)のような反応が生じる可能性もある。

$$2LOOH \rightarrow LO\cdot + H_2O + LOO\cdot \quad (4.6)$$
$$LOOH \rightarrow LO\cdot + \cdot OH \quad (4.7)$$

③ 停止反応

最終的には，ラジカル同士が反応したり抗酸化剤のラジカル捕捉効果により，系内のラジカルが消滅することで反応が止まる。

自動酸化で発生した脂質ペルオキシドは，酵素的に発生した脂質ペルオキシドと同様に，酸臭発生，成分の変質などを引き起こす。また，生体成分の変化や組織の損傷や老化，発がん，糖尿病，動脈硬化にも関わっている。

一方，小麦の製粉や製パン工程中，酵素や自動酸化反応で生じたラジカルがグルテンの酸化に関与して生地に粘弾性を与えることも報告されている（4.3節）。

(3) 酸化速度に関する要因

酸化抑制として，一般にラジカルの生成を抑えるか，発生したラジカルを消去する，という対策がある。前者は，キレート剤による金属の不活性化（封鎖），光の遮断などが挙げられ，後者には，抗酸化剤の使用がある。自動酸化は温度が高くなるほど早くなるが，低温にしても酸化は停止できない。また，酸素濃度を0にしない限り，完全な抑制はできないので，脱気や窒素などの不活性ガスによる置換が有効である。

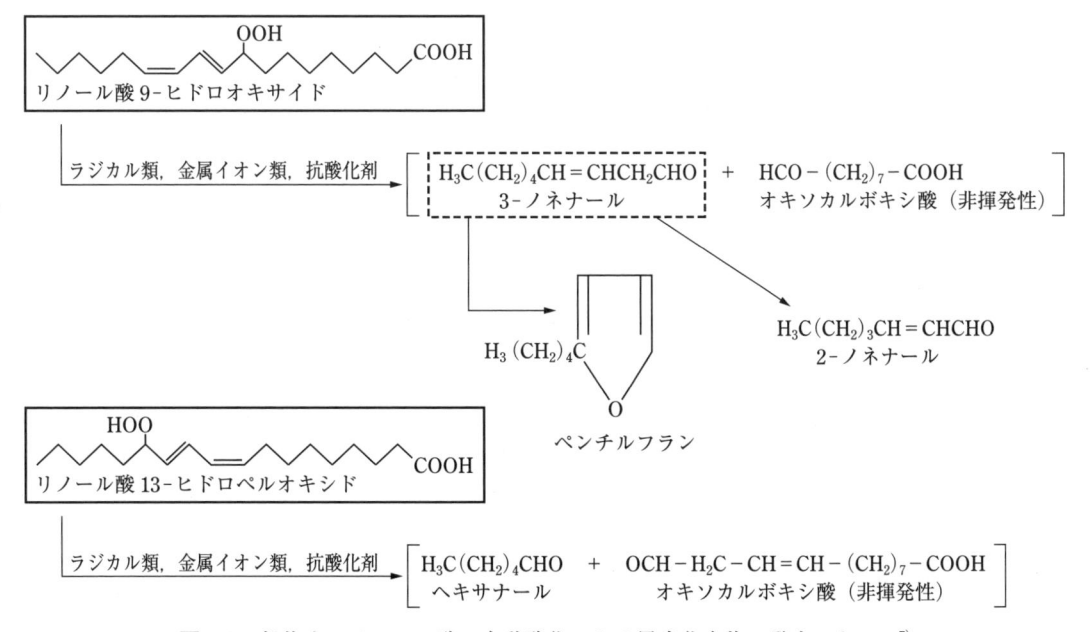

図 4.8 穀物中のリノール酸の自動酸化による異臭化合物の発生スキーム[7]

(4) 自動酸化生成物

自動酸化により発生した脂肪酸ヒドロペルオキシドは，抗酸化物質や金属イオン，ラジカル物質，アミノ酸や単糖類などの存在により連鎖的（自動的に）に分解され，アルデヒド類，ヘキサナールなどの悪臭成物を生成する。さらにペンチルフラン（Pentylfuran）のような物質を発生する（図 4.8）。これらが異臭の原因となる。

また，異臭発生のほか，変味（ビターテイストへの変化），腐敗（Deterioration），栄養価の低下，レオロジー（物性）の変化などが生じる[9]。

4.2.2 抗酸化反応（Antioxidative Reaction）

酸化を抑制する物質として，代表的なものにフェノール類がある。フェノールは，構造上ヒドロキシ基を有するという点でアルコールと類似するが，フェノール類のヒドロキシ基はアルコールのそれよりも水素イオン H^+ を解離させ，O^- イオンになりやすい傾向を持つ（水素供与性）。これは酸素原子上の負電荷（電子）が，**共鳴**によって芳香環上に分散され，安定化されるためである。そのため，パーオキシラジカルに水素を供与し，自身はフェノキシラジカルになることで，ラジカル補足剤（Radical Scavenger）として作用する（図 4.9）。

共鳴：共役系を持つ分子またはイオンは，電子が系内を移動（非局在化）して複数の構造（Lewis構造：共鳴構造）をとることで，安定化している。

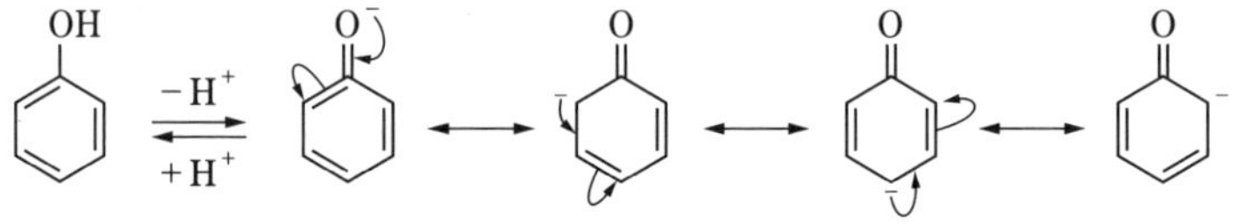

図 4.9 フェノールの共鳴

穀物中には，フェノール類としてトコフェロール（ビタミン E）のほか，フェルラ酸やポリフェノール類など（3.7 節）がある。

ほかに，（穀物中には少ないが）水素供与性を持つものに還元性の強いアスコルビン酸や焼成後に生成されるメラノイジン（4.3 節）がある。また，レシチン（3.4 節）や**グルタチオン**も同様に抗酸化能がある。グルタチオンは穀物中には少ないが，パン酵母（イースト：Yeast）には比較的多く含まれている。

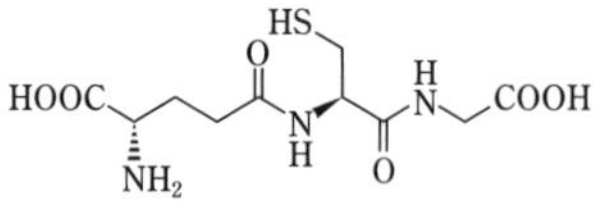

リン酸やクエン酸などは，それ自体抗酸化能は有していないが，アスコルビン酸などの抗酸化剤と共存すると相乗効果として抗酸化能を増強する。これらはシネルギスト（Synergist）とよばれている。これらは，金属の封鎖剤であり，金属を錯体として不活性化する**キレート**作用がある。これらは，金属の関与するラジカル反応を抑制する効果がある。

グルタチオン：グルタミン酸，システイン，グリシンからなるトリペプチドであり，SH 基を含む。動物細胞内に多く存在し，生体内で発生したフリーラジカルの消去に作用している。

キレート（Chelate）：複数の配位座を持つ配位子（多座配位子）による金属イオンへの結合（配位）をいう。このようにしてできている錯体をキレート錯体とよぶ。キレート錯体は配位子が複数の配位座を持っているために，配位している物質から分離しにくい。これをキレート効果という。

4.3 褐変反応（Browning）

　小麦粉，米粉などの穀粉を用いた食品は，加工中（特に焼成中）に成分同士が反応し，その結果，色の変化（褐変化），香成分の産生，栄養成分の変化，その他食品機能性が変化することがある。この変化は，酵素が関与する酵素的褐変と非酵素的褐変に分けられる。

4.3.1 非酵素的褐変

　非酵素的褐変（Non-Enzymatic Browning）には2種類あり，小麦粉，米粉などの二次加工中ほぼ同時に起こるため区別しにくいが，メカニズムは異なる[10]。

- カラメル化：糖類を融点以上に加熱すると褐色物質（カラメル）が生成される。
- アミノカルボニル反応（メイラード反応）：アミノ酸やタンパク質のようなアミノ基を持つ化合物と還元性を持つ糖質の反応で，メラノイジンが生成する。

(1) カラメル化反応による褐変

　カラメル化反応（Caramelization）は糖類が100℃以上に加熱されることによって，アミノ化合物と反応することなく褐変化する現象。製パン，製菓などの場合，アミノカルボニル反応と同時に起こるため，区別しにくいが，カラメル化による褐変の割合は比較して大きい。

　還元糖を単独で150℃程度に加熱すると，アノマー化や異性化，脱水，分子間転移，炭素鎖開裂，縮合などが関与して褐変物質（還元性の高分子化合物質）ができる。例えば，グルコースやフラクトースからエンジオールが生成し，脱水化してノジオキシ2,3ヘキソジウロースができる。さらに，レトロ-アルドール反応によりグリセルアルデヒドを，ジカルボニル開裂によって，酢酸やアセトールを生成する。さらに縮合してシクロペンタノロン類，フラノン類，ピラノン類なども生成される[11]。ほかに揮発性の物質の生成が認められている[12]（**表4.1**）。

(2) アミノカルボニル反応（メイラード反応）による褐変

　アミノ酸，ペプチドやタンパク質と還元糖が反応して褐色の物質，メラノイジン（Melanoidin）が生成される。この反応は，アミノ基とカルボニル基間で起こることからアミノカルボニル反応（Aminocarbonyl Reaction）とよばれ，また発見者であるL.C.Maillardに由来してメイラード反応（または糖化反応：グリケーション）ともよばれる。メラノイジン（Melanoidin）の化学構造は明らかになっていないが，多数の着色物質による集合体と考えられている。メラノイジンは糖類から生成した

表 4.1　糖の加熱により生成する揮発性物質[12]

脂肪族カルボニル化合物			
ホルムアルデヒド	アセトアルデヒド	プロピオンアルデヒド	ブチルアルデヒド
イソブチルアルデヒド	バレルアルデヒド	イソバレルアルデヒド	アクロレイン
イソクロトンアルデヒド	クロトンアルデヒド	2-ペンテナール	1, 3-ペンタジエナール
アセトン	メチルエチルケトン	メチルプロピルケトン	ジエチルケトン
メチルブチルケトン	エチルプロピルケトン	アセチルアセトン	ジアセチルアセトン
メチルビニルケトン	3-ペンテン-2-オン	3-メチル-3-ブテン-2-オン	シクロペンタノン
3-メチルシクロペンタン-1, 2-ジオン		2-シクロペンテン-1-オン	
ギ酸	酢酸	プロピオン酸	酪酸
イソ酪酸	吉草酸	イソ吉草酸	レブリン酸
4-ヒドロキシ-2-ペンテン酸ラクトン			
脂肪族アルコール			
メタノール	エタノール		
脂肪族飽和炭化水素			
メタン	エタン	プロパン	
フラン化合物			
フラン	2-メチルフラン		3-メチルフラン
2, 5-ジメチルフラン	2-ビニルフラン		2-n-プロピルフラン
2-エチル-5-メチルフラン	2, 3, 5-トリメチルフラン		2-イソプロピル-5-メチルフラン
2-ビニル-5-メチルフラン	2-n-プロピル-5-メチルフラン		2, 5-ジエチルフラン
2-(cis-1-プロペニル)-フラン	2-(trans-1-プロペニル)-フラン		2-イソプロペニルフラン
2-メチル-3 (フリル-2)-2-プロペンフラン	2-アセチルフラン		
2-(cis-1-プロペニル)-5-メチルフラン	2-(trans-1-プロペニル)-5-メチルフラン		
5-メチル-2-アセチルフラン	2-フルアルデヒド		3-フルアルデヒド
2-メチルテトラヒドロフラン-3-オン	3-メチル-2-フルアルデヒド		5-メチル-2-フルアルデヒド
1-(2-フリル)-プロパン-1, 2-ジオン	フランカルボン酸メチル		2-フランカルボン酸
5-(ヒドロキシメチル)-2-フルアルデヒド	4-ヒドロキシ-2, 5-ジメチル-3-(2H)-フラノン		
2-フリルヒドロキシメチルケトン	2-エチルフラン		2-イソプロピレフラン
芳香族化合物			
ベンゼン	トルエン	o-キシレン	m-キシレン　p-キシレン
エチルベンゼン	1, 3, 5-トリメチルベンゼン	1, 2, 4-トリメチルベンゼン	
1, 2, 3-トリメチルベンゼン	2, 2-ベンゾフラン	フェノール	レゾルシン
ヒドロキノン	ピロカテコール		
気体物質			
一酸化炭素	二酸化炭素	水素	水

　D-グルコシドがエナミノールを経由してアマドリ化合物になり，オゾンやフルフラール類を中間体としてアミノ化合物との縮重合反応した後，ピロールアルデヒドなどを経由して生成する褐色の最終産物であると推定されている。図 4.10 にアルドースからメラノイジンが生成され

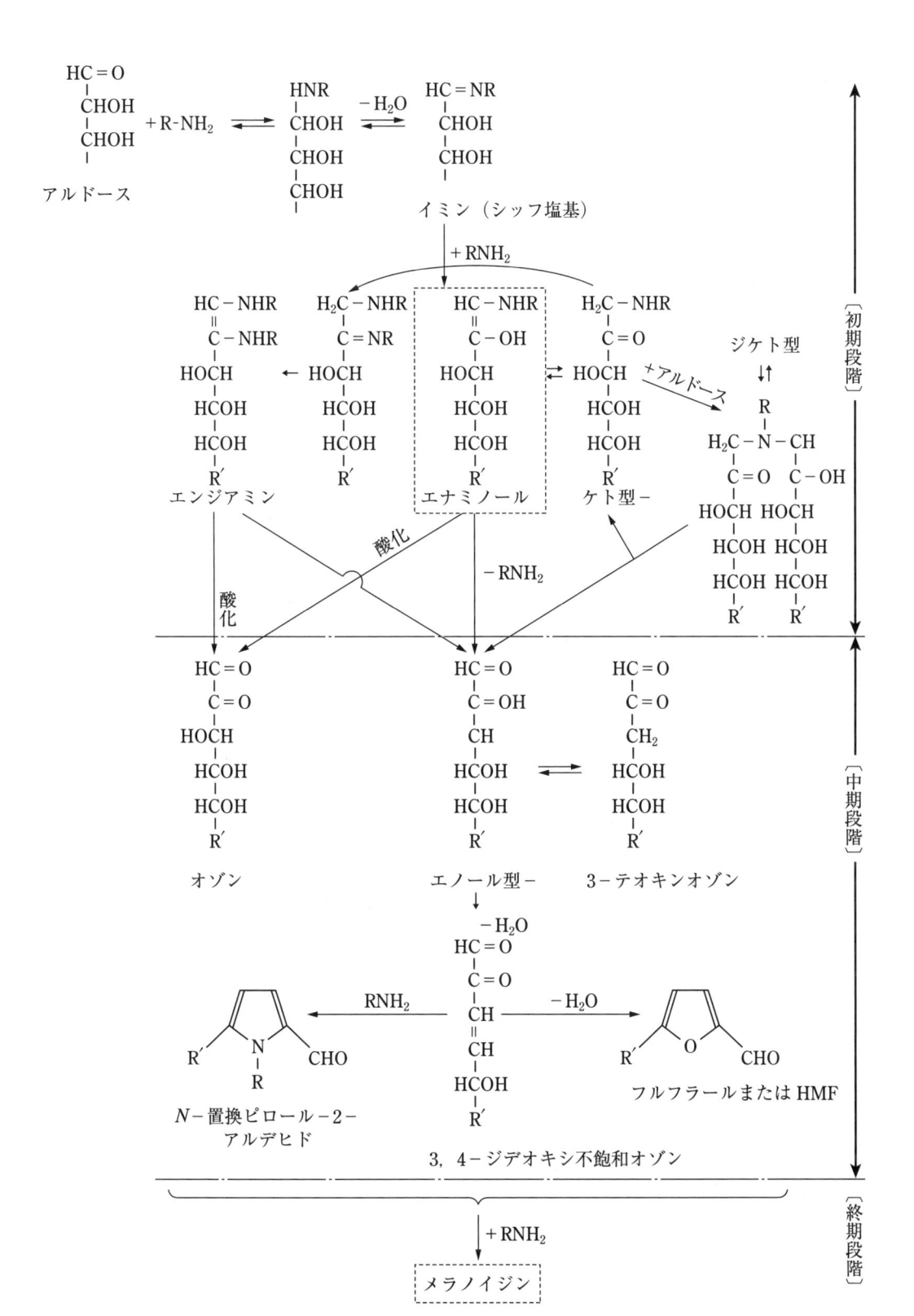

図4.10 アルドースからメラノイジンが生成される過程[12]
注）R=CH$_2$COOH, n-butyl など, R′=H または CH$_2$OH

る過程が示されているが，糖とアミノ基とが結合して窒素配糖体やアマドリ転位生成物を形成する（初期段階）。それらが分解して反応性の強いカルボニル化合物を生じる中期段階，その後カルボニル化合物がアミノ化合物と反応してメラノジンをつくる終期段階がある（図4.10）。

メイラード反応後期により生成した化合物を特にAGE（Advanced Glycation end Product：終末糖化産物）とよぶこともある。

小麦粉中に含まれる還元糖には，グルコース，フルクトース，マルトース，キシロース，アラビノース，ガラクトースなどがあり，アミノ酸は，グルタミン酸をはじめ，グリシン，セリン，イソロイシンなどがある。また，発酵段階で新たな還元糖やアミノ酸が生成しているため，さまざまな組み合せでアミノカルボニル反応が起こっている。プロリンも小麦粉中に多いが，環状アミノ酸で，アミノ基を持たない（通常のアミノ酸に存在するα位の炭素に存在するアミノ基がなくイミノ基となっている）ため，アミノカルボニル反応は起こりにくい。

得られたメラノイジンには，ヒドロキシラジカル（·OH）の消去活性が確認され，抗酸化作用を有することも報告されている。

（3）非酵素的褐変反応に影響を与える因子

非酵素的褐変は，以下のような因子に影響を受ける。

① 還元糖やアミノ化合物の種類

- ペントース（5炭糖）のほうが，ヘキソース（6炭糖）よりも，またアルドースの方がケトースよりも褐変化は強い。
- 低分子のグリセルアルデヒド，グリコールアルデヒドなどは褐変しやすい。

② 反応温度，時間

- 非酵素的褐変は温度が高いほうが起こりやすいが，室温でも，生体内でも起こる。温度10℃以下で反応は抑制される。
- 生体内では，老化の進行，糖尿病などによりタンパク質の褐変化は起こりやすくなる。

③ 外部環境（pH，水分活性，酸素，金属の有無）

- pHは褐変に影響を与える。中性からアルカリ性になるに従って褐変速度は速くなる（酸性条件では遅い）。pH5以下で反応は抑制される。
- 水分活性が0.8〜0.4の間で，褐変反応が早い。水分活性0.4以下にすると反応は抑制される。Fe，Cuは褐変を促進する。金属イオンを除去することで反応は抑止される。亜硫酸塩の添加は，亜硫酸が糖のカルボニル基に付加するため，アミノ基との反応性を下げることができる。

(4) アミノカルボニル反応のシリアル食品への影響

アミノカルボニル反応のシリアル食品への影響として，①香気成分の生成，②栄養生理的影響などがある。

① 香味成分の生成

食品の香りは品質や嗜好性を決めるうえで重要な要素の1つである。素材そのものの香味もあるが，発酵や加熱など食品のプロセッシング中に生成する香味がある。その中で，糖（炭水化物）とタンパク質（アミノ酸）が関与するアミノカルボニル反応は，シリアル食品の香り生成に重要な役割を果たしている（**表 4.2**）。

すでに糖とアミノ酸の組み合わせによる糖化反応生成物モデルから，さまざまな種類の香気成分が単離・同定されている[13]。特に環状構造を持ったものは匂いの閾値が低く，特徴的な香気を示すものが多い（**図 4.11**）。

表 4.2 アミノ酸と糖を加熱したときに生成する香味の違い[12]

温度	糖	グリシン	グルタミン酸	リジン	メチオニン	フェニルアラニン
100℃	グルコース	カラメル (+)	古い木 (++)	いためたサツマイモ (+)	煮過ぎたサツマイモ	酸敗したカラメル (−)
	フラクトース	カラメル (−)	弱い	フライしたバター (−)	きざんだキャベツ (−)	刺激臭 (−−)
	マルトース	弱い	弱い	燃えた湿った木	煮過ぎたキャベツ (−)	甘いカラメル (+)
	スクロース	弱いアンモニア (−)	カラメル (++)	腐った生バレイショ (−)	燃えた木 (−)	甘いカラメル (−)
180℃	グルコース	焼いたキャンデー (+)	鶏小屋 (−)	燃したポテトフライ (+)	キャベツ (+)	カラメル (+)
	フラクトース	牛肉汁 (++)	鶏糞 (−)	ポテトフライ (+)	豆スープ (+)	よごれた犬 (−−)
	マルトース	牛肉汁 (+)	いためたハム (++)	腐った生バレイショ (−)	西洋ワサビ (−)	甘いカラメル (++)
	スクロース	牛肉汁 (+)	焼き肉 (+)	水煮した肉 (++)	煮過ぎたキャベツ (−−)	チョコレート (++)

注）(++)よい，(+)わるくない，(−)いやな，(−−)ひじょうにいやな香気

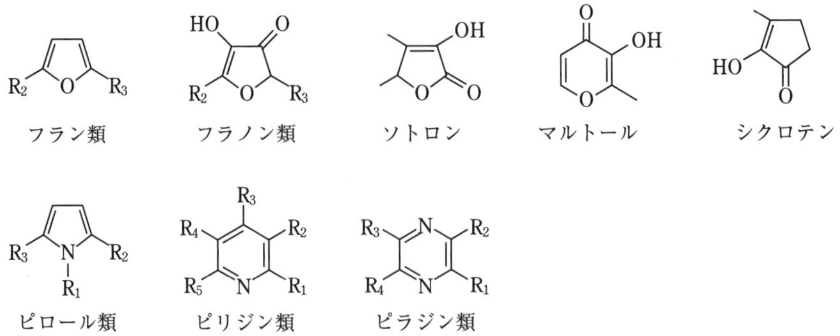

図4.11 糖化反応で生成する環状構造をもつ主な香味成分[13]

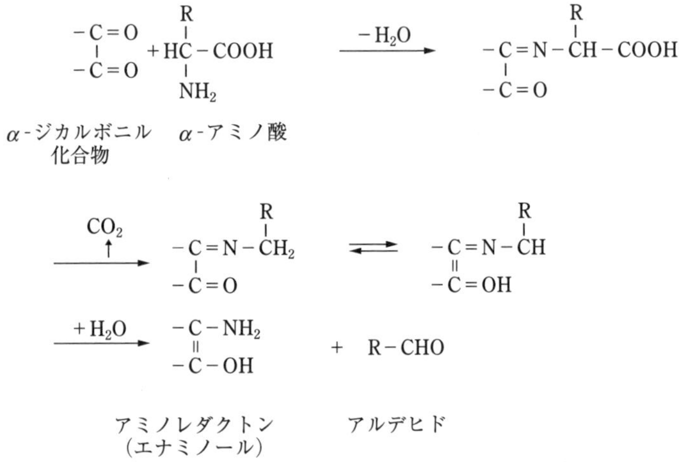

図4.12 ストレッカー分解の機構[12]

アドルフ・フリードリヒ・ルートヴィヒ・ストレッカー
(Adolph Friedrich Ludwig Strecker, 1822〜1871年): ドイツのダルムシュタット生まれ, ギーセン大学で1842年に博士号を取得。
アミノ酸, アリザリンなどの色素, および尿素などの窒素を含む有機化合物の分析・構造解析や合成のほか, マンガン鉱物からのニッケルやコバルトの分離法やアンチモン, 水銀, 亜鉛を含む有機金属化合物の合成などを研究し, 有機金属化学の端緒となった。
彼がアラニンの合成の際に開発し, エミール・エルレンマイヤー (Emil Erlenmeyer) によって一般化されたストレッカー反応は, アルデヒド, アミン, シアン化水素からアミノ酸を合成するものである。

α-ジカルボニル化合物とアミノ酸が脱水縮合してできたグルコシルアミノ化合物が, さらに酸化的脱炭酸化を受けてアルデヒドやピラジン類を生成する反応がある。この反応は, **ストレッカー分解**とよばれている (図4.12)。ストレッカー分解のうち特にアミノ酸から炭素数が1つ少ないアルデヒドを生じる例として, グリシンからホルムアルデヒド, アラニンからアセトアルデヒド, またメチオニンからはメチオナールを経由してアクロレイン, メチルメルカプタン, 硫化水素なども生じる。システイン (シスチン) の場合には, 穀物を焦がしたような香りと同時にジチオグリコールアルデヒドを生じる。プロリンの場合, 白パンの芳香を生じ, ピロリジンやノーピロリンが分離, 同定されている[14]。

② 栄養生理的影響

アミノカルボニル反応の栄養生理学的なデメリットとして, トリプトファン, アルギニン, メチオニンなどの必須アミノ酸の変化による栄養性の失効やプロテアーゼによる消化性の低下などがある。

Trp-P1:

組成式：C₁₃H₁₃N₃
分子量：211.3

Glu-P1:

組成式：C₁₁H₁₀N₄
分子量：198.3

アラピリダインの構造：

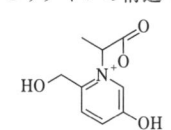

一方，メリットとしては，メラノイジンによる抗酸化作用の付与がある。また，メラノイジンは，タンパク質の加熱により発生する変異原性を持つヘテロサイクリックアミン類（**Trp-P1，Glu-P1** など）の生成を抑制する効果もある。また，**アラピリダイン**などの呈味性成分の生成も報告されている。

4.3.2　酵素的褐変（Enzymatic Browning）

酵素による酸化反応（4.2 節）は褐変現象を引き起こす。

ポリフェノールオキシダーゼやアスコルビン酸オキシダーゼなどによる酸化酵素やリポキシゲナーゼによる褐変が知られている。

（1）ポリフェノール酸化酵素による褐変化

小麦粉に含まれているフェノール系化合物は，空気中でそれらの酸化酵素の作用により，素早く褐変化する。これは o-または p-ジフェノールあるいはモノフェノール構造を有するフェノール成分がポリフェノール酸化酵素（PPO）で酸化されてキノンになり，その後の重合反応で化学的に安定な褐色色素を生成するため，褐変する（図 4.13）。小麦粉を用いる中華そばや餃子の皮などで，ホシとよばれる褐色の斑点が出る場合がある。これらは，かん水によるアルカリ性下で小麦粉中のポリフェノールが酵素または自動的に酸化されたことにより褐色物質が生成したことによる。

図 4.13　ポリフェノールオキシダーゼによる褐色化反応[12]

（2）アスコルビン酸オキシダーゼによる褐変

アスコルビン酸が，アスコルビン酸オキシダーゼによりデヒドロアスコルビン酸になり，それが，アミノ化合物と反応して褐変する。小麦粉や米粉中にはアスコルビン酸は，少量しか存在していないが，生地中に酸化剤や物性改良としてアスコルビン酸を添加する場合があり，それらが，酵素または自動的に酸化されたことにより褐色物質が生成することがある。

(3) リパーゼ，リポキシゲナーゼによる褐変

リパーゼにより生成した脂肪酸は，リポキシゲナーゼによる酸化でペルオキシドを生成する（4.2節）。これらが，カルボニル化合物（カルボニル基（–CO–）を含む化合物）を生成し，縮合やアミノ化合物と反応して褐変物質が生成することがある。

(4) 酵素的褐変の防止

酸素，酸化酵素，基質のいずれかを除去する。ポリフェノールオキシダーゼの阻害剤として，亜硫酸塩，食塩などがある。また，ポリフェノールオキシダーゼの至適pHは6〜7なので，pH3以下へ低下することで抑制することもできる。ポリフェノールをキノン型（=O）からフェノール型（–OH）へ還元することも有効である。

4.4 製パン発酵中の化学的変化

4.4.1 発酵の生地物性の変化に及ぼす影響

食パン製造における発酵方法として，大手製パン工場では，通常，中種発酵法（Dough Fermentation）が用いられている。中種発酵は，製パンに用いられる強力系小麦粉の約70％を用いて水とイーストをミキシングして約4時間発酵させたのち，副材料の塩，ショートニング，砂糖などの副材料とともに残りの約30％分の小麦粉と水を加えてミキシングし，フロアータイム（発酵）後，分割，成型，焼成の工程をとり，パンを製造している（5.2節）。その発酵時間は長いが，機械耐性，発酵耐性のある生地ができるため，ストレート法（最初から副材料を混ぜて発酵させる）と比較して，大型機械での加工がしやすいなどのメリットがあることから，大手製パン工場では広く採用されている。そのときの発酵生地のミキシングパフォーマンスを示す（図4.14）。発酵4時間後の生地は0時間と比べて振れ幅が小さくなっているものの，大きなブレークダウンはなく，安定したミキシング耐性を維持している[15]。

通常，イーストは，小麦粉，水とともに混捏すると，休眠状態から覚めて呼吸を始める。イーストは，嫌気的にも好気的にも生育することができる（通性好気性菌）。パン発酵の初期〜中期では，酸素と栄養が十分にあるため呼吸し，小麦製粉中や発酵中のアミラーゼにより生成されたマルトースやグルコースを栄養成分として，解糖系とTCAサイクル，電子伝達系によりエネルギー（ATP）を生産，それらの糖を最終的に二酸化炭素と水に分解する（6.1節）。発酵中の糖分の消費量は，イースト1gあたり発酵1時間で約1〜2gを利用するため，4時間の中種発酵

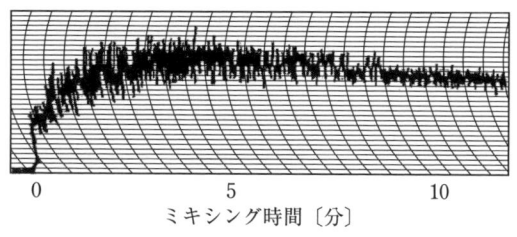

(a) 中種発酵0時間の生地物性

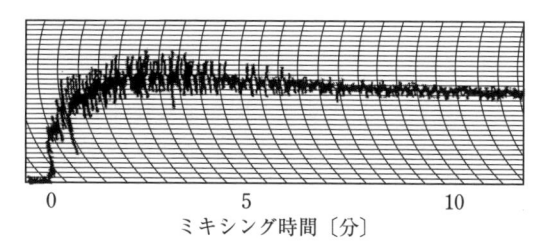

(b) 発酵4時間の生地物性

図 4.14　ミキソグラフによるドウの物性測定[15]

酵母によるアルコール発酵経路三段階：第一段階＝1分子のグルコースが解糖系の複数の酵素によって2分子のピルビン酸に分解される。この反応は，同時に，正味2分子のADPをATPに，2分子のNAD$^+$をNADHに変換する。この段階は，動物や植物の解糖経路と同じ。$C_6H_{12}O_6 + 2ADP + 2H_3PO_4 + 2NAD^+ \rightarrow 2CH_3COCOOH + 2ATP + 2NADH + 2H_2O + 2H^+$

第二段階＝1分子のピルビン酸から1分子の二酸化炭素が取り除かれ，アセトアルデヒドが作られる。この反応は，ピルビン酸デカルボキシラーゼ（EC4.1.1.1）が触媒する。$2CH_3COCOOH \rightarrow 2CH_3CHO + 2CO_2$

第三段階＝アセトアルデヒドは還元型NADHの電子によって速やかに還元されエタノールとなる。この反応は，アルコール脱水素酵素（EC1.1.1.1）が触媒する。$2CH_3CHO + 2NADH + 2H^+ \rightarrow 2C_2H_5OH + 2NAD^+$

アルコール発酵全体を通してみると，反応は以下の化学式で示すように，1分子のグルコースからエタノールと二酸化炭素が2分子ずつできる。$C_6H_{12}O_6 \rightarrow 2C_2H_5OH + 2CO_2$

で5〜7gの糖分を分解することができる。

パンの発酵は，中種発酵法で約4時間（ストレート法では約90分間）であるが，この発酵時間中には酵母は対数増殖しない。通常パン発酵に使用する「イースト」は，*Saccharomyces cerevisiae* が用いられている（ただし，乳酸菌 *Lactobacillus* も混在している場合が多い）。これは，ビールを発酵してエタノールを生産する酵母と同じ種類であるため，嫌気的な状態ではグルコース1分子から2分子のエタノールと2分子の二酸化炭素を生産することができる（式(4.8)）。

$$C_6H_{12}O_6 \rightarrow 2C_2H_5OH + 2CO_2 \qquad (4.8)$$

発酵後期では，溶存酸素，栄養も乏しくなるため，嫌気的な発酵となりエタノールと二酸化炭素が発生する。発酵中，二酸化炭素は継続的に発生し，また，イースト以外の乳酸菌などの微生物も関与して有機酸も生成するため，pHは低下，二酸化炭素量も飽和溶解状態まで達する。pHは，発酵0タイムでは6付近であるが，4時間の発酵後は5付近まで下がる（水素イオン濃度が10倍増加）。

pH低下は，生地物性にミキシングピーク時間の減少とミキシング幅の減少などの影響を与え，結果的に伸展性（スプレッド性）を与える。不溶性タンパク質であるグルテンは，酸性条件では溶解性は増加する（グリアジンやグルテニンは酸性条件下で溶解する，3.2節を参照）ので，伸展性増加の物性変化は，溶解性の増加が一因と考えられる。

しかし，発酵中，生地（ドウ）は見かけ上，弾性が増加する傾向にあり，またブレークダウンがほとんど生じることなくミキシング耐性は維持されている。また，二酸化炭素の発生を包む小さな膜とネットワーク

が形成され，それが酵母が発生した二酸化炭素により膨らんでクッションのように生地に弾性を与えている．では，気泡を包む膜やグルテンネットワークは発酵中どのようにして作られるのであるか？ このような物性は，pH低下による不溶性タンパク質の溶解性の増加だけでは説明ができていない．

4.4.2 発酵中の酸化反応とタンパク質の構造変化

臭素酸カリのような酸化剤を生地に添加することは製パン発酵時の生地をよく膨らませ弾性を増加させるのに有効である．酸化剤とイーストの生育には直接関係はないことから，酸化剤はイーストの活性化ではなく小麦粉と水の系に影響を与えていることがわかる．

臭素酸カリのような酸化剤を用いなくても生地は膨らむが，それは発酵中に酸化反応が引き起こされているからであり，酸化剤の添加によりその反応がさらに増幅されることでより製パン改良効果が発揮される．酸化剤が生地物性に与える影響については，後述するグルテン（特にグルテニンタンパク質）中のSH基の酸化が1つの因子であると推定されている．グルテニン分子の**システイン**中の一部のSH基は，ミキシングや発酵中に分子間S-Sへ酸化される（4.5節）．

では，酸化剤を入れない状態で，どのような酸化反応が起こっているのか．一部の酸化はリポキシゲナーゼによることが示唆されている．図4.15に示したようにリポキシゲナーゼ活性は発酵中活性化されている．同時に，発酵生地タンパク中の表面疎水性が減少して起泡性が上昇していることが示唆された．

このとき，グルテニンサブユニットの構成は，以下の**表4.3**のようになり，発酵4時間でAF-1（会合性サブユニット区分）とAF-3（低分子量サブユニット区分）が減少している．

製パン時に用いられる酸化剤：ヨウ素酸カリ（Potassium Iodate：KIO_3）やアゾジカルボンアミド（Azodicarbonamide：$NH_2-CO-N=N-CO-NH_2$）のような即効性酸化剤（いずれも日本での使用は認められていない）はミキシング中に反応し効果を表すが，臭素酸カリ（Potassium Bromate：$KBrO_3$）のような遅効性の酸化剤は約10 ppmの添加で初期のミキシング中には反応しないが発酵中に反応して，パンのボリュームを増加させ，その後のミキシング耐性を付与し，製パン性の向上に寄与することが知られている．ほかに酸化剤として，アスコルビン酸（ビタミンC）なども利用されている．

システイン（Cysteine）：側鎖にチオール基を持つ．略号はCあるいはCys．酸化されると，2分子のシステインがS-S結合してシスチンとなる．

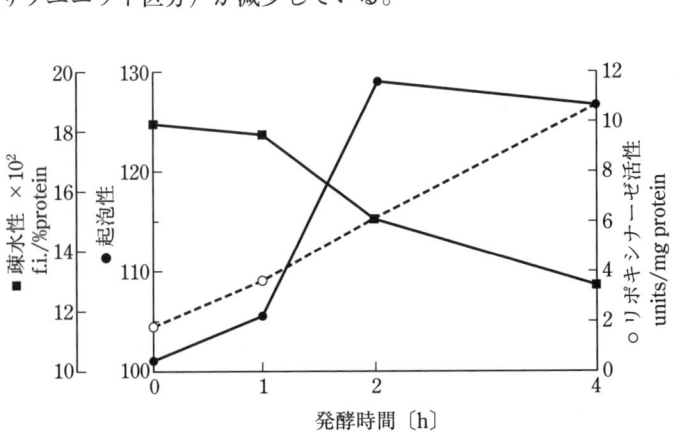

図4.15 発酵中のリポキシゲナーゼ活性（○）とタンパク質の表面[15] 疎水性の変化（■），および起泡性の変化（●）

表 4.3 発酵中のグルテニンサブユニット区分の変化[15]

発酵時間	AF-1 〔mg〕（会合性サブユニット区分）	AF-2 〔mg〕（高分子量サブユニット区分）	AF-3 〔mg〕（低分子量サブユニット区分）	全タンパク質量〔mg〕
0 時間〔%〕	1 074.2 (50.7)	210.7 (9.9)	833.9 (39.4)	2 118.8 (100.0)
4 時間〔%〕	233.0 (37.7)	207.1 (33.5)	177.6 (28.8)	617.7 (100.0)

　リポキシゲナーゼが主としてリノール酸を酸化して，発生したヒドロペルオキシドによるその後のラジカル反応で，SH 基を S-S へ酸化している可能性はある。リポキシゲナーゼもしくは自動酸化により，グルテニン中に含まれる脂質を酸化して，連鎖的にシステイン SH を S-S へ酸化すると考えられる。

　実際，小麦粉ドウの油脂の約 90％はグルテン中に含有されている（グルテニンに多い）。その油脂中の主成分である遊離リノール酸がグルテニン低分子量サブユニットまたは会合性サブユニット中に非共有結合の形（疎水結合）で含まれており，その酸化を引き起こすと考えられる。ただ，発酵中 SH から S-S への酸化はわずかであり，以下のようなタンパク質表面の疎水性変化がより大きな要因として考えられた。

　小麦から精製したリポキシゲナーゼを小麦粉と反応させると，発酵したときと同じような生地物性（図 4.16）となる（図 4.14 と図 4.16 を比

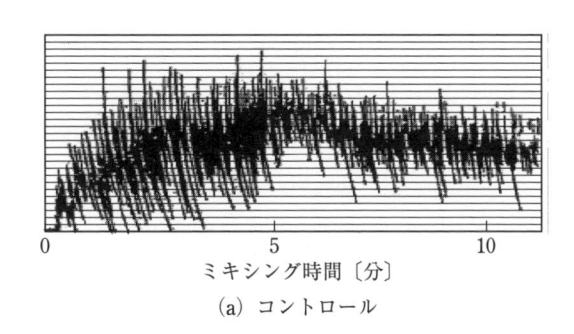

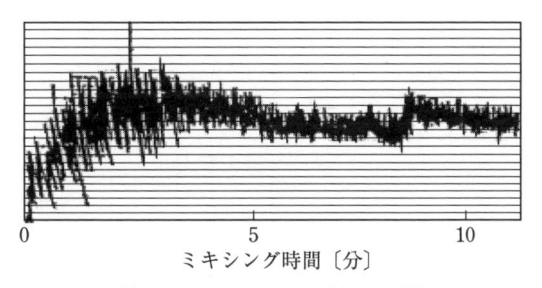

(a) コントロール

(b) リポキシゲナーゼ添加生地物性

図 4.16 ミキソグラフによる物性測定[15]

較）。グルテニン中に含まれる脂質の酸化によりグルテニンサブユニットタンパク分子間の水素結合もしくは疎水結合が（一部）破壊され，タンパク質の表面疎水性が変化して，サブユニットの構成比が変化することを示唆していた。

これらのことから，発酵中の物性に影響を与える化学的変化として
- pH の低下によるタンパク質溶解性の変化。
- （リポキシゲナーゼによる）酸化反応による SH 基の酸化。
- 同酸化反応による分子間の水素結合または疎水結合を（一部）破壊することにより，会合性サブユニットおよび低分子量サブユニット区分の溶解性変化が生じている可能性が示唆された。

その結果，発酵中，タンパク質の表面疎水性の減少や起泡性の増加を伴った生地物性の変化が生じたものと考察された。しかし，これでも分子レベルでの発酵中のグルテンタンパク質の構造変化やネットワークの形成理由が説明できていないが，発酵中，高分子量サブユニットは最も不溶性の性質を維持していることから，発酵におけるグルテンネットワークの形成は高分子量グルテニンサブユニットが主として機能していると考えられる。

4.4.3 発酵中の香気成分（またはその前駆体）の発生

発酵中，物性の変化とともに重要な生化学的変化としては，芳香成分の発生がある。その発生の要因として，以下の3種が考えられる。

(1) イーストや乳酸菌の代謝による香気成分の発生

発酵中，酵母はその代謝により，アルコール類を発生する。また，「イースト」や小麦粉に混入する乳酸菌などもその代謝により，乳酸や複数の有機酸を発生する。これらが香気成分となるが，さらに，エステル，カルボニル化合物なども副次的に生成される。これらのうち，分子量が小さく揮発性の強いアルコールやエステルなどは焼成段階で揮発しやすく，パンの香気成分として残存しにくい。発酵中に代謝により生成される最も特徴的な芳香成分として**β-フェネチルアルコール**がある。酵母により発酵過程において生じるが，バラの花の香りに類似した香気成分である。

β-フェネチルアルコール (Phenethyl Alcohol)：無色の液体で，バラ精油などに多く含まれる。エタノールやエーテルによく溶けるが，水には溶けにくい。沸点約220℃。

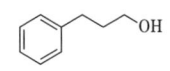

(2) リポキシゲナーゼなどの酸化酵素や自動酸化反応による香気成分の発生

リポキシゲナーゼや自動酸化によるリノール酸の酸化は，リノール酸9ヒドロペルオキシドまたはリノール酸13ペルオキシドを生成する。その後ペルオキシラジカルによりアルコール類の酸化やカルボニル化合物などが副次的に生成する（4.2節）。

(3) 発酵中アミノカルボニル反応（メイラード反応）による香気成分の発生

ドウ中のタンパク質やデンプンその他ペントザンなどを原料として、発酵中「イースト」や小麦粉に混入する乳酸菌などにより、アミノ酸や還元糖類を生成する。これらが前駆体となりその後のアミノカルボニル反応（4.3節）により芳香成分を生成する。

特に、乳酸菌の持つアルギニンイミナーゼ経路は、アルギニンをアルギニンデイミナーゼによりシトルリンへ変換し、その後オルニチントランスカルバミラーゼによりオルニチンへ変換される経路であるが（図4.17）、オルニチンは、焼成中に糖とアミノカルボニル反応して、2-アセチル-1-ピロリン（ACPY）を生成する。ACPY は、パンの最も香ばしい成分といわれている[16]。

図 4.17　発酵中の芳香成分 ACPY（2-アセチル-1-ピロリン）の生成プロセス

6-アセチル-2,3,4,5-テトラヒドロピリジン（6-Acetyl-2,3,4,5-tetrahydropyridine）

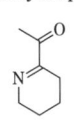

同様な反応で、芳香成分 **6-アセチル-2,3,4,5-テトラヒドロピリジン**も生成される。

このように、発酵中に発生するアミノ酸や還元糖類は、焼成工程によりアミノカルボニル反応（メイラード反応）が促進されいろいろな種類のグリケーション後期段階生成物（Advanced Glycation end Product：AGE）を生成する。AGEの中には香気成分が多数含まれている（4.3節）。

4.5　グルテンの構造と二次加工中の動的変化

小麦特有のグルテン（タンパク質）の構造については、高分子量化合物でたいへん複雑であり、すべてが解明されているわけではないが、遺伝子情報からのアプローチが進んできて、グルテニンの高分子サブユニットおよび低分子サブユニット、グリアジンのα、β、γ、ωサブユニットについては、サブユニットを構成するタンパク質の遺伝子解析から、二次構造までほぼわかってきている。なお、2010年イギリス・リバプール大などの研究チームは、チャイニーズスプリング小麦の全ゲノム配列の95％を解読したと発表している。

4.3節にあるように、グルテニンやグリアジンは両方ともグルタミン

表 4.4 グルテンタンパク質中サブユニットの分子量（SDS-PAGE による）とアミノ酸比較[17]

Type	MW×10^{-3}	Proportion [%]	Partial amino acid composition [%]				
			Gln	Pro	Phe	Tyr	Gly
ω5-Gliadins	49〜55	3〜6	56	20	9	1	1
ω1, 2-Gliadins	39〜44	4〜7	44	26	8	1	1
α/β-Gliadins	28〜35	28〜33	37	16	4	3	2
γ-Gliadins	31〜35	23〜31	35	17	5	1	3
x-HMW-GS	83〜88	4〜9	37	13	0	6	19
y-HMW-GS	67〜74	3〜4	36	11	0	5	18
LMW-GS	32〜39	19〜25	38	13	4	1	3

酸，グルタミン，プロリンのアミノ酸が多いことが特徴であり，これらが，加工（プロセッシング）中のタンパク質の構造変化に関わっている（表 4.4）。

グリアジンについては，S（硫黄）を含むメチオニンやシステインの多い（S リッチ）α，β，γ グリアジンと，S の少ない ω グリアジンに分かれ，後者の ω グリアジンは単球のモノマータンパクであるが，前者はシステインを介して分子内結合しモノマータンパクになるが，一部は分子間結合しグリアジン同士またはグルテニンとポリマーを形成することができる。

一方，グルテニンタンパク質中高分子量グルテニンサブユニットは，C 末端側と N 末端側に集中して活性システインが多く，これらが内部や外部のシステイン同士と分子間結合（高分子量サブユニットまたは低分子量サブユニットとジスルフィド結合）し，シスチンを形成することで構造が変化する。その他，その C, N 末端の中間（HMW グルテニンサブユニットの B ドメイン）の β ターン構造および分子間同士の β シート構造の水素結合の変化も，粘弾性に大きな影響を与えている（図 4.18）。

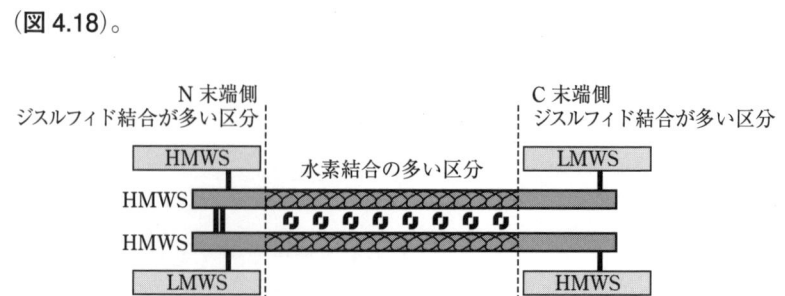

β ターン（β turn）構造：球状のタンパク質においてヘリックスやシート構造以外の部分はループとよばれるひも状の状態をとる。この部分の中にペプチド鎖が折り返す構造をとる部分（ターン構造）がありβターン構造とよばれる。β ターンはⅠ型，Ⅱ型がありアミノ酸 4 残基で構成されているが 3 残基離れたアミノ酸と水素結合して安定化する。Ⅱ型 β ターンでは 3 番目のアミノ酸グリシンである場合が多い（ヴォート生化学第 3 版より）。

HMWS：高分子量サブユニット　LMWS：低分子量サブユニット

図 4.18 グルテニン高分子サブユニットの模式図

チロシン（Tyrosine）：芳香族アミノ酸の1種で，側鎖にフェノール部位を持つ。必須アミノ酸ではないが，必須アミノ酸フェニールアラニンより生合成されるため準必須アミノ酸ともいわれる。ドーパミンやノルアドレナリンなどのホルモンの前駆体である。

ほかに，タンパク質分子内および分子間の**チロシン**同士の結合も構造変化に影響を与えていると考えられている。また，アミノ酸の疎水性残基同士または脂質成分との疎水結合などもある。

グルテンの構造変化に大きな影響を与える結合
- ジスルフィド結合
- 水素結合
- チロシン同士（チロシンダイマー）結合
- 疎水結合

シリアル中のタンパク質の分子構造は，ミキシングや発酵などの加工中に変化するがこのような分子構造の動的変化においては，タンパク質だけではなく脂質や糖質，その他低分子の還元および酸化物質などいろいろな要素が絡んでくるため，まだ不明な点が多い。これまでの穀物科学の知見を参考にしながらその解明がさらに進むものと考えられるが，その中で，特に注目されているのは，会合性（Aggregation）の性質の分子メカニズムの解明であり，マクロポリマーとしての機能と構造が現在も世界的に研究されている。

グルテンの高次構造（二～四次構造）（3.2節）の変化を引き起こす要因として，先に述べた酸化反応とそれに伴う分子間のSH基の組み換えは重要な機構であるが，それ以外にも，発酵中に引き起こるグルテニンサブユニット区分の構成変化（タンパク質の表面疎水性減少や起泡性の増加を伴う）などのようにグルテンタンパク質内に多い水素結合（特にβシート構造）の組み換えや，チロシンのクロスリンクなども重要な要素となっている。

4.5.1 グリアジンとグルテニンのサブユニット中のジサルフィド結合とその動的変化

グリアジンの各サブユニットはN末端側とC末端側でアミノ酸組成が全く異なっている。N末端側ドメイン（ポリペプチド全体の40～50%）は，ほとんどアミノ酸Q，P，F，Yの繰り返し構造であり，α/βグリアジンのN末は，QPQPFPQQPYPのようなオリゴペプタイドが多数ある。γグリアジンの場合は，QPQQPFPのようなN末が多い。一方，C末端側は，そのような繰り返し構造は少なく，α/βグリアジンの場合6個システイン，γの場合8個のシステインが集中している。それらは（偶数個），分子内ジスルフィド結合している[18]。グリアジンN末端側では，βターン構造（α，β，γ，ω共通）が多く，C末端側では，α α，γ，LMW，HMW は，それぞれαグリアジン，γグリアジン，低分子量グルテニン，高分子量グルテニンを表す。（　）はアミノ酸残基数を，□内のギリシャ数字および ABC はドメインを表し，c はシステインの位置を示している。

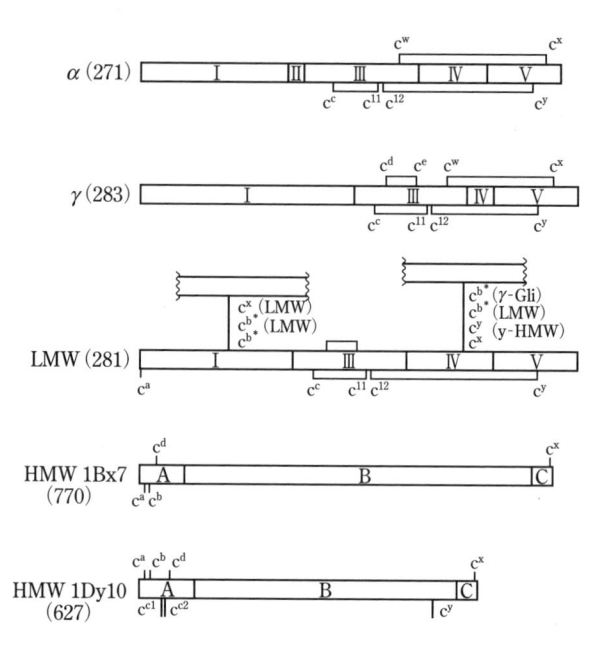

図 4.19 グルテンサブユニット中のジサルファイド構造[18]

ヘリックス構造やβシート構造が多いこともそれぞれの特徴である（図 4.19）。

グリアジンのサブユニットのうち，ω以外のα，β，γはシステイン残基を持っているが，ほとんど分子内でジスルフィド結合するため，ほかのポリペプチド分子との反応性は低い。しかし，少数のポリペプチドで奇数個のシステインを含んでいるものがあり，それらは別のグリアジンやグルテニンとジスルフィド結合する可能性を持つ。これらは，アルコール不溶性のグルテニンとして分画され，グルテニンポリマー化のターミネーターとして，高分子グリアジン，会合性グリアジンともよばれている[18]。

グルテニンは 50 万〜100 万以上の分子量を持つ巨大なプロテインであり，分子間でジサルファイド結合している。小麦粉中には 1 g あたり 20〜40 mg あり，製パン性やドウの粘弾性に関与している。ジサルファイド結合を還元すると，70％アルコール水溶液に溶けるグリアジンに似た低分子量サブユニット（LMW-GS）（これらはグルテンタンパク質の約 20％に相当する）と，高分子量サブユニット（HMW-GS）（これらはグルテンタンパク質の約 10％に相当する）に分けることができる。

ほかにタンパク質だけでなく糖や脂質を多く含む会合性サブユニット（Aggregativesubunit）ともよばれる区分もある。

LMW-GSはアミノ酸組成がα, β, γグリアジンに似ており，それらと同様にまったく性質の異なるN末端およびC末端ドメインがある（図4.19）。N末端側はグルタミンやプロリンの繰り返し構造（QQQPPFSのような）が多く，一方，C末端側のドメインⅢとⅤは，α/β, γグリアジンに似ていて，6個または8個のシステインが分子内ジスルフィド結合している。しかしながら，N末端側のドメインⅠとC末側のドメインⅣが，分子間ジスルフィド結合している点がグリアジンとは異なっている[19]（図4.19）。

HMW-GSに関しては，xとyタイプ（両方とも，遺伝子の*Glu-A1*，*-B1*，*-D1* 座上にコードされている）があり，それぞれ分子量も異なる（図4.19）。HMW-GSは3種（ABC）のドメインがあり，Aドメインは80～105，Bドメインは480～700，Cドメインは42アミノ酸残基から成り立っている。ドメインBにはほとんど（yタイプの場合）もしくはまったく（xタイプの場合）システインのジスルフィド架橋は存在してなく，YYPTSPを間に挟んで，QQPとQPGを基本としたQQPGQGの繰り返し構造が多い。

最も重要なことは，xタイプとyタイプでAとBドメイン中のシステインの配置が異なり，xタイプではAドメインで隣接するシステイン残基が別のyタイプHMWと分子間ジスルフィド結合していることである。

また，yタイプではBドメインで繰り返し構造が少なく，BドメインのC末端側でLMWと分子間ジスルフィド結合している。ほとんどのxタイプでは，ドメインAに3個のシステイン，ドメインCに1個のシステインの合計4個の分子間結合できるシステインがある（例外として*Dx5*でコードされた分子間結合できるポリプタイドシステインは5個あり，上記の4個以外にBドメインのN末側にもう1つある）。ドメインAの中の2つのシステインは分子内結合している。ドメインB中には水素結合による逆相βターンが多く，またルーズスパイラルを形成しやすく，グルテニンの粘弾性に寄与していると考えられている[18]。一方，ドメインAとCではαヘリックス構造を持っている部分が多い。

分子間ジスルフィド結合は，グルテニンの構造と性質を決定づけるために最も重要な役割をしている。グリアジンの各サブユニットはほとんど分子内結合しているためモノメリックな構造が多いが，LMW-およびHMW-GSはS-Sが分子間結合しているポリメリックであり，それらの分子間結合するシステインは反応性をもっているため，それらが，

二次加工中のグルテン構造の変化に影響を与えていると考えられる。

ただし，これらは遺伝的な要素も高く，*Dx5* の存在量，HMW/LMW 比，ターミネーターの存在，酸化還元物質などにも左右される[18), 19)]。

なお，グルテニンの分子間結合の結果，巨大なマクロポリマーが構成され，それらが二次加工性や粘弾性などの物性に影響を与える構造として考えられている。その構造として，yタイプHMW-GSの2分子とxタイプの4分子，および30分子のLMW-GSの共有結合が分子間架橋の1つの分子単位（分子量約150万）のモデルが提唱されている（図4.20）。この大きな分子単位がさらに10個以上集まった巨大なマクロポリマーGMP（Glutenin Macro Polymer）が，形成されるとしている[17), 18)]。

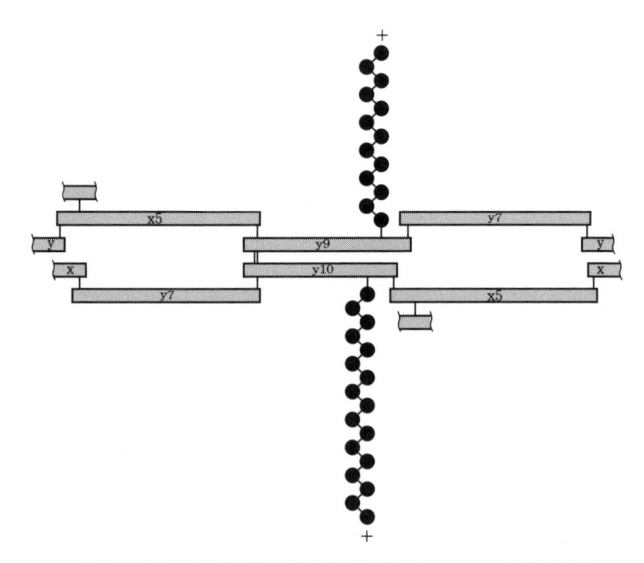

●はLMW-G，▭はHMW-GSでx, yタイプがある．

図4.20　グルテンマクロポリマー（GMP）の単位モデル[17)]

ミキシングや発酵のプロセスでは，前述した酵素的酸化と自動酸化反応が生じ，S-S架橋が新たに作られる，もしくは組み換えられ，グルテニンサブユニット間のポリマー化も生じ，マクロポリマーの立体構造が変化する。酸化剤の添加も同様な反応を示す。逆に，グルタチオン，フェルラ酸のような還元剤は，グルテンマクロポリマー中のジスルフィド結合を還元し，グルテンの立体構造が崩れやすく生地の粘弾性は弱くなる。

4.5.2　グルテン中の水素結合と動的変化

HMW-GSのドメインBには，分子間のジスルフィド架橋ができるシステインはほとんど存在していない（yタイプには1か所ある）が，

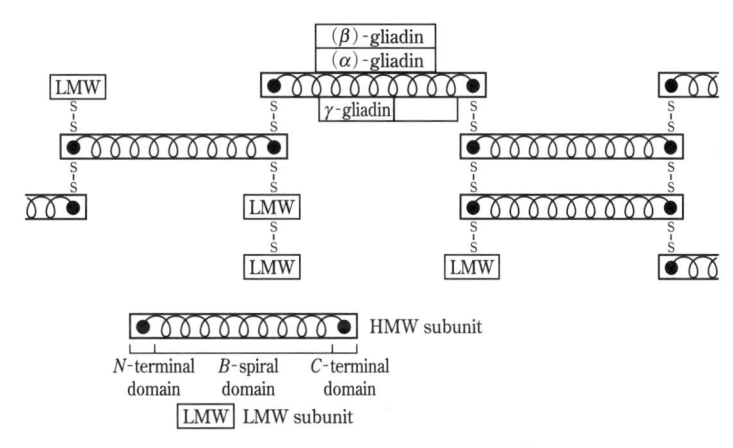

図 4.21 グルテンの構造モデル[20]
HMW のサブユニットは N，C 末端と β スパイラルの領域があり，末端部分では HMW や LMW と S-S 結合で共有結合している。一方，β スパイラル部分では非共有結合（水素結合や疎水結合）によりグリアジンサブユニットと結合しているモデルが提唱されている。

βヘリックス（βhelix）：タンパク質の高次構造の1つで，2つまたは3つの平衡βシートがらせん状になっている。この構造はβシート内の水素結合だけでなく，タンパク質間相互作用，金属イオンの結合などによって安定化される。

QQPGQG の繰り返し構造があり，ポリプロリン等と並んで逆並行 β シート構造を取りやすい。β シートが2つまたは3つ並行してらせん状になると **β ヘリックス**（スパイラル）となる。ただし，これらはすべて，水を介した分子間の水素結合により成立しており，小麦粉のドライの状態ではこのような結合はなく，水和状態で初めて成立する。そのため，含まれる水の状態量により，HMW-GS タンパク質同士の水素結合量が変わる。それらは，HMW-GS 同士だけではなくグリアジンのサブユニット間とも起こる（非共有結合）（図 4.21）[20]。

低水分量では，主としてグルタミンと水の間で水素結合が生じ，可塑性がある。しかし，さらに水分が増えると β ターン構造（βreverse Turns）を基本としたルーズな β ヘリックス構造（ループ状態）に変化しやすくなることが FTIR による分析結果から示唆されている[21]。さらに水分量が多い領域では，水素結合は逆に崩壊しやすくなる。

このように，マクロポリマー中の HMW-GS の一部で β シートが緩み，β ターン構造でループ状態になっている領域部分と β シート領域部分が交互に現れた構造（「Loop and Train Model」とよばれている）ができるといわれている。（図 4.22）。これらが，そのときの物性（可塑性）を決定する。さらに，ミキシングや発酵中で，タンパク分子間同士の水素結合に動的な変化が起こるため，水素結合は流動的であるが，力学的な作用により一定の方向性を持った静状態（ループが消滅したトレイン状態）になることができる，といわれている[20]。

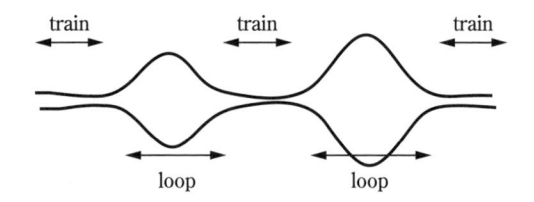

図 4.22　HMW-GS の loop and train 構造モデル[20]

4.5.3　グルテン中のチロシン同士の結合とその動的変化

グルテンの構造を決定する結合として，上記した共有結合であるジスルフィド結合と非共有結合の一種であるβシートやβスパイラル構造による水素結合のほか，チロシン2分子間のクロスリンクの存在が報告されている[22]。

フェルラ酸などのフェノール化合物同士がラジカル（Phenoxy Radical）によりカップリング反応を起こすことは，植物細胞壁のリグニンの複雑な立体構造を形成する主な作用の1つであり，いろいろなタイプの結合形式がある。実際，小麦粉中のアラビノキシランなどに含まれるフェルラ酸が酸化酵素（Peroxidase）や過酸化水素水などの酸化剤の添加によりゲル化する現象については，酸化的ゲル化（Oxidative Gelatinization）として知られている。

チロシンも同様にフェノール化合物であり，そのフェノール官能基同士が，以下のようなカップリングして，チロシン二量体（Dityrosine）が形成される（図4.23）。カップリングは，いろいろなケースが考えられるが，小麦中では，ベンゼン核のC5ポジション同士でのカップリングであることが，NMRの結果を基に報告されている[22]。

図 4.23　チロシン二量体の構造

グルテンに含まれるチロシンは，HMW-GSのドメインB領域（非末端部分）にYYPTSPという並び（QQPGQGの繰り返し構造の間に存在している場合が多い）で比較的多く存在している。この部分同士で，多くクロスリンクしている。ただし，カップリングしている量は非常にわずかであり，100gの小麦粉中グルテンから46.5 nmol濃度しか検出されてなく，すなわち4万チロシン残基のうちの1残基分に過ぎないこ

とが報告されている[5]。しかしながら，過酸化水素水やパーオキシダーゼを添加したとき，7～9倍のチロシン二量体が形成され，このとき，ミキシングでのピーク時間とデベロープメント時間が長くなり，ドウも強くなったことが報告されている。通常の小麦粉では，酸化効果が少ないためにチロシン二量体はあまり形成されないが，酸化剤や酸化酵素により二量体を形成できるチロシンは多く存在していることが報告されている。

なお，ライ麦では，チロシンと先に述べたようにアラビノキシラン中のフェルラ酸とのカップリングが多く形成されることも報告されている[23]。また，小麦粉よりもドウやパンにおいてチロシン二量体が多く認められることから，それらはミキシングによる自動酸化や発酵中の酵素的酸化によりクロスリンクしたと推定される。

参考文献

1) Shiiba, K., Negishi, Y., Okada, K. and Nagao, S., Purification and characterization of lipoxygenase isozymes from wheat germ. Cereal Chem., 68 (2), pp.115-122 (1991)
2) Shiiba, K., Negishi, Y., and Okada, K. Changes in solubility of wheat glutenin during fermentation. Nippon Shokuhin Kogyo Gakkaishi, 40 (10), pp.727-731 (1993)
3) Rasiaha, IA., Suttonb, KH., Lowa, FL., Lina, HM., and Gerrarda, JA. Crosslinking of wheat dough proteins by glucose oxidase and the resulting effects on bread and croissants. Food Chemistry, 89 (3), pp.325-332 (2005)
4) Michon, T., Chenu, M., Kellershon, N., Desmadril, M., and Guèguen, J., Horseradish peroxidase oxidation of tyrosine-containing peptides and their subsequent polymerization: a kinetic study. Biochem. 36 (28), pp.8504-8513 (1997)
5) Takasaki, S., Kato, Y., Murata, M., Homma, S., and Kawakishi, S., Effects of peroxidase and hydrogen peroxide on the dityrosine formation and the mixing characteristics of wheat-flour dough. Biosci. Biotech. Biochem. 69 (9), pp.1686-1692 (2005)
6) Noordermeer, MA, Veldink, GA, and Vliegenthart, JF., Fatty acid hydroperoxide lyase: a plant cytochrome p450 enzyme involved in wound healing and pest resistance. Chembiochem. 2 (7-8), pp.494-504 (2001)
7) Biermann, U., Vorkommen bitterer Hydroxyfettsäuren in Hafer und Weizen. Fette. Seifen. Anstrichmittel 82 (6), pp.236-240 (1980)
8) Min, DB. and Boff, J M., Comprehensive Reviews in Food Science and Food Safety, 1 (2), pp.58-72 (2002)
9) Lehtinen, LP, KiiliaÈinen, K, LehtomaÈki, I. and Laakso, S. J. Effect of heat treatment on lipid stability in processed oats. J. Cereal Sci., 37 (2), pp.215-221 (2003)
10) Tanaka, Y., and Matsumoto, H., 製パンの科学（Ⅰ）製パンプロセスの科学 3版，光琳，(2009)
11) Sugisawa, H., and Edo, H., Thermal polymerization of glucose, Chem. Ind., pp.892-893 (1964)

12) 木村　進，加藤　博，中林　敏郎。食品の変色の化学，光琳テクノブックス（1995）
13) Boekel, JS. Formation of flavor compounds in the Mailard reaction. Biotechol. Advanc. 24 (2), pp.230-233 (2006)
14) 藤巻正夫，倉田忠男。食品の加熱香気，化学と生物，9 (2)，pp.85-95 (1971)
15) Shiiba, K., Negishi, Y., Okada, K. and Nagao, S., Chemical changes during sponge-dough fermentation. Cereal Chem., 67 (4), pp.350-355 (1990)
16) Angelis, M., Mariotti, L., Rossi, J., Servili, M., Fox, PF., Rollán, G., and Gobbetti, M., Arginine Catabolism by sourdough lactic acid bacteria: purification and characterization of the arginine deiminase pathway enzymes from Lactobacillus sanfranciscensis CB1 Appl. Environ. Microbiol.. 68 (12), pp.6193-6201 (2002)
17) Wieser, H., Bushuk, W., and MacRitchie, F., The polymeric glutenins.In: Wrigley, C., Bekes, F., Bushuk, W. (Eds.), Gliadin and Glutenin: the unique balance of wheat quality. St. Paul American Association of Cereal Chemistry, pp.213-240. (2006).
18) Weiser, H., Chemistry of gluten proteins. Food Microbiol., 24 (2), pp.115-119 (2007)
19) Grosch, W., and Wieser, H., Redox reactions in wheat dough as affected by ascorbic acid. J.Cereal Sci. 29, pp.1-16 (1999)
20) Shewry, PR., Popineau, Y., Lafiandrax, D., and Belton, P., Wheat glutenin subunits and dough elasticity: findings of the EUROWHEAT project. Trends in Food Science and Technology, 11. pp.433-441 (2001)
21) Belton, PS., 'On the Elasticity of wheat gluten' in J. Cereal Sci. 29, pp.103-107 (1999)
22) Tilley, KA., Benjamin, RE, Bagorogoza, KE., Okot-Kotber, BM., Prakash, O., and Kwen, H.,Tyrosine Cross-links: molecular basis of gluten structure and function. J. Agric. Food Chem., 49 (5), pp.2627-2632 (2001)
23) Piber, M., and Koehler, P., Identification of dehydro-ferulic acid-tyrosine in rye and wheat: evidence for a covalent cross-link between arabinoxylans and proteins. J. Agric. Food. Chem., 53 (13), pp.5276-5284 (2005)

第5章 シリアルフードのプロセッシング

5.1 小麦粉食品の物性 (Rheological Properties)

食品のおいしさ (Good Taste or Deliciousness) は,味 (Taste),香り (Flavor) などの化学的要因 (Chemical Factor) とテクスチャー (Texture),すなわち,「固い (Hard)」,「やわらかい (Soft)」,「なめらか (Smooth)」,「ぼそぼそした (Dry and Tasteless)」などの物理的要因 (Physical Factor) からの情報を人の主観的感覚 (Subjective Sense or Human Sense) で評価されるものである。

ツェスニアク (Szczesniak)[1] は語連想テスト (Word-Association Test) を用いて,食品の食感イメージに影響する因子について,74品目の食品名をあげ,男女100人による検査を行った。その結果,テクスチャーが最も特徴的影響を与え,次いで香り,色と続くと報告している。このように,食品のおいしさに対する評価には物理的要因が重要であることがわかる。

食品のテクスチャーは,人の感覚による主観的な方法である官能検査 (Sensory Test) で測定される。しかし,官能検査には,熟練した多くのパネリスト (Panelist) が必要である。最終的な判断を下すとき以外では,これに代わる方法が古くから求められていた。

食品テクスチャーの官能検査と同様に食品加工の品質管理においても,人による感覚的な管理ではなく,化学的,物理的な客観的な測定法の開発が熱望されてきた。これに関しては,穀物化学の研究雑誌の1つである「Cereal Chemistry」の創刊号 (1924年) の巻頭言『Cereal Chemistry of Today』[2] の中で,穀物化学者への要望事項として,次のような項目をあげている。

- 小麦粉の製パン性に関する化学的因子の解明
- 二次加工に代わる測定法の開発
- グルテン (Gluten) の質の化学的測定法の開発
- 化学的方法のよる製粉工程管理
- 生化学的方法による製パン工程管理
- その他

以上の項目の中で,「二次加工に代わる測定法の開発」については,小麦粉生地の種々な物性を測定する方法が開発され,二次加工性の予測が可能になり,広く活用されている。

一方,食品のテクスチャーの客観的表現については,ツェスニアク[3]は食品の感覚的表現を物理的特性(Physical Characteristics)と対比させたテクスチャープロフィル(Texture Profile)を作成した。その中で,テクスチャーは力学的特性(Mechanical Characteristics),幾何学的特性(Geometrical Characteristics),その他の特性の3つからなるとしている。例えば,力学的特性の一次特性には,硬さ(Hardness),凝集性(Cohesiveness),粘性(Viscosity),弾性(Elasticity),付着性(Adhesiveness)をあげて,これらと一般用語を対比させている。これにより,食品の主観的表現を客観的に測定できる可能性を見出した。これに続き,同じ研究グループのFriedman[4]らはテクスチャープロフィルを表すことができる測定機器として,テクスチュロメーター(Texturometer)を開発した。このテクスチュロメーターは人間のそしゃく動作を単純化したものであるが,硬さ,付着性などを数値として表すことができ,官能検査と高い相関を示すことを報告している[5]。

5.1.1 食品テクスチャーの測定法

食品テクスチャーの測定法は,基礎的方法と経験的方法,および模擬的方法がある。基礎的方法とは,粘弾率(Viscoelastic Modulus)や動的粘弾性特性(Dynamic Viscoelastic Characteristic)などの物性値を測定する方法であり,経験的方法とは,経験的に関連付けられる硬さなどの特性値を測定する方法である。模擬的方法とは,手でこねるとか,そしゃくするなど,実際に人の行為を模したときに得られる特性値を測定する方法である。

実際,食品の物性測定には「経験的方法」,「模擬的方法」が広く用いられている。前者にはカードメーターなど,後者にはファリノグラフ,テクスチュロメーターなどがある。テクスチャーを機械固有の特性値として数量化する方法が一般的であるが,赤羽ら[6]はFriedmanら[4]の開発したテクスチュロメーターと原理的に類似の機器であるレオメーターを用いて,テクスチャー特性の中の硬さ,凝集性,付着性について,ほかのレオロジー的性質と対応させて,機械固有の特性値を物理的な数量に換算できることを報告している。

> **ファリノグラフ(Farinograph)とファリノグラム(Farinogram)**:ファリノグラフは測定機械のこと。ファリノグラムは機械で測定したチャート(グラフ)のことを示す。
> 他にエキステンソグラフやミキソグラフ等も同様である。まぎらわしいので注意を要する。

5.1.2 小麦粉の生地の物性測定法

(1) ファリノグラフによる測定

図5.1は，ブラベンダー社製（ドイツ）の小麦粉物性測定装置である。実際の製パン，製麺などの製造現場での小麦粉生地のミキシング状態を模擬的に再現して，小麦粉生地（Flour-Water Dough）の総合的な性質を測定するものである。吸水率（Absorption），生地形成速度（Dough Development Time），機械耐性（Stability）など多くの情報を得ることができる。小麦粉の品質管理には必要な測定機器であるが，小麦粉生地の機械耐性に関する生地の**ブレークダウン**（Breakdown）のメカニズ

小麦粉生地のブレークダウン：小麦粉生地をミキサーでミキシング中，生地の弾力性が減少し粘着性の強い状態になること。

ファリノグラムによる評価
①〜⑥の値を評価する。
①**吸水率**＝ファリノグラムカーブの中心線のピークが500B.U.に達するまで加えた水の量をいう。B.U.は**ブラベンダーユニット**で，ブラベンダー社の試験機に用いる独自の単位である。
②**ピークタイム**（peak time）：ミキシング開始から小麦粉生地の硬さが最高になるまでの時間（分）で，小麦粉生地形成速度を表す。一般的には小麦粉のタンパク質量が多くなると長くなる。
③**安定性**（Stability）：ファリノグラムカーブの上部が500B.U.ラインに達したときから次に500B.U.ラインを切るまでの時間（分）で，小麦粉生地の安定性（機械耐性）を表す。
④**ミキシング耐性指標**（mixing tolerance index：MTI）：ピーク時点から5分後のダウン値で，小麦粉生地の安定性（機械耐性）を表す指標である。
⑤**弱度**（Weakness）：ピーク時点から12分後のダウン値であり，これも小麦粉生地の安定性（機械耐性）を表す指標である。
⑥**バロリメーターバリュー**（VV）：装置に付属する測定板を用いて読み取る数値で，目安としては，強力粉は70以上，薄力粉は30以下といわれている。これも小麦粉生地の機械耐性の度合いを表す。

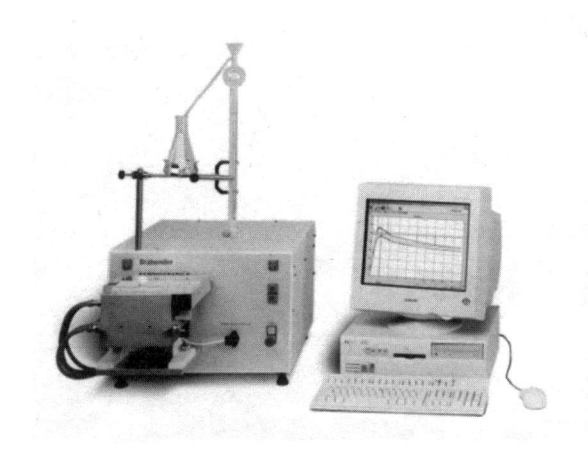

図5.1 ファリノグラフE型（㈱パーカーコーポレーション）

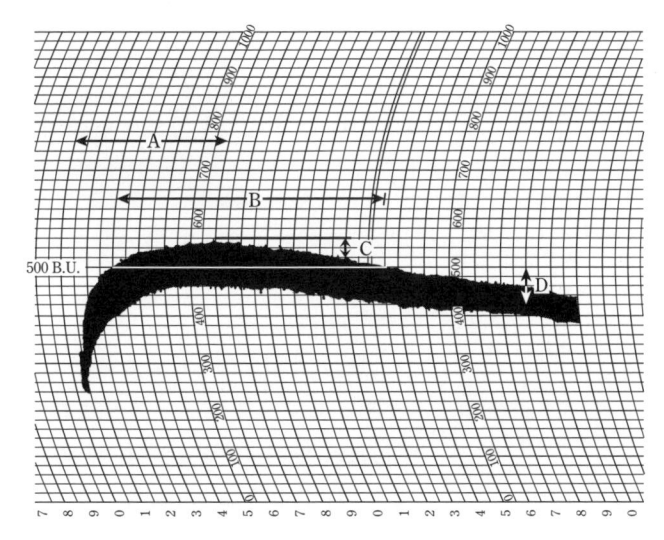

A：peak time, B：stability
C：mixing tolerance index（ピークから5分後のダウン値）
D：weakness（ピークから12分後のダウン値）

図5.2 ファリノグラムによる生地物性の評価
※評価法についてはサイドノート参照のこと

ムの解明にも活用されている機器である。図5.2にファリノグラムを示す。

(2) エキステンソグラフによる測定

エキステンソグラフ（Extensograph）は，ブラベンダー社製の小麦粉物性測定装置である。ファリノグラフのミキサーでこねた生地を一定時間ねかせてから，その生地の伸長度（Extensibility or Length）と伸長抵抗（Resistance to Extension or Height）を測定する。これは二次加工の発酵工程などを模擬的に再現し，生地の経時的変化を測定するものである。

(3) ミキソグラフによる測定

図5.3は，ナショナルマニュファクチャリング社（アメリカ）製の小麦粉物性測定装置である。ファリノグラフと同様にミキシング中の生地物性を測定するものである。ミキシングは翼型ではなく容器の底に固定された3本のピンと回転する4本のピンの間で行う。サンプル量が少量で済むため，小麦育種の選抜用として米国の研究機関で広く用いられている。種々な測定値が得られるが，一般的には，生地形成時間と機械耐性評価としてのブレークダウンの度合いを読み取る。

ビスコグラフの仕組み：小麦粉の懸濁液を一定速度（1.5℃/分）で加熱する。デンプン粒は加水，加熱により粒内のアミロペクチン，アミロースの分子間の水素結合などが切断され，膨潤して粘度が増加する。この粘度変化を抵抗板（または，抵抗ピン）で感知し自記する。この膨潤が最高点に達して崩壊すると内部のアミロペクチン，アミロースが溶出し，粘度は低下する。これがブレークダウンである。この糊液を一定速度（1.5℃/分）で冷却していくと粘度は上昇してくる。これは，アミロペクチン，アミロース分子間の水素結合が起こり，アミロペクチンが結晶性のミセル構造を形成し，アミロースがそのミセルの間隙を非結晶で埋め込まれた状態となり，ゲル化が起こったことにより生じた現象である。冷却時に粘度が上昇するデンプンは老化しやすいといえる。

図5.3 ミキソグラフ（Mixograph）（㈱パーカーコーポレーション）

(4) アミログラフによる測定

図5.4は，ブラベンダー社製の小麦粉の糊化特性（Gelatinization Characteristics）測定装置である。これは小麦粉のαアミラーゼ活性および糊化性状を測定するもので，糊化開始温度，最高粘度を測定できる。

また，最高粘度で一定時間保持し，その後，冷却過程の糊化性状を測定できる装置のあるものを**ビスコグラフ**（通常は，区別せずにアミログラフ（Amylograph）ということが多い）という。冷却過程の糊化性状を調べることで，さらに小麦粉の二次加工性の情報を得ることができ

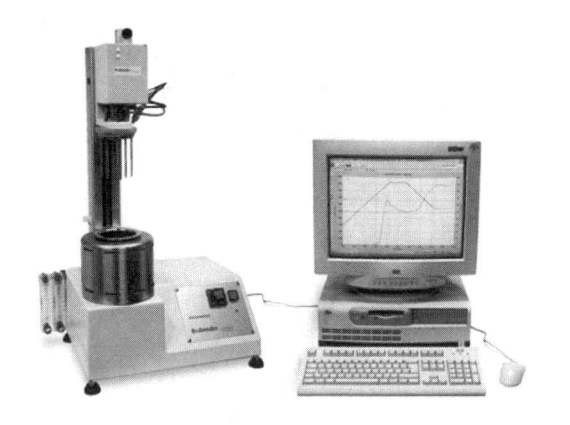

図 5.4 ビスコグラフ E 型（㈱パーカーコーポレーション）

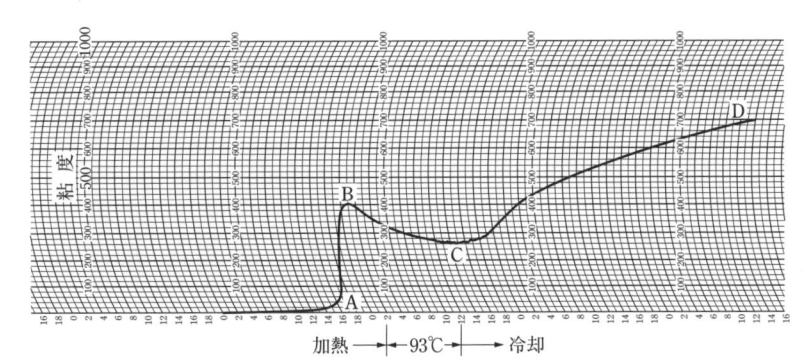

ビスコグラムによる評価
以下の①〜⑥の値を評価する。
①**糊化温度**：デンプン粒の膨潤開始の時点で，糊化開始温度（Gelatinization Temperature）ともいう。
②**最高粘度**（Peak Viscosity）：デンプン粒の膨潤が最高点に達した粘度である。
③**最低粘度**（Minimum Viscosity）：デンプン粒が崩壊して，最低値に達した粘度である。
④**最終粘度**：冷却温度が一定に達してから一定時間（例えば，5分間）後の粘度をいう。
⑤**ブレークダウン**：最高粘度から最低粘度を差し引いた値をいう。
⑥**コンシステンシー**（あるいは，セットバック）：最終粘度から最低粘度を差し引いた値で，ゲル化の度合いを表す。

A：糊化温度，B：最高粘度，C：最低粘度，D：最終粘度，
B−C：ブレークダウン，D−C：コンシステンシー

図 5.5　精米粉のアミログラム[7]
※評価法についてはサイドノート参照のこと

穂発芽（Sprouted Wheat）：収穫近い時期に，長期の降雨にあうと，小麦は穂の状態で発芽する。これを穂発芽という。αアミラーゼ活性が高くなり，小麦粉の品質が低下する。

る。図 5.5[7] にアミログラムの見方を示す。

(5) ラピッドビスコアナライザーによる測定

　この装置は，オーストラリアにおいて，主として**穂発芽**小麦の選別を目的に開発された[8]。ビスコグラフでは，試料が 50 g，測定時間が約 100 分を要する。しかし，**ラピッドビスコアナライザー**では，試料は約 3 g，測定時間は 15〜19 分という微量迅速測定装置である。この装置ではビスコグラフと同様に小麦粉の糊化性状を測定できる。図 5.6[9] にラピッドビスコアナライザーグラムの見方を示す。

(6) テクスチュロメーターによる測定

　テクスチュロメーターは，人が物を噛むときの口の動きを模した模擬的測定法である。硬さ，付着性，弾力性，凝集性，ガム性（Gumminess），そしゃく性（Chewiness），もろさ（Brittleness）を測定することができる。図 5.7 にテクスチュロメーターを示す。

5.1　小麦粉食品の物性（Rheological Properties）　125

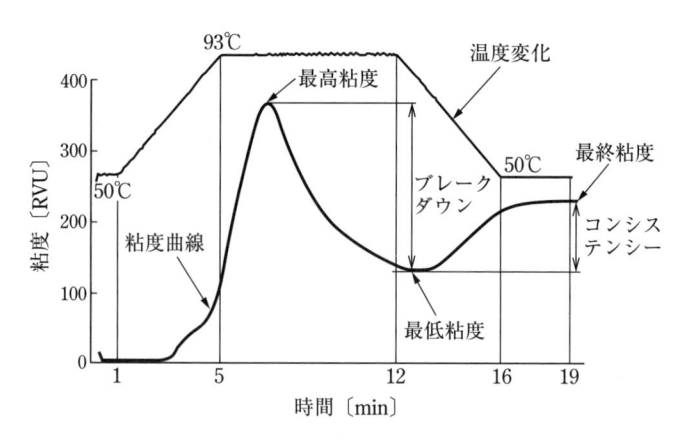

図 5.6　RVA による精白米粉の粘度特性の測定[9]
※評価法についてはサイドノート参照のこと

ラピッドビスコアナライザー（Rapid Visco-Analyser, RVA）グラムの読み方：50℃から 4 分間で 93℃まで温度を上げ，この温度を 7 分間保持し，次に，4 分間で 50℃まで下げる。この温度を 4 分間保持したときの粘度を最終粘度とする。読み方はビスコグラムと同じである。

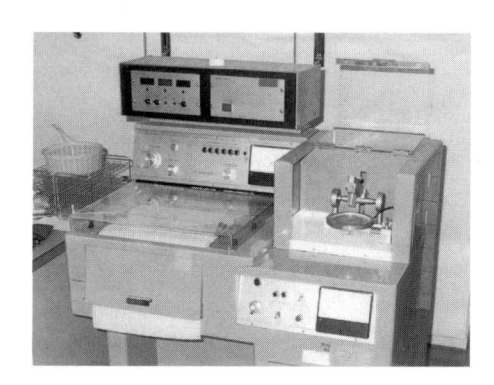

図 5.7　テクスチュロメーター（全研社製 GTX-2-IN 型）（群馬県立産業技術センター）

5.2　小麦粉の加工 (Processing of Flour)

5.2.1　製粉

(1) 製粉 (Milling) の原理と方法

小麦粒は胚乳（Endsperm, 約 83％），表皮（Bran, 約 15％），胚芽（Germ, 約 2％）から構成されている。小麦製粉では，表皮や胚芽の混入を最小限に抑えて胚乳部を採取できるように工夫されている。小麦は外皮が厚く，硬い。さらに，クリース（Crease, 粒溝）が存在するために外皮だけを完全に除いて一度に粉砕することができないので，段階的に粉砕する仕組みになっている。

その概要と概略図（図 5.8）を次に示す。

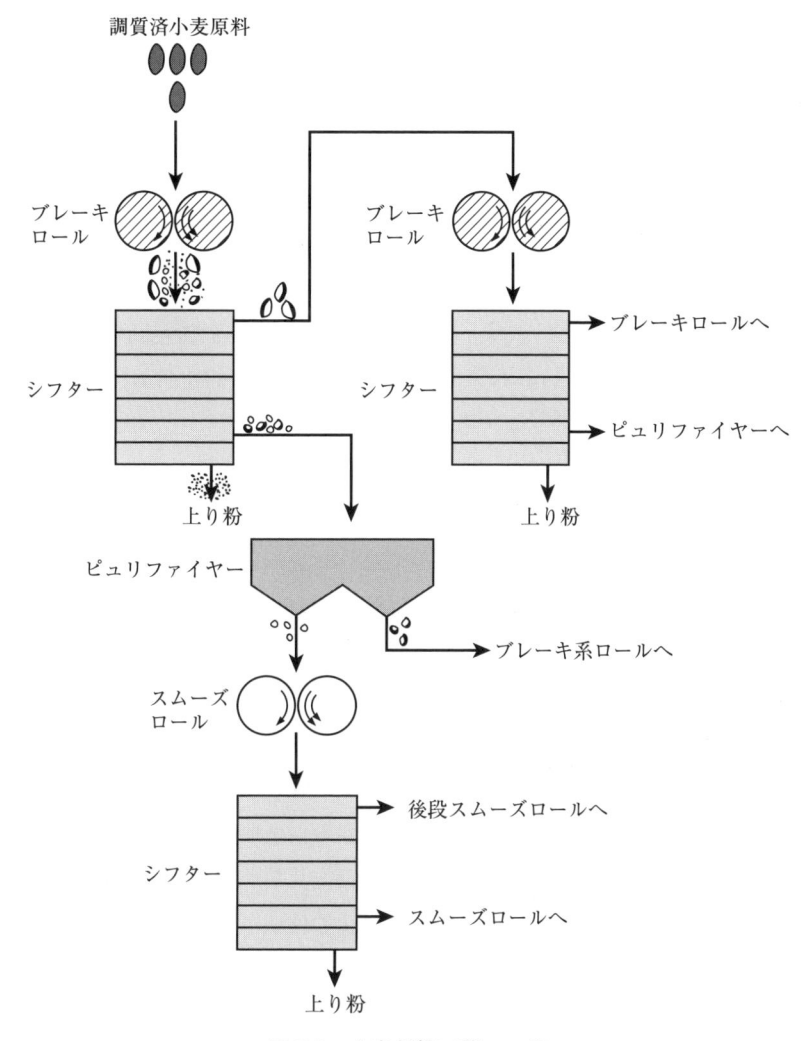

図 5.8 小麦製粉工程の一部

① 精選工程（Grain Cleaning）
小麦に混入している夾雑物を完全に取り除く。

② 調質工程（Tempering）
小麦に加水して，表皮を強靭にし（表皮の小麦粉への混入を抑える），さらに，胚乳を柔らかくし粉砕しやすくする。

③ 粉砕工程（Breaking and Reducing）
数種類の目立ロール（Break Roll：ブレーキロール）で小麦粒を開披してセモリナ（Semolina：胚乳の破砕片）を取り出し，表皮と胚乳を剥離する。次に，数種類の滑面ロール（Smooth Roll：スムーズロール）で，純化されたセモリナを粉砕する。このように一度に粉砕するのでなく段階的に粉砕する。

④ 篩分け工程（Sieving and Purifying）

粉砕工程で生成したセモリナなどを篩（Sifter：シフター）で粒度別に篩分ける。ここで，粒度が一番細かいものが上り粉になる。それぞれの篩で，上り粉（Flour Stream）が生成され，最終的には約40～50種類のものができ上がる。また，篩だけではセモリナと同じ大きさのふすま（表皮）は除去できないので，空気の流れ（比重差を利用）と篩を組み合わせたピュリファイヤー（Purifier）を用いてセモリナを純化する。

⑤ 仕上げ工程（Flour Dressing）

約40～50種類の上り粉を目的に応じて混合し，3～4種類の小麦粉製品を作る。

小麦製粉は前述したように，一度に粉砕せず段階的に行うので，小麦粒の部位を大まかに取り分けた上がり粉が得られる。小麦粒の中心部と周辺部では成分量の差がある。例えば，タンパク質量[10]，灰分量[11]，脂質量[11]などは中心部には少なく，周辺部は多くなる。Pomeranzら[12]は，アゾ色素で染色した小麦粒組織切片を顕微鏡で観察し，**還元性物質**は周辺部，特に，胚芽，**アリューロン層**に多く分布していることを見出した。この還元性物質が小麦粉生地物性に大きく影響する。このように，小麦粒中の成分は，その部位により分布が異なる。したがって，それぞれの上り粉の生地物性，二次加工性は異なる。この特性を利用して特徴ある小麦粉製品が作られる。

(2) 上り粉の性状（Properties of Flour Stream）

Holasら[13]はNo.1カナダ・ウエスタン・レッド・スプリング小麦（1CW）を小型コマーシャルスケールBuhler Mill（製粉能力：6.4t/24hr）で製粉し，**11区分**の上がり粉を得た。それらの性状を化学的，物理的に分析した。

それらのファリノグラムを図5.9に示す。図から分かるように，**ブレーキ粉**はタンパク質量（15.2～19.2％）も多く弾力性のある生地の性状を示している。5Mから低級粉は灰分量（0.70～0.98％）が多く，アリューロン層や胚芽区分の混入があり，還元性物質の影響を受け粘性のある生地性状を示している。これら11区分の上り粉の生成比率で混合した粉がストレート粉（Straight-Grade Flour）である。それぞれの性状が総合された生地性状を示している。

Noguchiら[14]は強力粉製造のコマーシャル・ミル工程より，7区分の上り粉を採取して，それらの生地の付着性をテクスチュロメーターで測定し，各種化学分析値との相関を調べた。その結果，生地の付着性は**灰分量**（$r=0.79$）とSH基量（$r=0.99$）に高い正の相関があることを見出した。

還元性物質（Reducing Substance）：ここでいう還元性物質とは，還元型グルタチオンとシステインのことであり，グルテニンのS-S結合と反応（SH-SS交換反応）する。これにより，グルテニンの構造変化が起こり，小麦粉生地の物性に大きな影響を与える。

アリューロン層（糊粉層）（Aleurone Layer）：外皮と胚乳部の間に存在し，胚乳部を覆う細胞組織で，酵素類を多く含む（2.1節）。

11区分：ロールの種類とシフターの組合せで，種々な上り粉ができる。この場合のBuhler Millでは，11区分の上り粉ができる。

ブレーキ粉：ブレーキング工程（目立ロールで小麦粒を開披してセモリナを取り出す工程）で生成した上り粉である。一般的には1B（1番ブレーキ）から5B（5番ブレーキ）まである。

(r)：rは相関係数で，2つのデータの関連性を示す数値である。関連性が強ければ，相関係数は1に近づき（正の相関），「負の相関」があれば-1に近づく。関連性が低ければ0に近づく。

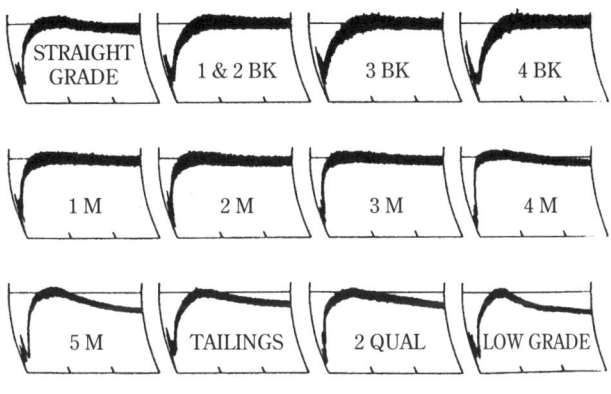

STRAIGHT GRADE：ストレート粉，BK：ブレーキ粉
M：ミドリング粉，TAILINGS：テーリング粉
2 QUAL：セカンド・クオリティ粉，LOW GRADE：低級粉

図5.9　上り粉のファリノグラム[13]

Okadaら[15]は強力粉製造のコマーシャル・ミル工程より，小麦粒の中心区分とアリューロン層に近い区分からの二種類の上がり粉を採取した。それぞれの区分をミヤグ製のバリオロールミル（Vario-Roller Mill）を用いて，極端に過粉砕したときの生地性状を調べた。過粉砕の度合いを上げるに従って，デンプン損傷度（Starch Damage Value）は上昇し，ファリノグラフのピークタイムは長くなり，バロリメーターバリュー（Valorimeter Value）も増加した。

製パンテストの**ブロメート要求量**テストからは，過粉砕処理で酸化効果が現れ，還元性物質を含むアリューロン層に近い区分は生地の付着性が減少した。また，パン吸水増，パン体積増などの製パン性が改良された。しかし，中心区分では過酸化状態となり，パン吸水以外は改良されなかった。

5.2.2　製パン

(1) 製パン（Bread Making）の原理と方法

小麦粉はほかの穀粉とは異なり，加水してミキシングすると特有の粘弾性に富んだ生地が形成される。この独特な機能特性により，小麦粉はパン，麺，ケーキ類などの製造に幅広く利用されている食品素材の1つである。この粘弾性に富んだ生地がイースト発酵で生じた炭酸ガスを保持し膨張する。この膨張した生地はオーブン中で加熱され，グルテンは熱変性して熱凝固し，生地は固定化され，続いて，デンプンの糊化が進みパンの形体が形成される。

ここでは，製パンの方法として直捏法（じかこねほう）と中種法（なかだねほう）の説明と，それらの概略工程を図5.10に示す。

ブロメート要求量（Bromate Requirement）：小麦粉に含まれる還元性物質の多少を知ることができる。種々の量の臭素酸カリウムを添加して製パンテストを行い，パン体積をはじめ多方面より評価して，パン品質が最高となった臭素酸カリウムの添加量をその小麦粉のブロメート要求量とする。

臭素酸カリウム：酸化剤の一種で，次の式のように酸素を放出して，小麦粉生地中のSH基を酸化する。

$KBrO_3 \rightarrow KBr + 3O$

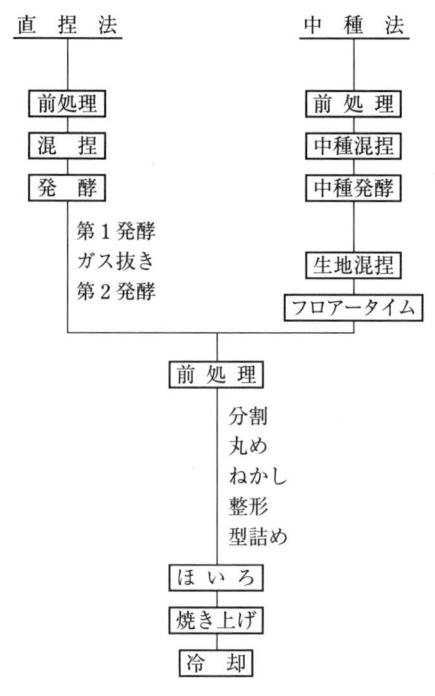

```
    直捏法              中種法
      │                  │
   ┌─────┐            ┌─────┐
   │前処理│            │前処理│
   └─────┘            └─────┘
      │                  │
   ┌─────┐            ┌───────┐
   │混 捏│            │中種混捏│
   └─────┘            └───────┘
      │                  │
   ┌─────┐            ┌───────┐
   │発 酵│            │中種発酵│
   └─────┘            └───────┘
      │                  │
   第1発酵              │
   ガス抜き           ┌───────┐
   第2発酵            │生地混捏│
      │              └───────┘
      │                  │
      │              ┌──────────┐
      │              │フロアータイム│
      │              └──────────┘
      └────────┬─────────┘
               │
           ┌─────┐
           │前処理│
           └─────┘
            分割
            丸め
            ねかし
            整形
            型詰め
           ┌─────┐
           │ほいろ│
           └─────┘
           ┌─────┐
           │焼き上げ│
           └─────┘
           ┌─────┐
           │冷 却│
           └─────┘
```

図 5.10　直捏法と中種法の工程概要

　直捏法（Straight Dough Method：ストレート法）とは，全原料を一度に混捏して生地を作り，発酵後，仕上げ，ほいろ，焼き上げを行う製パン法である。食感，風味に優れたパンになる。生地の安定性が中種法より劣り，生産管理が厳しくなる。主として，小型ベーカリーで用いられている製パン法である。

　中種法（Sponge Dough Method：スポンジ法）とは，通常，使用する小麦粉の70%に酵母と全量の小麦粉に対して40%の水を加えて，生地を作り，約4時間中種発酵を行う。その後，残りの小麦粉，砂糖，食塩，油脂などを加えて，本捏を行う。次に，**フロアータイム**をとり，仕上げ，ほいろ，焼き上げを行う製パン法である。機械耐性に優れたパン生地ができる。大型ベーカリーの食パン製造に適している。直捏法に比べ，風味，食感に劣る。

　次に，各工程を具体的に解説していく。

　① 前処理工程（Preprocessing）

　原料の前処理をする工程である。小麦粉はミキサーに入れる前に，必ずふるいにかける。異物やダマの除去とともに空気を十分に含ませるためである。また，生酵母の場合は，3～5倍の水量に溶かして使用する。

　② 混捏工程（Mixing）

　パンの原料を均一に混合し，パン生地を作る工程である。小麦粉に十分な水を吸収させ，グルテンの網目構造を形成させて，炭酸ガスの保持

フロアータイム（Floor Time）：生地分割開始までの生地発酵時間。

力のある粘弾性に富んだ生地を完成させる。中種法では，中種発酵後，残りの材料を加えて本捏を行う。その後，フロアータイムをとる。

③ 発酵工程（Fermentation）

前工程で作製した生地を酵母により発酵させる工程である。酵母の発酵作用によって炭酸ガスが発生し，それがグルテンの網目構造中に取り込まれ，生地は膨張する。この網目構造の周囲をデンプン粒が覆った状態となり，パンの組織ができ上がる。また，発酵生成物として，アルコール，有機酸，エステルなどにより，パン特有のフレーバーや味が作られる。

直捏法では，第1発酵の後，ガス抜きしてパンチ（Punch）を行う。パンチの目的は，新しい空気を取り入れ，酵母の発酵を活性化させるとともにパン生地の温度を均一にすることである。

④ 仕上げ工程（from Dividing to Panning）

生地の状態で発酵させたものを，分割（Dividing）から型詰め（Panning）まで行う工程である。発酵生地を適当な大きさに分割し，丸める（Rounding）。このとき，生地は傷められているので，伸展性が劣り，次の整形作業に進めることができないので，ねかし（Bench Time：ベンチタイム）を行う。生地の回復を待って，整形（Moulding）し，型に詰める。

⑤ ほいろ工程（Final Proof）

最終発酵をほいろ工程という。生地の回復をさせながら，製品容積の70％程度まで膨張させる。

⑥ 焼き上げ工程（Baking）

200〜230℃のオーブンで30〜40分間，焼き上げる。

⑦ 冷却工程（Cooling）

オーブンから取り出したパンの中心部温度が35℃前後になるまで冷却する。

(2) パン用粉

パン用粉（Bread Flour）としては強力粉と準強力粉が用いられる。強力粉の原料小麦として，No.1 カナダ・ウエスタン・レッド・スプリング小麦（No.1 Canada Western Red Spring Wheat：1CW）とアメリカ産のダーク・ノーザン・スプリング小麦（Dark Northern Spring Wheat：DNS）が使用される。準強力粉には，アメリカ産のハード・レッド・ウインター小麦（Hard Red Winter Wheat：HRW）とアメリカ産のDNSと1CWが使用される。

パン用粉は，ほかの二次加工用粉よりグルテンの量や質に対する要求度は高い。ここでは，食パン用粉に絞り，求められる品質特性（Quality

Characteristics），およびそれらに関与する因子について説明する。

食パン用粉に求められる品質[16]として，
- 吸水がよいこと
- 製パン工程での生地の機械耐性があること
- 外観，内相のすだち，食味，食感の良いパンができること

以上のような用件が求められている。これらの条件を満足できるかどうかは，その小麦粉生地の性状から推定できる。この生地物性に大きく関わっている因子は小麦粉タンパク質である。特に，グルテンタンパク質を構成しているグルテニン（Glutenin）とグリアジン（Gliadin）である。

これらのタンパク質と生地物性の関係を解明するため，次のような方法で研究が進められてきた。
- 小麦タンパク質の単離，分子レベルでの解明
- 小麦品種間のタンパク質性状よりタンパク質の構造の推定
- 小麦粉生地の物性よりタンパク質の構造の推定

(3) 物性に影響を与えるパン小麦タンパク質の性状

この項では，グルテンタンパク質の研究を研究史的に記載した。今後のグルテンタンパク質研究の基礎となるものである。

① 小麦タンパク質の単離，分子レベルでの解明

小麦粉の生地はほかの穀粉とは異なり，特有な粘弾性のある物性を持っている。この特性を利用して，パンや麺などに加工される。この独特な物性の発現は主としてグルテンタンパク質によると考えられている。この物性発現のメカニズムを解明することが，穀物化学者の大きな課題であった。しかし，グルテンタンパク質は，その構成タンパク質が会合しやすく（Aggregative），難容性であるため，ほかのタンパク質に比べて，研究の進展がなかった。その壁を破ったのが，米国イリノイ州ペオリアにある米国農務省北部研究所において，Jones ら[17]が**ティセリウス電気泳動装置**を用いてグルテンタンパク質の電気泳動分析に成功したことである。

この成功の要因は電気泳動に用いる緩衝液として，乳酸アルミニウム（Aluminum Lactate）を見出したことにある。この乳酸アルミニウム緩衝液を用いることによりグリアジンを α，β，γ，ω の4区分に，またグルテニンは α-グリアジンと同速度で単一なピークをもって泳動する成分であることがわかった。以後，乳酸アルミニウム緩衝液はデンプンゲル電気泳動法（Starch Gel Electrophoresis）にも用いられ，グルテンタンパク質の構成成分の研究を前進させた。

Woychik ら[18]はデンプンゲル電気泳動法を始めてグルテンタンパク

ティセリウス電気泳動法（Tiselius Electrophorsis）：1937年，Tiseliusにより発明された電気泳動法で，U字管セル中の溶質成分の移動を屈折率変化として表す方法である。

質の分析に用いた。その結果，α-グリアジンをα1，α2に，β-グリアジンをβ1，β2，β3，β4に分離することに成功した。この成果は，グルテンタンパク質集団を個々の成分タンパク質のレベルで論じられるようになる第一歩といえる。

　Nielsenら[19]はグルテニンの構成タンパク質の分離をデンプンゲル電気泳動法で試みた。グルテニンは高分子であるため，デンプンゲル内へ移動できない。そこで，グルテニンのS-S結合を開裂させることで，分離を可能にした。これによりグルテニンはポリペプチドのS-S結合によるポリマーであることを明らかにした。

　Beckwithら[20, 21]は，グリアジンとグルテニンの構成成分の関連性を調べるために，グリアジンとグルテニンの還元再酸化（Reduced and Reoxidized）を行い，それらの成分をデンプンゲル電気泳動法で比較検討した。その結果，グリアジンは再酸化で易動度（Mobility）が増加するが，グルテニン成分の中には，再酸化により易動度を変化しないものが，かなり含まれていることを見出した。すなわち，グルテニンとグリアジンの間で共通成分があるという説は否定された。

　さらに，グリアジン，グルテニンの構成タンパク質について研究は続けられ，Beckwithら[22]は中性70％エタノール可溶区分として分離した粗グリアジンから**ゲルろ過クロマトグラフィー**により通常のグリアジンよりも分子量の大きい成分（平均分子量約100 000）を分離した。この成分をティセリウス電気泳動やデンプンゲル電気泳動ならびにアミノ酸分析より，これらがグリアジンよりもグルテニンに似ていることを指摘した。

　Nielsenら[23]は上記の区分は重合度は低いがグルテニンと同様にS-S結合による重合体であることを見出した。この成分はグリアジンではなく，むしろ低分子量グルテニン（Low Molecular Weight Glutenin）とよぶべきであると提案した。

　金沢ら[24]はグルテニンと低分子量グルテニンのポリペプチド構成の相違を明確にする目的で，一連の実験を行った。その結果，Sephadex G-100によるゲルろ過で，グルテニンの成分ポリペプチドはFⅠ，FⅡ，FⅢの区分に分かれ（図5.11），FⅢは低分子量グルテニンとよく対応したデンプンゲル電気泳動パターンを示した（4.4節）。ただし，グルテニン構成ポリペプチドの一部を欠いているに過ぎないことを明らかにした。この欠けているポリペプチドは70％エタノール溶液から室温で沈殿する性質を持っていることを見出した。

　低分子量グルテニンが中性70％エタノール可溶のグリアジン区分に入っているのは，通常のグルテニンに比して，その分子量が低いためと

ゲルろ過（Gel Filtration）**クロマトグラフィー**：カラムにつめた担体にサンプルを流して，分子量の大きさで分離する手法である。担体には小さな穴があり，分子量の小さいものは，この穴に入り込み溶出が遅れるが，分子量の大きいものは担体の隙間を通り抜け早く溶出する。

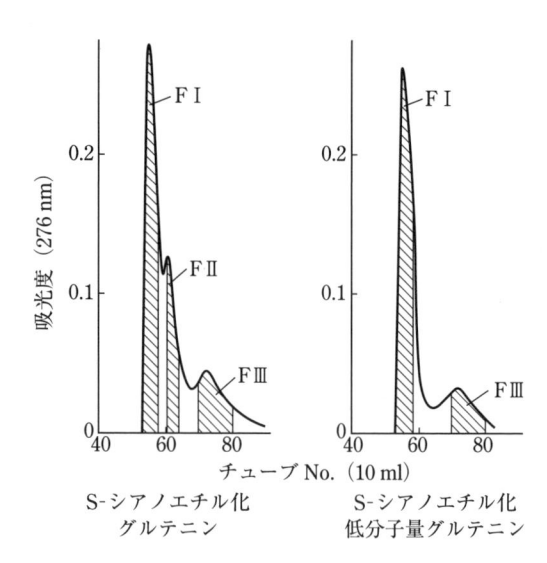

図 5.11 還元シアノエチル化タンパク質のゲルろ過図形[24]

考えられていた[23]が，金沢ら[24]の研究によりポリペプチド構成が主要な要因であり，中性70%エタノールにより沈殿するポリペプチドを含まないことが，エタノール分別に際して，グリアジン区分に入り込む原因になっていると考えられる。金沢ら[25]はグルテニンを0.01 M酢酸に分散させたときに生じるにごり部分について調べたところ，0.1 M酢酸に溶けにくい会合性ポリペプチドを多量に含むことを見出した。

この成分はFⅠの主成分であり，サブユニットとしてグルテニン分子中に存在するときでも凝集性を示し，グルテニン分子を会合に導き，沈殿性のグルテニンを生じるのではないかと推察している。

Hamauzuら[26]は還元グルテニンのゲルろ過分画FⅠ，FⅡ，FⅢの分子量を測定した。その結果はFⅠ：MW 31 000, 36 000, 42 000, 44 000, 54 000, 58 000, FⅡ：MW 47 000, 72 000, 77 000, 87 000, 104 000, FⅢ：MW 31 000, 36 000, 42 000, 44 000 であった。FⅠのバンドの位置はFⅢと重なって低分子量領域に現れた。一方FⅡはグルテニン成分ポリペプチドのうちの高分子量のもので占められていた。

グリアジンの成分はグルテニンのFⅢと同じ領域に集中している。グルテニン構成の成分ポリペプチドを整理するとゲルろ過でのFⅠ区分は凝集性ポリペプチド（Aggregative Polypeptides），FⅡ区分は高分子量ポリペプチド（High Molecular Weight Polypeptides），FⅢ区分は低分子量グルテニンを構成する成分で中性70%エタノールに可溶であると報告している。

Khanら[27]もSephadex G-200を用いて還元-アルキル化グルテニン（Reduced and Alkylated Glutenin）を同様にFⅠ，FⅡ，FⅢに分画し

た。その中で，FⅡがS-S結合による共有結合ネットワークにより，小麦粉生地構造の中心的役割を果たし，FⅠ，FⅢがグルテニン複合体を形成するための二次的役割を果たしていることを提唱した。

これらFⅠ，FⅡ，FⅢの性状が明らかになったところで，この分野の基礎的な研究は完了したと考えられる。

② 小麦品種間のタンパク質性状よりタンパク質の構造の推定

古くから小麦品種により製パン性が大きく異なることは知られていた。これらの要因を解明し，小麦品種改良を進めることが穀物研究者の大きな課題の1つであった。

Finney[28]らはタンパク質含量の異なる16種の小麦品種の小麦粉タンパク質とパン体積の関係を求めた。その結果，タンパク質量とパン体積は正比例しているが，品種によりその勾配は大きく異なっていることを見出した。これは，すなわち，タンパク質の質の差異を明確に示したものである。Bushukら[29]も製パン性が大きく異なる代表的な2品種を選び，タンパク質量とパン体積の関係を求め，その勾配の差を見出している。これらの結果より，タンパク質の質に対する関心が高まった。

Pomeranz[30]は3M尿素に対する小麦粉タンパク質の溶解性とパン体積の関係を調べ，製パン性のよい小麦粉タンパク質は製パン性の悪いそれよりも溶解性が低いことを見出した。これは不溶性タンパク質の製パン性への重要性を示唆しているものと思われる。

Tsen[31]は生地物性の異なる小麦粉（**図 5.12**）をファリノグラフでミキシングして，0.05 M酢酸に対する溶解性を比較した。その結果，フ

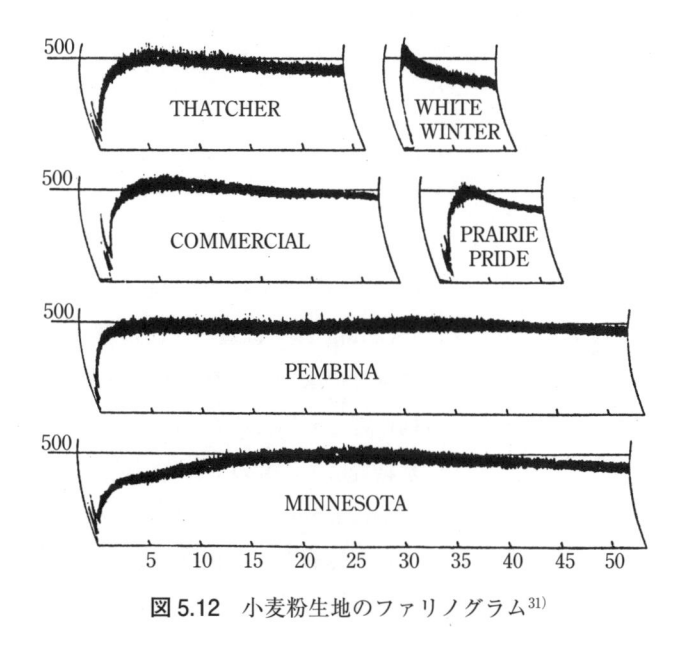

図 5.12 小麦粉生地のファリノグラム[31]

活性型(Reactive)**SH基，S-S結合**：SH基，S-S結合量の測定には，尿素を6〜8Mを含む電解液を用いる。これは，尿素により，タンパク質の高次構造を保持している結合の1つである水素結合を低下させ，高次構造の内部に存在するSH基，S-S結合も測定できるようにする。ここでいう，活性型SH基，S-S結合とは，尿素を含まない電解液を用いるので，タンパク質の表面近くに存在するものである。したがって，小麦粉生地のミキシング中で，反応しやすいSH基，S-S結合と考えられる。

ァリノグラフの生地形成時間が短い小麦粉（軟質小麦）はファリノグラフの生地形成時間が長い小麦粉（硬質小麦）よりタンパク質抽出速度が速いことを見出した。

また，Bio-Gel P-150を用いたゲルろ過分析で，ミキシングによる分子量変化を調べ，薄力粉はミキシングにより高分子区分が強力粉より増加することも見出した。この結果は，薄力粉はタンパク質間の凝集性が弱いことを示している。また，Tsenら[32]は小麦粉の生地物性の差異をSH基（Sulfhydryl Group），S-S結合（Disulfide Bond）量の面から見出そうとした。

尿素を含まない電解液中で測定したSH基，S-S結合を活性型として，強力粉と薄力粉を比較した。その結果，活性型SH基，活性型S-S結合は薄力粉ほど多く，そのため，S-S結合が開裂しやすく生地のブレークダウンが起こりやすいと推定している。

Huebner[33]は製パン性の異なる5種類の小麦品種のグルテニンを2M尿素+0.03M酢酸に溶解させNaClを添加して，それらの凝集性を比較した。その結果，製パン性のよい小麦［Ponca, Comanche（hard red winter），Selkirk, Lee（hard red spring）］は，製パン性の悪い小麦［Red Chief（hard red winter）］より凝集性が強いことを見出している。

Orthら[34]は小麦粉タンパク質中，どのタンパク質が製パン性に関与しているかを調べるため，Western Canadaの4地区で栽培した26品種から得た104種類の小麦粉について，Osborneの改良法[35]で，水可溶（アルブミン：Albumin），塩可溶（グロブリン：Globulin），アルコール可溶（グリアジン：Gliadin），酢酸可溶（グルテニン：Glutenin），残渣（不溶性グルテニン：Insoluble Gltenin）の5区分に分画し，これらの量とパン体積の関係を調べた。

その結果，アルブミン，グロブリン，グリアジン量とパン体積には相関関係はなく，グルテニンとは負の相関関係（$r=-0.86$）が，酢酸不溶性タンパク質とは正の相関関係（$r=0.85$）があることを見出した（**図5.13**）。この研究により，製パン性との関係についてはグルテニン，酢酸不溶性タンパク質に絞られてきた。

Chungら[36]は製パン性の悪い小麦粉から抽出したグルテニンは，製パン性のよい小麦粉のそれよりも疎水性Sepharoseゲルとの結合性が弱いことを報告している。彼らは，グルテニンの生地物性への寄与は疎水結合によるものであると提唱している。

Sapirsteinら[37]は生地物性の異なる7品種の小麦粉を50%1-propanolを用いる新しい分画法により，モノマータンパク質，可溶性グルテニン，不溶性グルテニン，残渣タンパク質に分画した。ミキシング時間の

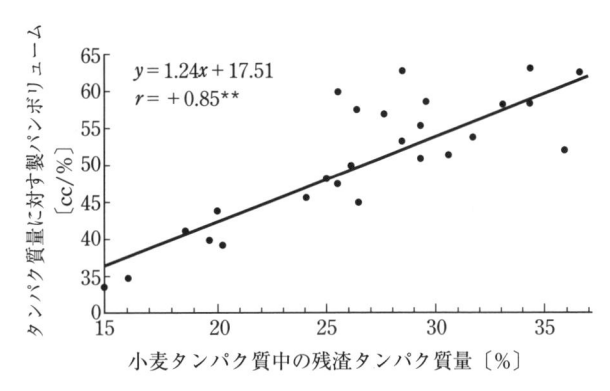

図 5.13 残渣タンパク質（不溶性グルテニン）量とパン体積の関係[34]

長い小麦粉は不溶性グルテニンが多いことを見出している。

以上の多くの研究の結果，製パン性のよい，または生地ミキシング時間の長い小麦粉は，不溶性タンパク質が多く凝集性が強いといえる。

③　小麦粉生地の物性よりタンパク質の構造の推定

小麦粉生地のミキシング特性は製パンにおける重要な因子の1つである。小麦粉生地に酸化剤（Oxidizing Agent），還元剤（Reducing Agent），SH基封鎖試薬（SH-Blocking Reagent）などを添加して，小麦粉生地物性を調べグルテンタンパク質の構造を推定する研究は1930年代から始まり，ミキシング中における生地ブレークダウンのメカニズム解明については，主として1957年以降行われてきた[38]〜[41]。

Meredithら[42] は，生地ブレークダウンは2種類の異なったメカニズムによって起こると推定した。その1つは物理的作用による共有結合とほかの結合との開裂，他方は還元的，酸化的あるいは加水分解のような化学的反応による開裂によるものと推察した。

Dronzekら[43] は ^{14}C-methacrylate を用いて，生地ミキシング中で，遊離ラジカル（Free Radical）が生じることを確認した。

Schroederら[44] は，フマール酸やフェルラ酸のようなα，β位に二重結合を持つカルボニル化合物は，-SH基封鎖剤である**N-エチルマレイミド**（NEMI）と同様な効果を生地物性に与えることに注目し，そのメカニズムの解明を試みた。その結果，小麦粉の水抽出物中の非透析物に一番効果があることを見出した。この区分はFaushら[45]，Geissmannら[46] が報告しているフェルラ酸（3.7節）を含んでいた。

Sidhuら[47] は，引き続きフマール酸による生地ブレークダウンのメカニズムの解明を進めた。^{14}C-フマール酸を用いて，生地ミキシング中での ^{14}C-フマール酸のグルテンタンパク質への取り込まれ方を調べた。その結果，高分子区分に ^{14}C-フマール酸が結合していることを見出した。

N-エチルマレイミド（*N*-ethylmaleimide：NEMI）：SH基封鎖試薬の一種で，SH基と付加反応を行い，チオエーテルを作る。これを塩酸で加水分解すると，S-succinyl-L-cysteineとエチルアミンが生成される。

^{14}C-フマール酸：フマール酸分子中のCに放射性同位体炭素 ^{14}C を含み，シンチレーションメーターで追跡できる。フマール酸の構造：

$$\begin{array}{c} HC-COOH \\ \parallel \\ HOOC-CH \end{array}$$

この事実は，フマール酸は遊離のSH基とは反応しない[44]ので，ミキシング中に開裂したS–S結合により生じた·S（ラジカル）とフマール酸が結合したことを示しているものと考えられ，これにより生地ブレークダウンが起こる。フマール酸と結合したタンパク質を加水分解し，ろ紙クロマトグラフィー，ろ紙電気泳動法，カラムクロトグラフィーにより，S–succinyl–L–cysteineが形成されていることを確認している。

さらに，Hoseneyら[48]は，リポキシゲナーゼ（4.1節）の生地物性への効果についての研究の中で，リポキシゲナーゼにより脂質に生じる·S（ラジカル）は活性二重結合化合物（Activated Double Bond Compound）と反応して生地物性を安定化させることを見出した。また抗酸化剤（Antioxidant）が存在する場合は，ミキシングにより生じた·S（ラジカル）は抗酸化剤により消去される。これにより活性二重結合化合物による反応はなくなり，生地物性は安定化する。すなわち，·S（ラジカル）と活性二重結合化合物を結合させないことにより生地ブレークダウンを抑えることができることを報告している。

これらの研究により，グルテンタンパク質のS–S結合はミキシングにより開裂して·S（ラジカル）が生じ，もし活性二重結合化合物が存在すれば，これと反応して生地ブレークダウンが起こるという考え方が一般的となってきている。

Okadaら[49]は生地のミキシング中で，NEMIと反応するKey S–S結合（低分子化するのではなく，開裂することにより大きく構造変化を起こすS–S結合）が存在すると考えた。生地ミキシングにより生じた·S（ラジカル）はNEMIと反応する。この反応物を加水分解するとS–succinyl–L–cysteineが生じる（図5.14）。

これらの反応を応用して，酢酸不溶性タンパク質とグルテニン中のNEMIと反応するS–S結合を有するサブユニット区分をS–succinyl–L–cysteineの分布により追究した。その結果，S–succinyl–L–cysteineは

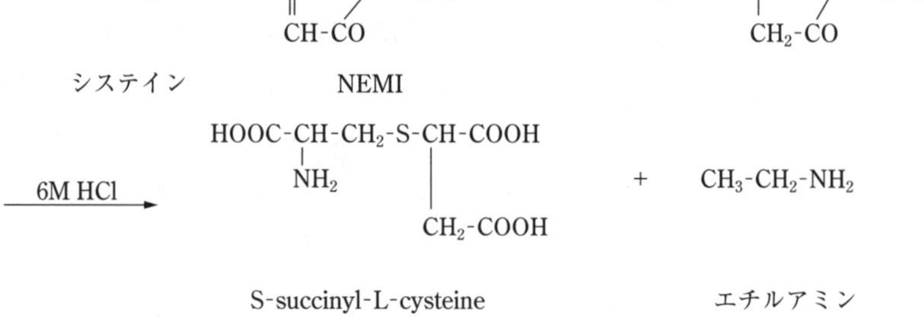

図5.14 SH化合物とNEMIの反応，その反応物の加水分解

酢酸不溶性タンパク質，グルテニンのそれぞれのＦＩ区分に，特に多く含まれていることが分かり，これらの会合性サブユニットが生地物性に重要な役割を果たしていると推察した。

Gaoら[50]は還元剤ジチオトレイトール（DTT）の添加量によりファリノグラフにおける生地物性変化と**SDS-ポリアクリルアミド電気泳動**変化を調べた。本題に入る前に，DTTとS-S結合の反応を図5.15に示す。次に，図5.16に示すように，DTT（20 μmol/小麦粉50 g）の添加で，ブレークダウンが生じるが，SDS-PAGEでは，高分子サブユニットは変化しない。しかし，DTT（80～3 000 μmol/小麦粉50 g）の添加では，量が多くなるにつれて，高分子サブユニットが明確に現れてくる。

そこで，彼らは図5.17に示すようなグルテニンの分子構造のブロックモデルを発表した。生地ブレークダウンに深く関与するS-S結合があり，これらが開裂すれば生地ブレークダウンが起こるが，分子量的に

ジチオトレイトール（DTT：Dithiothreitol）：非常に強い還元剤である。タンパク質のS-S結合を切断し，DTTは分子内S-S結合を形成し，6員環の酸化型になる。

SDS-ポリアクリルアミド電気泳動（Sodium Dodecyl Sulfata-Polyacrylamide Gel Electophoresis）SDS-PAGE）：ドデシル硫酸ナトリウム（SDS）の存在下で，タンパク質を変性させて，タンパク質分子全体を陰性に帯電させ陽極に移動させるもので，担体にポリアクリルアミドゲルを用いる。ポリアクリルアミドゲルには分子篩（ゲルろ過）効果があるので，分子量の大きさで分離できる。

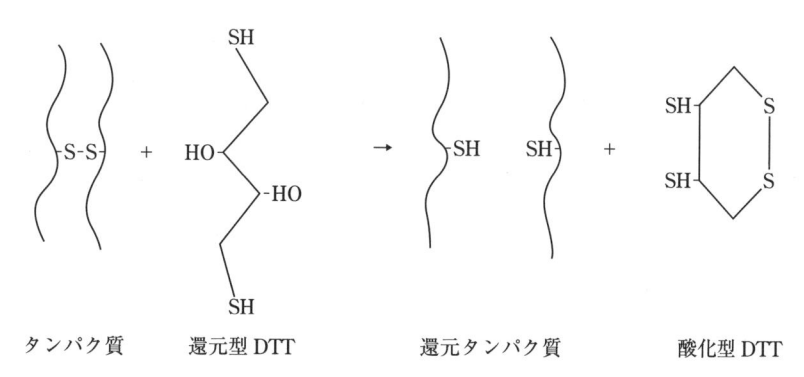

図5.15 DTTによるタンパク質の還元反応

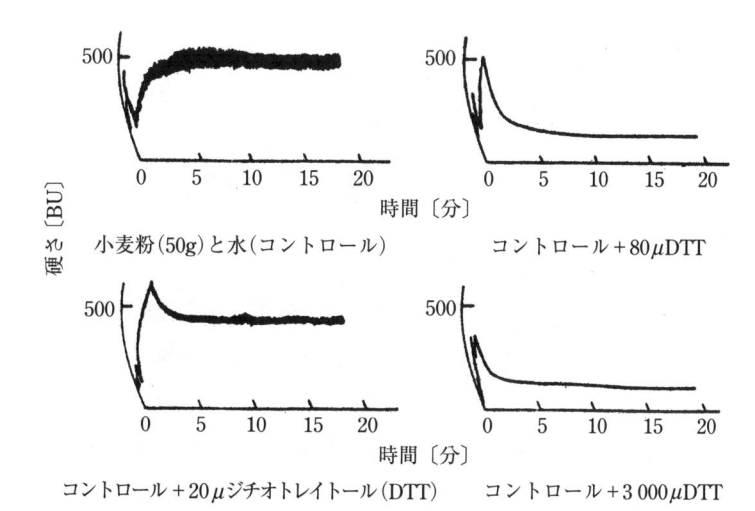

図5.16 部分還元した生地のファリノグラム[50]

5.2 小麦粉の加工（Processing of Flour）

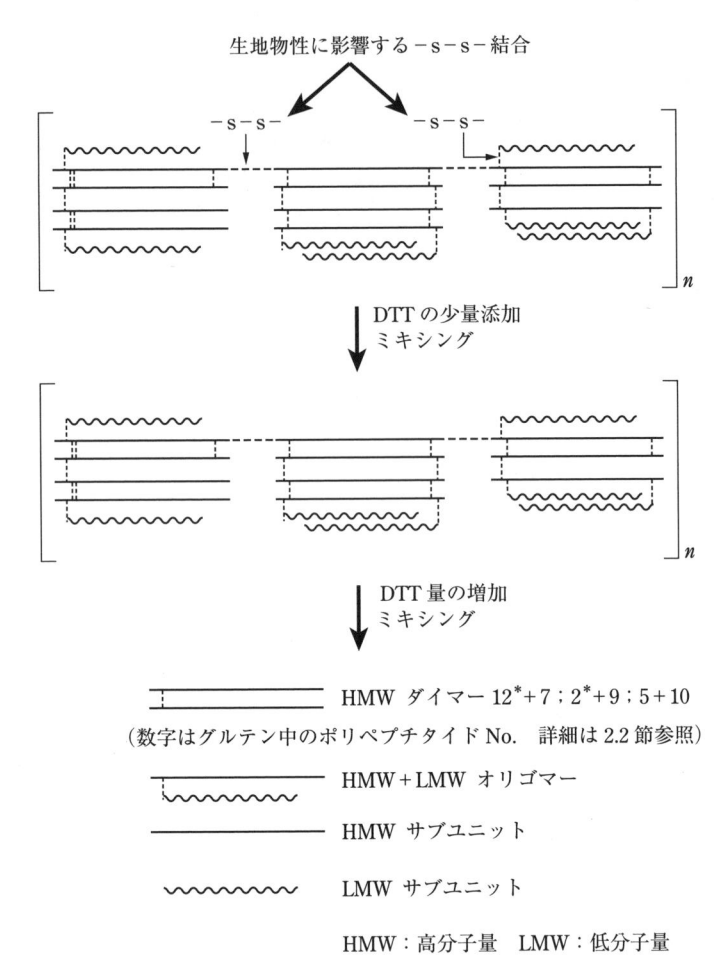

図 5.17 グルテニンのポリマー構造とジチオトレイトール（DTT）量によるその構造崩壊の仮説モデル[50]

は電気泳動分析では変化しない程度のものである。

この説により，生地ブレークダウン現象の諸々の疑問点を解明したと考えられる。

5.2.3 製麺

(1) 製麺の原理と方法

ここでは，小麦粉を用いる麺類に限定して説明する。原理的には，小麦粉に水（小麦粉に対して30～35%）を加え，製麺（Noodle Making）用ミキサーで水分が混ざる程度に混合して，ソボロ状の生地を作る。この生地を複合ロールで，粗麺帯に仕上げる。次に，粗麺帯を2枚重ねてロールに通す（複合）。次の圧延工程で，数段のロールで麺帯は薄く延ばす。この圧延操作による混捏効果がグルテンの網目構造をより強く形成させる。次の切出し工程で，それぞれの用途によって，種々の幅の麺線状に切られる。各種麺の製造概略を**図 5.18**に示す。

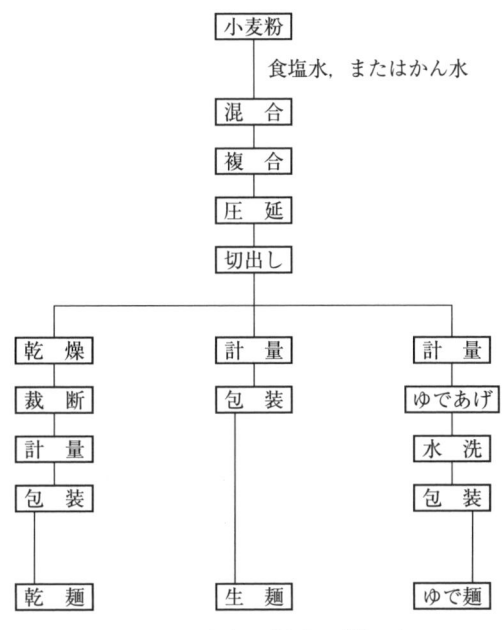

```
        ┌──────┐
        │小麦粉│
        └──┬───┘
           │ 食塩水，またはかん水
        ┌──┴───┐
        │混  合│
        └──┬───┘
        ┌──┴───┐
        │複  合│
        └──┬───┘
        ┌──┴───┐
        │圧  延│
        └──┬───┘
        ┌──┴───┐
        │切出し│
        └──┬───┘
   ┌───────┼───────┐
┌──┴──┐ ┌──┴──┐ ┌──┴──┐
│乾 燥│ │計 量│ │計 量│
└──┬──┘ └──┬──┘ └──┬──┘
┌──┴──┐ ┌──┴──┐ ┌──┴───┐
│裁 断│ │包 装│ │ゆであげ│
└──┬──┘ └──┬──┘ └──┬───┘
┌──┴──┐    │    ┌──┴──┐
│計 量│    │    │水 洗│
└──┬──┘    │    └──┬──┘
┌──┴──┐    │    ┌──┴──┐
│包 装│    │    │包 装│
└──┬──┘    │    └──┬──┘
┌──┴──┐ ┌──┴──┐ ┌──┴───┐
│乾 麺│ │生 麺│ │ゆで麺│
└─────┘ └─────┘ └──────┘
```

図 5.18 麺類の製造工程概要

(2) 中華麺

中華麺 (Japanese Alkaline Noodle, Chinese Noodle, Yellow Alkaline Noodle or Ramen) の製造には，パン生地と同様，グルテンタンパク質の量，質が重要な因子である。うどんとは異なり，かん水（炭酸ソーダ，炭酸カリを主成分とするアルカリ塩溶液）を小麦粉に添加して，生地を作る。かん水を用いることで，特有の食感，色，香り（アルカリ臭）のある中華麺を作ることができる。中華麺用には，準強力粉が用いられる。

> **中華麺の黄色味**：中華麺の独特の黄色味はフラボノイド色素の発色による（3.7 節）。

(3) 中華麺用粉

中華麺用粉 (Chinese Noodle Flour) に求められる品質特性[51]は，
- 麺の食感が適度の弾力に富み，茹で伸びが遅いこと。
- 生麺が冴えた色合で，ホシが少なく，経時的な変色が少ないこと。

である。

ホシは小麦の粒溝の近くに存在する「色素繊糸 (Pigment Strand)」と呼ばれる物質がアルカリ性のものと反応して発色したものである。

(4) 中華麺用粉の物理化学的性状

① オーストラリア産小麦 (Australian Wheat) の中華麺特性

Ross ら[52]はオーストラリアの 25 品種の小麦からの小麦粉の糊化特性とアルカリ性麺（中華麺）特性との関係を調べた。アルカリ溶液（炭酸ナトリウム溶液）を用いたラピッドビスコアナライザー（RVA）と中華麺特性の関係については，麺の滑らかさは，最終粘度と負の相関（$r = -0.69$)，ブレークダウンとは正の相関（$r = 0.53$）があり，麺の硬さと弾性は，最終粘度とそれぞれ $r = 0.65$，$r = 0.59$ の正の相関，ブレーク

ダウンと $r=-0.54$, $r=-0.56$ の負の相関があることを見出した。また，麺の滑らかさは，タンパク質含量と負の相関（$r=-0.65$），麺の硬さと弾性は，タンパク質含量とそれぞれ $r=0.71$，$r=0.68$ の正の相関があることも報告している。

② 北海道産小麦の中華麺特性

中津ら[53]は北海道内の主要な小麦8品種（秋まき小麦では，ホクシン，タイセツコムギ，ホロシリコムギ，キタノカオリ，きたもえ，チホクコムギ，春まき小麦では，春よ恋，ハルユタカ）について，**色差計**を用いて，麺帯の明るさ（L*）とゆで麺の硬さ（切断抵抗値）の面から，中華麺への加工適性を評価した。麺帯のL*は品種間差が大きく，タンパク質含量の高い春まき小麦では製麺後のL*の低下が大きく，タンパク質含量の低いホクシン，タイセツコムギ，ホロシリコムギ，きたもえ，チホクコムギはL*の低下度合が小さかった。

また，小麦粉の灰分量はL*と有意な負の相関（$r=-0.634$）が認められ，ゆで麺の抵抗値と小麦粉のタンパク質含量との間には高い正の相関（$r=0.820$）が認められたと報告している。

③ 温暖地向け小麦の中華麺特性

藤田ら[54]は，生地物性に影響を与える**高分子量グルテニンサブユニット 5＋10 組成**やアミロース含量の異なる温暖地向け硬質小麦品種・系統を供試材料として，中華麺に適した小麦粉特性を検討した。その結果，中華麺の色とタンパク質含量の間には負の相関（$r=-0.653$）があることを見出している。

また，中華麺評価で重要な項目である茹で8分後の硬さ，粘弾性などの食感は，タンパク質含量とそれぞれ $r=0.473$，$r=0.566$，ファリノグラムのVVとは $r=0.614$，$r=0.638$ と高い正の相関関係が認められ，生地物性が強いと茹で伸びが少なく，食感が優れる傾向があることを明らかにしている。

このことから，生地物性を強くする高分子量グルテニンサブユニット 5＋10 に対応する Glu-D1d 遺伝子などの導入により強力粉的な小麦粉品質を持たせることで，茹で伸びをおさえ国産小麦の中華麺適性を改善できるであろうと報告している。

④ 中華麺の変色とポリフェノールオキシダーゼ

前述したように，中華麺用粉に求められる重要な品質特性の1つは，生麺が冴えた色合いで，ホシが少なく，経時的な変色が少ないことである。この経時的変色の要因はPPO活性に関係があると考えられる。

Zhaoら[55]は24種類のカンサス州産硬質冬小麦を用いて，小麦粉特性と中華麺特性の関係を調べた。生麺の明るさは，タンパク質含有量と

色差計：微妙な色の違いを測定する機器である。各種表色系の表し方があるが，ここでは「L*a*b*表色系」について説明する。明度をL*，色相と彩度を表す色度をa*，b*で表す。a*は赤方向，-a*は緑方向，b*は黄方向，-b*は青方向を示す。数値が大きくなるに従って色は鮮やかになり，0に近づくに従ってくすんだ色になる。

高分子グルテニンサブユニット 5+10 組成：Payneら（J.Sci.Food Agric.40,51-65(1987)）により報告された製パン性に関係するサブユニットである。SDS-PAGEで分離したサブユニット5と10を持つ小麦はほかのサブユニットを持つものに比べ，小麦粉生地物性が強く，パン体積が増大するため，製パン性が高くなると報告されている。パン用小麦の選抜マーカーとして用いられている（2.2節）。

ポリフェノールオキシダーゼ（Polyhenol Oxidase：PPO）：ポリフェノール成分（ベンゼンなどの芳香環に複数のヒドロキシル基が結合した化合物で，特に，果実，野菜類に多く含まれる）を酸化する酵素である。この酵素の作用により，ポリフェノール成分が酸化されキノン様物質となり，さらに，それが酸化重合して褐色物質を生成する（4.1節）。

カラーバリュー（CV）：小麦粉のペーストを530 nmの単波長で測定した反射率値，数値が低いほど色が良い。

PPO活性が増加すると減少することを確認した。

Hatcherら[56]は5品種のカナダ産小麦をパイロットミルで製粉して，それぞれの上り粉中のPPO活性を測定した。その結果，PPO活性は灰分含量，カラーバリューと正の相関があることを見出した。

伊藤ら[57]は北海道の硬質小麦の品種・系統について中華麺色とPPO活性の関係を調査した。供試材料は北海道で育成された硬質小麦品種2点（キタノカオリ，ホロシリコムギ），北海道農業研究センター育成の硬質小麦系統12点，外国産小麦銘柄3点（1CW, HRW, ASW），分譲・購入により小麦粉として入手した3点（ホクシン，DNS，中華麺用市販粉）の計20点を用いた。その結果，72時間保存後の中華麺生地色が暗く赤みがかる要因はタンパク質含量とPPO活性にあることを見出した。その暗い赤みとの関係はタンパク質含量（$r=-0.79$）とPPO活性（$r=-0.69$）と負の相関が認められた。

このことから，タンパク質含量が高く，特にPPO活性が高い小麦粉の生地は，明るさの低下の度合および赤みの増加の度合が大きいことが示された。PPO活性は保存中の中華麺色の変化に最も大きく影響していたと報告している。

(5) かん水の役割

一般的に，中華麺製造時にはかん水を用いる。これにより特有の食感，色，香り（アルカリ臭）のある中華麺を作ることができる。市販のカン水は炭酸ナトリウム，炭酸カリウム，リン酸ナトリウム，リン酸カリウムの組合せで作られている。

① 食感への影響

小麦粉生地中では，グルタミン酸，アスパラギン酸の大部分はアミド態窒素となっているので，カルボキシル基は解離せずタンパク質質は水素結合で結ばれている。しかし，中華麺生地では，アルカリ性となるので脱アミド化されてカルボキシル基は解離して$-COO^-$となる。

これらが生地中のCa^{++}，Mg^{++}と架橋構造を形成して弾力性が増すと考えられる。

また，Teradaら[58]はアルカリ性でグロブリンが重合することを見出した。

② 色への影響

小麦粉に含まれるフラボノイド色素（3.7節）がかん水のアルカリ性で黄色に発色したものである。

③ 臭いへの影響アルカリ臭

グルテン（グルテニン，グリアジン）のグルタミン酸，アスパラギン酸の大部分はアミド態窒素となっている。これらのアミド態窒素がアル

カリ性下で脱アミドされ，遊離したアンモニアによると考えられている。

(6) うどん

うどん（Japanese Noodle）は小麦粉と食塩のみで製造される。そのため，うどんの品質には，小麦粉の性状が現れやすい。特に，デンプンの糊化性状が大きく影響する。

うどん用粉には，中力粉が用いられる。中力粉の原料小麦として，オーストラリア・スタンダード・ホワイト（Australian Standard White：ASW）のウエスタンオーストラリア州産小麦（West Australia Wheat：WA），国内産普通小麦，アメリカ産のウエスタンホワイト小麦（Western White Wheat：WW）が使用される。

(7) うどん用粉

わが国のコムギ生産量は昭和36年（1961年）の180万トンを最高にして減少し始め，昭和48年（1973年）には約20万トンまで減少した。その後，水田利用再編対策等の施策が講じられ2006年では約80万トンまでに回復した。

この間，うどん用粉（Japanese Noodle Flour）の需要を満たすために外国産の原料小麦の探索が行われ，オーストラリア産のオーストラリアン・スタンダード・ホワイト小麦（ASW）がうどん用に最適であることが見出された。うどんの色はクルーミーホワイトで食感はモチモチ性であり，日本人の嗜好性に一致したと思われる。

おいしい"うどん"の一般的な特性[59]としては，
- 麺の色調が明るく冴えたもの
- ソフトで適度の歯ごたえがある
- 表面がなめらかでざらつかない
- ボソつかず切れにくい

の条件が満たされていることである。

(8) うどん用粉の物理化学的性状

ゆで麺の食感は官能検査の最重要項目である。"ソフトで適度の歯ごたえ"とは粘弾性があることで，モチモチ性とも表現されるものである。これにはグルテンの性質も関与しているが，デンプンの性質が重要な因子であることが明らかになってきた。

Nagaoら[60]は種々のソフト小麦の性状を調べ，ASWのアミログラフでの糊化開始温度がほかの小麦より相対的に低いことを見出した。これがうどんの粘弾性に寄与している因子の1つであると推定した。

Odaら[61]はうどん適性のよい小麦の評価法を検討し，アミログラフのD値（ブレークダウン）が高く，T値（最高粘度到達時間）が低く，またアミロース（図5.19）含量が少ない（アミロペクチン（図5.20）

アミロース：α-D-グルコースがα-1,4結合で直鎖状に重合した多糖類である。しかし，近年，分析機器の開発によって，分岐アミロースの存在も明らかになった（竹田靖史，日本調理科学会誌，Vol.40, No.5, pp.357～364 (2007)）

アミロペクチン：α-D-グルコースがα-1,4結合で直鎖状に重合した所々に，α-1,6結合で枝分かれ房状構造をした多糖類である。

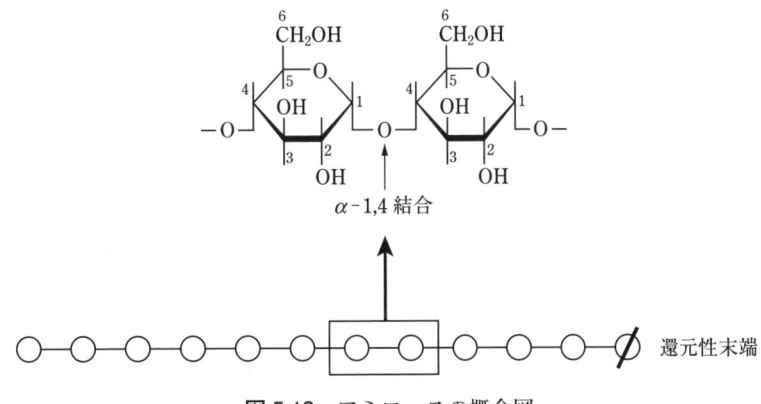

図 5.19 アミロースの概念図

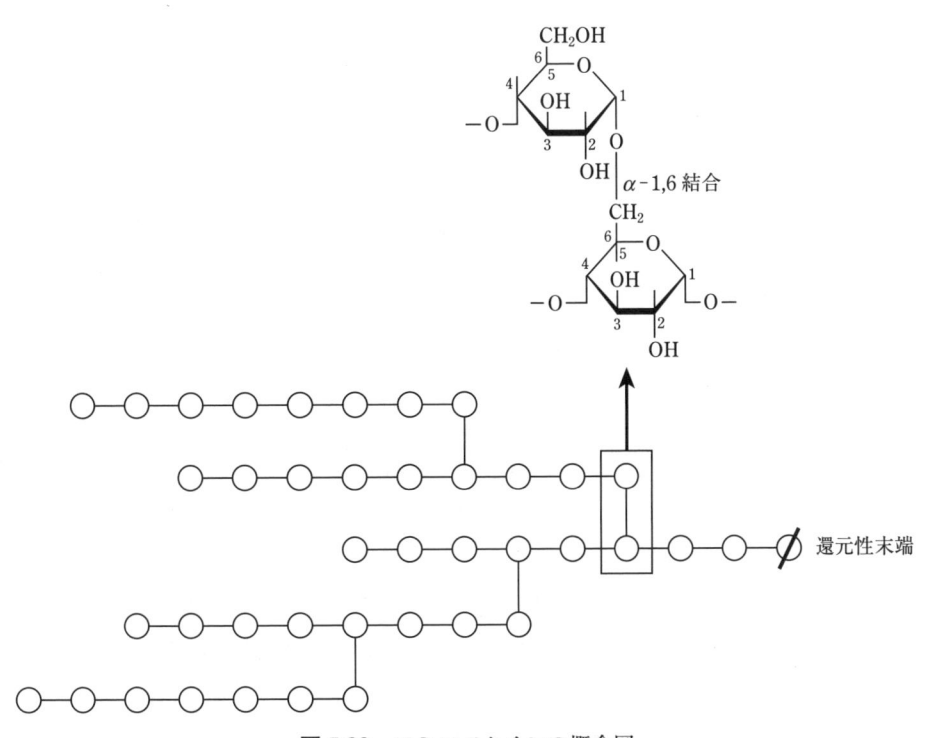

図 5.20 アミロペクチンの概念図

含量が多い）小麦はうどん用として適していることを見出した（2.1 節）（図 5.21，表 5.1）。

Toyokawa ら[62]はうどんの品質に最も大きな影響を与えていると考えられる小麦粉成分と，ASW と SW（Soft White Winter），Club（White Club）のうどん特性における成分機能差異を見出すことを試みた。

5.2 小麦粉の加工（Processing of Flour）

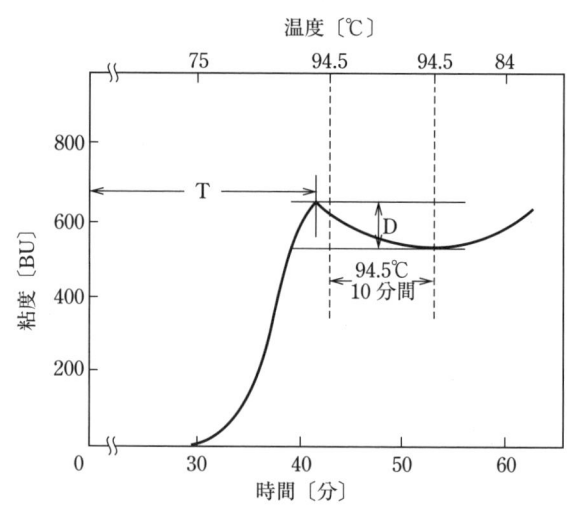

図 5.21 代表的なアミログラムの測定図[61]

D：最高粘度〔BU〕と 94.5℃で 10 分間保持後の粘度の差
T：最高粘度までの時間〔分〕

表 5.1 変数間の相関係数[61]

	デンプンアミログラム値		小麦粉成分	
	D	T	アミロース量	タンパク質量
T	−0.839**			
アミロース量	−0.870**	0.825*		
タンパク質量	−0.406	0.556*	0.686	
食味評価	0.851	−0.844**	−0.854**	−0.448

D：最高粘度〔BU〕と 94.5℃で 10 分間保持後の粘度の差
T：最高粘度までの時間〔分〕
＊：5％水準で有意　　＊＊：1％水準で有意

ASW に比べ SW のうどんは色では優れていたが，粘弾性や硬さにおいては劣っていた。SW のうどんは弾力のない硬さ（もろさ，さくさく感）であった。Club のうどんは，食感が最も劣っていた。そこで，市販うどん用粉と ASW，SW，Club のテストミル 60％粉を各成分に分画し，市販うどん粉をベースにして，ASW，SW，Club の各成分と入れ替え再構成粉を調製して製麺テストを行った。

その結果，ASW の**プライマリースターチとテーリングスターチ**の入れ替えで，粘弾性が改良された。また，プライマリースターチはテーリングスターチよりも食感に大きく影響していることがわかった。

次に，Toyokawa ら[63]は各小麦のデンプンの物理化学的性状として，粒度分布（Particle Size Distribution），保水力（Water Holding Capacity），アミロース量（Amylose Content）と，うどんの品質の関係を調べた。各小麦のデンプンの粒度分布には差は見られなかった。

プライマリースターチ（Primary Starch）と**テーリングスターチ**（Tailing Starch）：小麦粉生地を水で揉んでデンプンを洗い出し，このデンプン懸濁液を遠心分離する。遠心分離した固形物の上層部の灰褐色区分をテーリングスターチという。下層部の白色のデンプンをプライマリースターチという。テーリングスターチには，損傷デンプン，小粒デンプン，脂質，酵素類，ペントザン（五単糖の多糖類）などが含まれる。

これにより，食感の差は粒度以外にあると思われる。保水力とうどんの粘弾性の食感とは高い正の相関（$r=0.968$）があり，また，アミロース量が増えると保水力が減少し，食感は弾力のない硬さが増加した。結論として，75℃におけるデンプン保水力がうどんの食感に大きく影響していると報告している。Crosbie ら[64], [65]もデンプンの保水力がうどんの食感に関係していることを確認している。

Shibanuma ら[66]はデンプンの構造面から麺適性について研究した。内麦のチホク，ホロシリ，農林61号とASW，WWを用いて，それらのアミロース含量，アミロース，アミロペクチンの構造などの差異について調べた。その結果，麺適性に優れているASW，チホクはアミロース含量が低く，またそれらのアミロースの分子は短い側鎖を多く有する構造をしていることを見出した。

(9) うどん用小麦の育種

内麦の育種面では，うどんの色，食感に重点が置かれ研究が進められている。

① 麺の色調を中心に

麺の色調が明るく冴えるという特性値は麺の官能検査の重要な評価項目の1つである。

ASWから調製したうどんの色（明るく冴えたクリーム色）が標準的なうどんの色と考えられている。うどんの色に関する研究はあまり進展していないが，胚乳および種皮の色，種皮の脆弱性の程度，PPO活性の強弱，PPOの基質の多少などが関与していると考えられる[67]。

辻ら[68]は小麦粉ペースト色のL値が高く，a値が低く，b値が高いものを選抜することで，色調が明るい冴えた小麦の育種選抜ができる可能性を見出した。

瀬古[69]は色差計のL値により白粒種のASW，赤粒種の農林61号，農研センター育種の白粒系統の小麦粉の色相を比較した。その結果，ASW，白粒系統小麦は農林61号に比べて明らかにL値が高く，小麦粉の色が明るいことを確認した。また，グルテンの色相も農林61号はASWに比べて，くすんでおり色相が劣ることを見出している。

このことから小麦粉および麺の色相の改良にはASWのような白粒品種を育成することが近道であると考えられるが，白粒品種は赤粒品種に比べて**穂発芽耐性**が明らかに劣ることから，わが国では問題が多いと報告している。

② 麺の食感を中心に

前述したように，麺のモチモチ性はアミロペクチン含量に大きく影響される。しかし，小麦には，もち性小麦は存在しなかった。このもち性

穂発芽耐性：穂についたままの種子が収穫前に発芽する現象を穂発芽という。雨が多い梅雨時期に，多く見られるが，穂発芽しないような遺伝子をもつと耐性がある品種となる。この遺伝子は，種子の休眠性と関係があり，休眠性が強い遺伝子があると，穂発芽が起こり難いといわれている。

小麦の作出にわが国の2つの研究機関が挑戦した。1つは東北農業試験場で，もう1つは農研センター（現在は作物研究所）で，手法は異なるが同時（1955年）に世界に先駆けてもち性小麦を作出した（2.2節）。

東北農業試験場では，アミロース合成の遺伝的解析の結果から，「関東107号」と中国の品種「白火」を交配し，もち性小麦を作出した。農研センターでは，「関東107号」よりアミロース含量がさらに低い突然変異系統「谷系A6099」を育成し，これと「西海168号」を交配した後代からもち性系統を選抜した[70]。

5.2.4 製菓

(1) 製菓（Confectionery）の原理と方法

ケーキ類の製造原理は，小麦粉に砂糖，油脂，卵などの副原料を加えて，ミキシングによりケーキ生地を作り，成形，型入れして，オーブンで焼成する。

ケーキ生地：流動性のある生地バッター（Batter），固形性のある生地ドウ（Dough）。

ここで重要なことは，小麦粉の特性を，副原料とミキシングの方法で引き出すことである。砂糖，油脂の効果は，デンプンの膨潤を抑制し，また，油脂はグリアジンおよびグルテニンの水和を阻害して，両タンパク質の相互作用によるグルテンの網目構造の形成を抑制する。

(2) スポンジケーキ

スポンジケーキ（Sponge Cake）の主原料は小麦粉，卵，砂糖，油脂などである。特に，小麦粉の糊化性状が品質に大きく影響する。ケーキ用粉には，薄力粉が用いられる。薄力粉の原料小麦はアメリカ産のウエスタン・ホワイト小麦が主として使用される。

製造の概略は次のとおりである。ケーキ原料である小麦粉，卵，砂糖，油脂，水などをケーキミキサーでミキシングしながら空気を抱き込み，ケーキバッターを作る。このケーキ生地を型入れして，オーブンで焼成する。冷却した後，デコレーションして製品ができ上がる。

(3) ケーキ用粉

ケーキ用粉（Cake Flour）に求められる品質特性[71]は，

- タンパク質量が少なくて，その質がソフトであること。
- デンプンの糊化特性が菓子に向いていること。
- α-アミラーゼ活性が低くアミログラム粘度が正常であること。

である。

Western Australia F.A.Q.：1974/75穀物年度からWestern Australia F.A.Q.小麦という名称が「オーストラリア・スタンダード・ホワイト（Australian Standard White：A.S.W.）小麦」に変わっている[72]。

(4) ソフト系小麦の物理化学的性状

デンプンの糊化性状について，Nagaoら[60]は，Western Australia F.A.Q.＞Victoria F.A.Q.＞Soft whiteの順に糊化開始温度が低いことを見出している。

Oda ら[61]も ASW（WA：ウエスタン・オーストリア）＞No.61（農林61号）＞WW の順に糊化開始温度が低いことを報告している。

Toyokawa ら[62]は保水力（75℃）について，ASW（WA）＞Soft white＞White club の順に大きいことを見出している。これらの糊化性状が二次加工に大きく影響していると考えられる。

(5) スポンジケーキの組織形成

水越[73]は，スポンジケーキの組織形成に関して，光学顕微鏡（Optical Microscope），**偏光顕微鏡**，**走査型電子顕微鏡**での観察を行った。

ケーキ生地には数十～数百μmの直径を有する無数の気泡が存在する。その気泡間のすき間に数十μmの大きさの偏光十字（図5.22）を示すデンプン粒子に起因する小麦粉粒子がびっしりと存在しさらに油脂や卵黄の乳化粒子も存在する。

このスポンジケーキ生地は焼成工程で，糊化デンプンと熱凝固タンパク質により固体泡に変換されてスポンジ状構造になる。焼成工程でのデンプン粒の変化を**偏光十字**の変化で観察すると，79～88℃の範囲で偏光十字が急激に消失することを見出した。

デンプンの糊化は88℃で終了し，その後，ケーキ生地中の卵タンパク質，小麦タンパク質の熱変性による不溶化，凝集現象が引き続き誘発されてケーキ組織が形成されていくことを明らかにした。

スポンジケーキバッターはオーブン内で膨張し，焼成後期で若干収縮し，気泡が固定されるがオーブンから取り出すとスポンジケーキは大きく収縮する。

偏光顕微鏡（Polarizing Microscope）：偏光顕微鏡内には，2枚の偏光フィルターが，光の振動面が90°で交わるようにセットされている。この状態では，光は完全に遮断されている。このフィルター間に試料を置くと，結晶体であれば複屈折した光が2枚目のフィルターを透過する。この原理を用いた顕微鏡で，鉱物の鑑定などに用いられる。

走査型電子顕微鏡（Scanning Electron Microscope：SEM）：電子顕微鏡の一種で，電子線で試料表面を走査し，試料からの発生した二次電子を画像化する。焦点深度が深く，広範囲に焦点が合った立体像が得られる。したがって，試料の表面構造を観察するに適した電子顕微鏡である。

偏光十字（Polarization Cross）：偏光顕微鏡でデンプンを調べると，デンプン粒内の結晶状態により，デンプン粒に黒い十字線として偏光十字が現れる。糊化状態では，偏光十字は消滅する。これを利用して，デンプンの糊化状態を調べることができる。

図5.22 デンプン粒の偏光十字の概念図

この膨張と収縮のメカニズムについて，藤井ら[74]は，デンプンの糊化性状から解明することを試みた。図5.23に示すように，小麦粉スポンジケーキは平らで，そのケーキ体積は1 145 ml，小麦デンプンスポンジケーキの形状はほぼ平らで体積は大きく1 423 ml，タピオカデンプン

図 5.23 小麦粉，デンプン類のスポンジケーキの断面[74]

a 小麦粉ケーキ
b タピオカケーキ
c 小麦粉デンプンケーキ

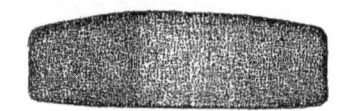

表 5.2 アミログラムのデータ[74]

	糊化開始温度〔℃〕	最高粘度〔BU〕	最高粘度温度〔℃〕	ブレークダウン〔BU〕
小麦デンプン	76.5	240	93.5	―
タピオカデンプン	61.5	935	72.5	465

8%タピオカデンプン，小麦デンプン懸濁液

スポンジケーキは中央部がかなり落ち込んだケーキとなり体積は小さく1 099 ml となった。

小麦デンプンとタピオカデンプンの糊化性状は表 5.2 に示すように，タピオカデンプンは小麦デンプンに比べて糊化開始温度と最高粘度時の温度が低く，最高粘度が著しく高く，ブレークダウン値が高いことを見出した。

これらの糊化性状がケーキバッター中で，どのような特徴ある挙動を示すかを観察した。小麦デンプンの糊化性状は，ブレークダウン値が小さく，したがって粒子構造が強く，しかも比較的粘度の低い糊化状態であるために，固定化しやすいと考えられる。

しかし，タピオカデンプン粒子は糊化が比較的低温で起こり，粒子の壊れやすい状態で強い粘性を持つため，強固な固定化が望めないと考えられる。そのためタピオカデンプンケーキ内において，気泡膜の周囲に分散しているタピオカデンプンの糊化状態が粘質であるために，気密性が高くなり気孔壁に包まれているガスが膨張するのに伴って気泡は大きく膨張する。この気密性が保たれた状態で冷却されるので，ケーキは収縮すると結論づけている。

Ohtsubo ら[75]はスポンジケーキの窯落ち防止法として，窯だし直後

タピオカデンプン：キャサバの根茎から製造したデンプンである。加熱により膨潤しやすく，透明性が高く，糊化性状はワキシーコンスターチに似ている。

窯落ち（Shrinkage after Baking）現象：オーブン中ではよく膨らんでいたケーキが，オーブンから出して冷却工程でケーキの上層部がへこむ現象をいう。

に10cmくらいの高さからスポンジケーキを落としてショックを与える方法を見出した。これはスポンジケーキの気泡膜に亀裂を起こさせスポンジケーキ内圧と外圧を等しくすることで，窯落ちが防止できるのである。この方法は食パンにも有効で，広く実用化されている。

(6) クッキー

主原料は小麦粉，油脂，砂糖，卵である。製造概略は，油脂と砂糖をミキサーでよくすり混ぜる。次に卵を加えて，混合する。これに小麦粉を加えて，クッキー（Cookie）生地を作る。この生地を延ばして型抜きして，オーブンで焼成する。クッキー用粉には，ケーキ用粉と同様にデンプンの糊化性状が重要で，薄力粉が用いられる。

① クッキー用粉

クッキー用粉（Cookie Flour）に求められる品質特性[76]は，食べ口がソフトなクッキーになるために，

- 厚さが適当で広がりが大きくなること。
- 表面のひび割れがある程度大きくたくさんできること。

である。

② クッキー用粉の物理化学的性状

Wadaら[77]はデンプン糊化特性がクッキーの品質に及ぼす影響を調べるため，糊化特性の異なるワキシーコーンスターチ（Waxy Corn Starch）とハイアミロースコーンスターチ（High-Amylose Corn Starch）を用いて単純化した配合でモデルクッキーを調製し，物性測定と官能検査により評価した。

その結果，ワキシーコーンスターチクッキーはハイアミロースコーンスターチクッキーに比べ，垂直方向に大きく膨化し，スプレッド（Spread：広がり）性が悪く，硬かった。ハイアミロースコーンスターチクッキーは顕著なショートネス（Shotness：サクサク感）を示した。

示差走査熱量分析と走査型電子顕微鏡観察からワキシーコーンスターチの粒子はクッキー中で一部糊化し，連続してクッキーを膨化させ，最終製品を硬いものにしていると推察している。

スプレッド性が高く，ショートネスのあるクッキーを作るには，糊化温度が高いデンプンを用いるか，あるいはデンプンの糊化を抑制することが重要だと考えられる，と報告されている。

Yamazaki[78]は，小麦粉の**アルカリ水保持力**とクッキーの直径との間に負の相関（$r = -0.847$）を見出している。これは上記のWadaら[77]の研究を裏付けるものである。

示差走査熱量測定法（Differential Scanning Calorimetry, DSC）：試料を密閉容器に入れ，一定の速度で加熱あるいは冷却して，試料の状態変化に伴う熱の温度と熱量の関係を調べる方法である。これにより，デンプンの糊化開始温度，糊化ピーク温度，糊化終了温度，糊化に必要な熱量が測定できる。

アルカリ水保持力（Alkaline Water Retention Capacity）：小麦粉の炭酸水素ナトリウム溶液保持力，すなわちデンプンの膨潤度を表す。

5.3 米（粉）食品の物性

わが国における米の「量から質への転換」の切掛けは1960年代の品種改良，施肥，栽培技術の著しい進歩，機械作業の普及に伴う生産の余力であり，生産調整が常態化したことに起因している。加えて，1969年の自主流通制度導入，1981年の食糧管理法改正とあいまってその傾向は加速された[79]。

米流通機構が変化したこの時期から，差別化を図れる「売れる米」のための**ポストハーベスト技術**や**品質評価技術**が改めて注目され，コンピュータ，センサーや解析技術の進歩もあって大きく変貌した[80]。

本書の冒頭でも触れられたように，この間コシヒカリとササニシキに代表される良食味米の浸透があったにもかかわらず，わが国における米消費量の減少傾向には歯止めをかけられず，今日の国民1人当たりの年間米消費量は60 kg弱と，最盛期の半分以下へと減少している。

さらには，1992年に発生した冷害に端を発した飯米用外国産米の輸入が始まり，さらに国際貿易上の措置としてのミニマムアクセス（Minimum Access）米の輸入が今日まで継続され（輸入枠77万トン），外食あるいは加工用途に外国産米がかなり使用されている。すなわち，今日国内市場での米について語る場合は，国内での新形質米品種の登場もあいまって以前よりも幅広く多岐にわたる品質，物性についての情報を必要としている。

5.3.1 米の流通形態

わが国で栽培されている主食用うるち米（粳米）品種やその流通形態は世界の中で特異な存在といえる。うるち米の食味，食感には米の主要成分であるデンプンを構成する成分であるアミロースの含有量が大きく影響することが知られている。世界的には，アミロース含有量が10〜35%の範囲のさまざまなうるち米が栽培されているが，わが国では飯米の粘りを追及してきたためアミロース含有量20%以下の品種が主に栽培され[81]，近年ではアミロース含有量が15%未満のうるち米品種が市場を賑わしている。すなわち，わが国の嗜好の傾向は諸外国の嗜好とはかなり異なっており，栽培される品種にも偏りが大きいことを理解しておく必要がある。

一方，これは米に限ったことではないが，わが国における育種の主体が主食用途，生食用途に偏り，加工の用途にはそれらの規格外品やくず米（Broken Rice）を回せばよいという理解であった。よって，酒米（Brewer's Rice）の場合は例外として，種々の用途が要求する品質要件

ポストハーベスト技術（Post-harvest Technology）：農産物が収穫されてから種々の処理を経て食べやすい食料，もしくは加工食品として利用されるまでに用いられる各種の処理技術を総称してポストハーベスト技術という。図5.24の例ではもみ乾燥以後の処理技術がポストハーベスト技術といえる。

品質評価技術（Quality Evaluation Technics）：食品の果たすべき重要な機能性は，第1に生命維持のための栄養供給機能，第2に食べておいしさを感じさせる嗜好・食感機能，および第3の健康調節機能の3つからなり，これらを十分に発揮できるかどうかで，農産物や食品の品質の良否が判断される。近年のわが国における米の場合では，第2の嗜好・食感が重要視され，米の食味に係わる多数の要素（表5.3）を理化学的に測定したり，官能試験（実際に食して評価する）を行ったりして総合的に判定される。

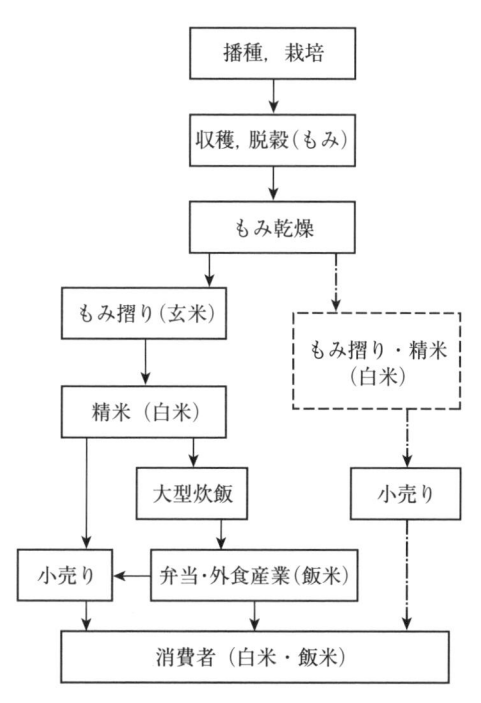

図 5.24 米の収穫後プロセスと流通形態

に対し，最適とはいえない素材（品種）が使用された結果，加工品の品質やコストの面での競争力を失っていたと判断される[82]。

ようやく 80 年代後半から，加工，家畜飼料等の用途に適した多用途品種の開発も進められ，今日では非常に多くの品種（米粉用品種を含む）が市場に登場している。

米はその流通加工過程に応じて，もみ（籾：Paddy or Rough Rice），もみ摺り処理（Dehusking or Shelling）によってもみ殻（Hull or Husk）を除去した玄米（Brown Rice or Hulled Rice），さらに玄米の表層部にあるぬかと胚芽を除去する精米，または搗精処理（Milling or Polishing）で得られる精白米（Milled Rice, White Rice or Polished Rice）の 3 つに分類される。**図 5.24** は米の収穫以後のプロセスと形態の概要を示し，実線はわが国の場合，一点鎖線は諸外国のそれを表す。米を主食として食す場合は，世界共通して粒のままである。

一方，わが国では古くから今日まで米の買い取りを玄米形態で実施しているため，玄米以後の品質や物性が重要視されているが，諸外国では，基本的にもみ流通であり，もみと精白米が注視され，玄米の存在感は小さいことが大きな相違点である。

5.3.2 米粒の物性および品質評価項目

過去の品質評価は生産者や買い入れる政府側の視点に基づいていたた

5.3 米（粉）食品の物性

め，もみや玄米段階での物理化学的性状が重要視されたが，現在は売れるか売れないかの視点で消費者や加工業者側でのニーズが重んじられるのは当然であり，食味や加工特性と関連する評価項目，手法が求められる。すなわち生の「米」(Raw Rice)から炊いた「飯」(Cooked Rice)に関心が移っている。

しかし，今日でも用いられる品質評価法の多くは1950〜1960年代に整備されたものがほとんどであり，これらを近年の新形質米に適用する際に種々の問題が生じつつあることを踏まえておく必要がある。

表5.3は生の「米」(もみ，玄米，精白米)と飯米の物性・品質評価の主要項目を対応させたものであり，両者間で大きく異なるのがわかる。これらのうちから生の米の代表的な項目について述べる。

表5.3　質の時代の主な品質評価項目

生の米（玄米，精白米）	飯　米
水分	水分
千粒重	飯粒のサイズ（長さ，厚さ）
カサ比重	飯粒の外観（形の変形）
米粒のサイズ（長さ，厚さ）	炊飯特性（吸水率，膨張率，溶出固形分，BV）
精白米の白度	飯米のテクスチャ（1粒，集団粒）
被害粒率（着色，白濁，砕粒）	官能試験による食味
アミロース含量	食味値（食味分析計）*
タンパク質含量	味度（おネバ）
米粉の糊化特性（粘度変化）	老化特性*
食味値（食味分析計）	炊き上がり状況*

＊：弁当，給食など，大量炊飯を行う業界で重視する項目

(1) もみの物性・品質評価項目

① 水分

もみの品質は，生産者や流通加工業者，あるいは稲の育種に携わる側に重要視される。表5.3中でも水分は刈取り適期の判断や乾燥工程の実施にとって必須条件となる。自脱型コンバインによる生もみ収穫（平均的な刈取り時の水分は20〜26％w.b.）が主流のわが国では，素早くもみを乾燥して長期間の貯蔵に耐えるようにしなければならない。そのためには刈り取り時のもみ水分の迅速な把握が重要である。さらに乾燥進捗状況のモニタリング，仕上げ水分（検査基準の上限は14.5％w.b.だが地域によって0.5もしくは1.0％の上乗せあり）の認定などのために水分を電気式の水分計（Moisture Meter）や105℃24時間炉乾法（Oven Method）によって計測する。

$$\text{湿量基準水分} = 100 \times \frac{W_0 - W_d}{W_0} \quad [\%\text{w.b.}]$$

$$\text{乾量基準水分} = 100 \times \frac{W_0 - W_d}{W_d} \quad [\%\text{d.b.}]$$

ここで，W_0 は材料の乾燥前の初期重量，W_d は炉で乾燥した後の重量（いずれも，gまたはkg）であり，一般の商取引などでは湿量基準の水分が使われる。

現代ではもみ乾燥の自動化が進み，個別農家，共同の施設を問わず，乾燥条件の設定や仕上げ水分の認定のために短時間で，かつオンラインで計測ができる電気式水分計（Electric Moisture Meter）が普及している。

米のように水分を含む有機体の等価電気回路は，図 5.25 のような抵抗（Resistance）と静電容量（Capacitance）の並列回路とされ，どちらか一方の電極対に試料を挟み，その電気抵抗もしくは静電容量の変化を炉乾法による水分値で較正して水分を求め，表示するものである。電気抵抗変化に基づくものを電気抵抗式水分計，静電容量変化に基づくものを静電容量式水分計とよんでいる。

どちらの方式にも小型の携帯型（図 5.26 に電気抵抗式の一例を示

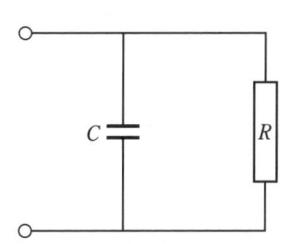

C：静電容量，R：電気抵抗

図 5.25　水分を含む食品の等価電気回路

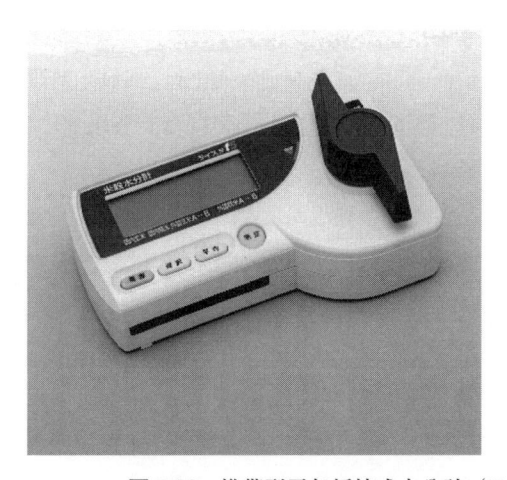

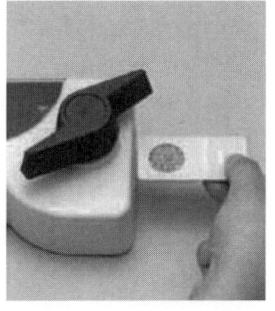

粉砕したもみ，玄米を試料皿に入れ，水分計に挿入して右側のハンドルを回し，圧縮して計測

図 5.26　携帯型電気抵抗式水分計（Kett 社ライスタ f5）

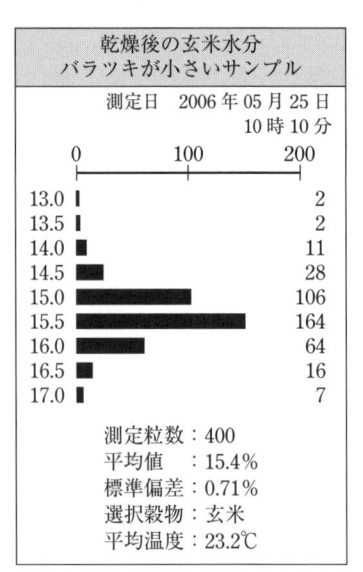

図 5.27　単粒水分計（Single Grain Moisture Meter）とその計測例（静岡製機 CTR-500E）

す），卓上型や穀類共同乾燥調製施設（共乾施設と略称）の荷受け部や乾燥機にセットされるものがある。

　乾燥機に装着されるものは，乾燥機の運転制御やもみ水分が目標値に到達したら乾燥機を自動的に停止させることができ，乾燥工程の省力化に貢献している[83]。また乾燥したもみ（玄米）の品質管理を目的に，米粒の集合体である乾燥対象から一定量をサンプリングしてその1粒1粒の水分を計り，水分の分布・バラツキなどを検査する単粒水分計も共乾施設などで使用されている（図 5.27）。

　② 異物・被害粒など

　わら（Straw）などの異物（Impurity）や検査時に被害粒（Damaged Grain）と判定される未熟粒などの混入率を品質情報として測定する。わが国のもみ乾燥では，熱風による強制通気乾燥（Artificial Drying or Mechanical Drying）が主体であり，乾燥機や共乾施設の設計や運用には，もみの容積重（あるいはかさ比重），比熱，安息角などが必要物性情報となる。

　乾燥中の熱風温度などの条件が不適切な場合（設定温度の高過ぎや過大風量に起因する過大乾燥速度），あるいは稲架がけなど自然乾燥中の降雨による吸水によって玄米部分にひび割れを生ずることがある。これを「胴割れ」（Crack or Fissure）と称し，重度のものは続くもみ摺り，精米工程で砕粒となって歩留りを低下させる原因となるので被害粒とみなされ（図 5.28），もみ乾燥中に測定されることも少なくない。わが国産もみの検査基準では，容積重が 540 g/L 以上であり，健全なもみ（整

| a 横にはっきり 1条 | b 縦横異なる部位に2条 | c 横3条 | d 縦1条 | e 亀甲状に多数 |

図 5.28 被害粒となる重度胴割れの例

粒）が70％以上で，上記被害粒の混入は6％以下のものが合格となる。

(2) 玄米の物性・品質評価項目

① 外観品質

先に述べたように，もみ摺りによってもみ殻を除去した玄米はわが国での米流通の最も重要な形態であり，米の品種（銘柄）・産地とともに，この品質によって価格決定の根拠となる等級が定まる。

水分や容積重のように，もみの場合と共通の項目もあるが，玄米では米粒そのものが評価対象になるので，外観に関する，玄米粒の形・大きさ（長さ，幅，厚み），特に粒の厚み（粒厚），さらに粒表面の色（可視光の反射率に基づく白度で表す場合が多い），状態（もみ摺り作業に伴う肌ずれの有無），胚乳部の白濁（登熟期の気温によるデンプンの充実不良が原因）などが加わる。

なお，白度の測定については次の精白米の項で説明する。水稲うるち玄米の検査基準を表 5.4 に示す。もみの場合とは異なって等級分けが採用されており，等級に応じた上下限が設定されている。買取時検査のみならず，農協などが運営するライスセンター（Rice Center：RC）やカントリーエレベータ（Country Elevator：CE）などの共乾施設では，生産者から生もみの乾燥調製を受託する際に，持ち込みもみからサンプリングして自主検査を実施する。その際も表 5.4 の基準に準拠する場合が多い。

以前はこれらの検査を検査員が玄米サンプルの組成を目視で分析して

表 5.4 国内産水稲うるち玄米の検査規格（農林水産省）

項目	最低限度		最高限度							
				被害粒，死米，着色粒，異種穀粒および異物						
							異種穀粒			
等級	整粒〔％〕	形質	水分〔％〕	計〔％〕	死米〔％〕	着色粒〔％〕	もみ〔％〕	麦〔％〕	もみおよび麦を除いたもの〔％〕	異物〔％〕
1等	70	1等標準品	15.0	15	7	0.1	0.3	0.1	0.3	0.2
2等	60	2等標準品	15.0	20	10	0.3	0.5	0.3	0.5	0.4
3等	45	3等標準品	15.0	30	20	0.7	1.0	0.7	1.0	0.6

図 5.29 穀粒判別器（携帯型）
（サタケ RGQI10B）

いたが，現在では可視光線の3原色（赤，緑，青）を米粒にあててその反射，透過の特性によって死米（しにまい），着色粒，胴割れ，白濁した粒などの被害粒を自動的に検知できる装置が広く普及している。その装置の一例を図 5.29 に示す。

1980 年代にかけての乾燥調製技術の進歩によって，平常年ではほとんどの地域で1等米の出荷が大部分を占めるようになった。しかし，近年の地球温暖化の影響のせいで，稲の登熟（Grain Filling or Ripening）期気温が上昇し，西日本では適正とされる温度（コシヒカリの場合：出穂後 40 日間の平均気温で約 22 ℃）を 2 ℃以上も超え，米質低下の傾向が出てきた。

これは高温登熟といい，胚乳（Endosperm）にデンプンを蓄積する関連遺伝子に障害が起きて胚乳デンプンが密にならず，デンプン結晶間に空隙ができて，光の透過を妨げる白濁化が玄米粒の中心部，腹部，背部に進行する。これらはそれぞれ，心白（しんしろ），腹白（はらじろ），背白（せじろ）とよばれ，粉状質粒（Chalky Grain）に分類されて被害粒とみなされることから，整粒比率が下がって1等米に格付けされずに出荷米の 70％以上が2等米という県も生じている[84]。

② 硬度

検査項目にはないが，続く精米工程の歩留りに大きく影響を及ぼす物性として米粒の硬度（剛度：Hardness）がある。これは，玄米粒に圧縮荷重をかけて割れるときの荷重を硬度としている。

従来から，農業試験場や農協では，図 5.30 のような手回しの穀粒硬度計を用いる場合が多いが，その精度，再現性には問題がある。大学などの研究機関ではこれらを解決するために圧縮速度を一定に保ち，荷重と材料に生ずる歪み（変形）を測定できる試験機が用いられている。そ

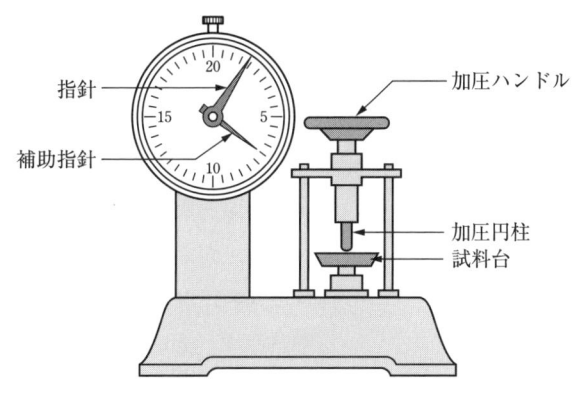

(試料台の上に穀粒を置き，加圧ハンドルを回して加圧円柱で圧縮をかけ，割れたときの荷重を読む)

図 5.30 木屋式穀粒硬度計 1600-C

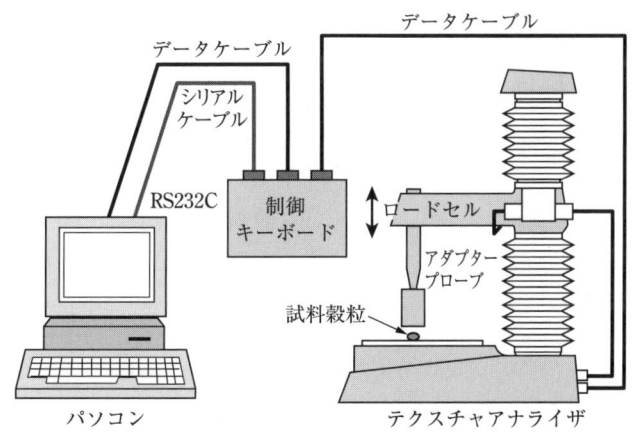

(a) 食品の力学物性測定装置（Texture Analyser – XT2, Stable Micro Systemes Ltd., UK）

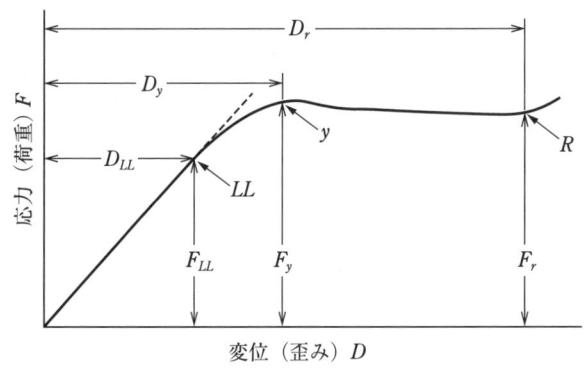

(b) 生物材料の荷重－歪み曲線
　　縦軸：荷重，横軸：歪み，y：生物的降伏点，LL：比例限界，F_y：降伏荷重（穀粒の硬度）

図 5.31 食品の力学物性測定装置と生物材料の荷重-歪み曲線

5.3 米（粉）食品の物性

の概要と取得する荷重-歪み曲線を図 5.31 に示す。

ここで荷重の増加に伴って穀粒にひび割れが生ずる点を生物的降伏点 (Bio-Yield Point) といい[85]，穀粒の硬度としている。硬度の値は，品種，米質（硬質，軟質），水分，米粒形状などに影響されるといわれている。わが国産飯米用品種の多くでは，約 50〜60 N（5〜6 kgf）程度の値を示すが，胴割れ粒や粉状質粒だとこの半分ほどの値となり，また粒の長さと幅の比が大きいインディカ系の長粒種も硬度がやや低く，いわゆる割れやすいということになる。表 5.5 は筆者の研究室で 2011 年茨城県産のコシヒカリと北海道産の多用途品種（粉状質品種）である「ほしのこ」の玄米粒，および精白粒の硬度を測定したものである。

コシヒカリ玄米の平均硬度が約 57 N なのに対し，ほしのこの玄米ではほぼ全部が粉状質粒のため平均硬度は 34 N となった。またコシヒカリの精白した粉状質粒でも 43 N と低かった。両品種の玄米を 5.4 節で述べる竪型摩擦式精米機にて同一条件下で搗精したときの玄米基準精米歩留りは，それぞれ 90.5％，73.9％となり，硬度が搗精に及ぼす影響が小さくないとこがわかる[86]。

表 5.5 玄米および精白米の硬度測定例（単位：[N]）

品種名	コシヒカリ			ほしのこ	
	玄米	精白米 正常粒	精白米 粉状質粒	玄米	精白米 粉状質粒
平均硬度	57.7	52.1	43.2	34.4	32.6
標準偏差	10.3	11.8	11.1	6.5	9.4

＊ほしのこでは精白米の正常粒なし。

(3) 精白米の物性・品質評価項目
① 精米（搗精）歩留り

精白米ではまず精米歩留り（Milling Yield）が重要である。すでに述べたが，わが国では玄米を基準とし，精米工程で糠を除去後，取得した精白米重量の比（百分率）を精米歩留りと定義している。一方世界的にはもみ流通であることから，精米歩留りはもみ基準で計算されるので，留意が必要である。

$$玄米基準歩留り = 100 \times \frac{取得精白米重量}{投入玄米重量} \quad [\%]$$

$$もみ基準歩留り = 100 \times \frac{取得精白米重量}{投入もみ重量} \quad [\%]$$

ここに，重量の単位は [kg] もしくは [t] である。

搗精操作が除去対象にする糠は，玄米表層から順に果皮，種皮，外胚乳，糊粉層からなり，玄米重量の 4〜6％ を占めるとされる。実際の精

米では，胚芽の大部分，および胚乳表面近くのデンプン層の一部も除かれるので，玄米基準の精米歩留りはおおよそ90〜92%となる。表5.6に完全精米の品質基準を示す。

ここで精米製品中に含まれる砕粒とは，整粒の2/3〜1/4程度の大きさのものとされる。また，もみ重量に対するもみ殻の重量割合は約20%であるから，もみ基準歩留りの値は高くても70%程度となる。

インディカ系長粒種を扱う諸外国では，もみ摺り，搗精中に発生する砕粒が多くなるので，砕粒混入を前提として等級をより細かく定めている場合が多い。これらにおいて最良品質の精米歩留りを表す指標としてヘッドライス（Head Rice Yield：もみ基準）が用いられ，精米の評価基準の1つとなっている。

これは完全な精白粒とその体積の3/4〜4/5が残存する大きい砕粒との合計を取得精白米とみなすものであり，良好なものは65%以上のヘッドライス値を示すが，原料もみの品質が劣っていたり，乾燥，もみ摺り，搗精の各工程での条件設定が不適切だったものでは50%を下回ることも少なくない[87]。

表5.6 完全精米の品位基準（米穀公正取引推進協議会，平成16年4月より）

水　分〔%w.b.〕	粉状質粒〔%〕	被害粒 計〔%〕	被害粒 着色粒〔%〕	砕　粒〔%〕	異種穀粒および異物〔%〕
16.0	15	2	0.2	8	0.1

（注）数字はすべて上限値を示す。

② 白度

次に重要視されるのは，精白米の外観品質であり，その粒のサイズ，形が揃っていて白度（Whiteness）が高いことが良質の要件とされる。白度は精白米の品質を見ると同時に精米の進行程度を見る指標としても用いられる。白度は米粒にタングステン電球の光をあて，米粒表面からの反射光（エネルギー）を受光素子で測定するもので，100%反射すれば理論的白（純白）を示し，これを白度100とする。

玄米の糠部分には繊維や灰分，クロロフィル，βカロチンなどが含まれるので，黄褐色を呈してやや黒ずんで見え，その反射率は20%（白度20）ほどである。一方，これを除去する精白米では糠を除去するに連れて反射率が上昇して白くなり，玄米基準歩留りが90%の完全精米に至ると白度は40前後へと上昇する[88]。一般に良食味米とされるコシヒカリやあきたこまちなどの白度は高いといわれている。

③ 精白米粉の加熱糊化特性

精白米を粉砕して米粉にし，これを水に懸濁したものの加熱糊化特性（Gelatinizing Characteristics）は，精白米のデンプン組成や炊飯性と関連する理化学特性としてよく測定される。既述のように，これは小麦粉でも実施されており，一定濃度の懸濁液を加熱してデンプンの糊化を促し，その粘性変化を回転型粘度計で測定する。

以前は小麦粉用のブラベンダー社製アミログラフが標準機として米にもよく使用されたが，1990年代になり，より優れた計測精度を持つとされるニュー・ポート・サイエンティフィック社（オーストラリア）製ラピッドビスコアナライザー（RVA）が導入された。特に，本機では計測時間の短縮（アミログラフで約100分間がRVAでは約20分間に）とサンプル量の低減（アミログラフで50g必要なのがRVAでは約3gに）が可能であり，今日，実質上の標準機として使用されている[89]。図5.32にその加温プログラムと測定例とを示す。

ここで，粘度には装置固有の単位〔RVU〕が使われ，以前のブラベンダーアミログラフも独自単位〔BU〕を使っていて異種装置とのデータ互換性に問題がある点ではこれも同様である。なお，RVA装置のメーカーによると1〔RVU〕はSI単位系の12.6×10^{-3}〔Pa·s〕に相当するとされる。

図中，加温を始めて最初に粘度が上昇し出す"A"は米デンプンの糊化・膨潤の開始点であり，そのときの温度を糊化（開始）温度という。加温を続け，93℃到達後に出現する"B"は糊の最高粘度，Cは最低粘度，次に冷却段階を経て50℃3分間保持時の"D"を最終粘度とよぶ。"A"の糊化（開始）温度は品種や米質によって異なるが，一般的に，ジャポニカ系の軟質米では60℃前後，インディカ系ではおおむね65℃

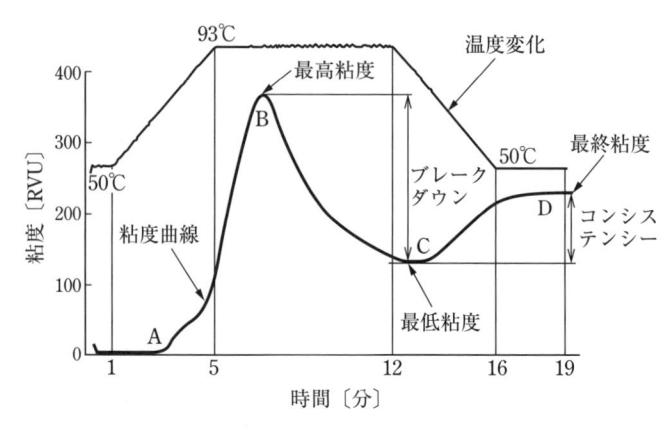

図5.32 ラピッドビスコアナライザーによる精白米粉の糊化特性測定例

以上となる。最高粘度"B"はジャポニカ系とインディカ系とで大きく異なり，インディカ系は固い糊となってジャポニカ系の1.5倍ほどの最高粘度を示す[89],[90]。

　一方，話をわが国産飯米用途うるち米の新米に限ると，生産年によってバラツキはあるが，350〜450〔RVU〕程度の最高粘度を示し，良食味米ほど高い値を示すといわれている。"B"から"C"に至る間の粘度の低下は，RVAの回転翼による糊ネットワーク構造の摺り破壊によるものであり，B点でのRVA値からC点でのRVA値を引いたブレークダウン（Break Down）とよんでいる。やはり，わが国産うるち米の新米では，ブレークダウンの値が大きいほど（250〜300〔RVU〕）良食味だといわれている。

　繰り返すが，これらはわが国産飯米用うるち米の新米に限ってあてはまり，貯蔵によって古米化が進むにつれて最高粘度，ブレークダウンが高くなり，むしろ食味が悪いとされる上記インディカ系品種の場合に類似した傾向を示すので，測定結果の解釈には注意がいる[89]。

　次に，"C"から"D"に至る粘度の上昇は，冷却に伴う糊の老化（Retrogradation）によるものであり，セットバックまたはコンシステンシー（Set Back or Consistency）とよばれている。炊飯した飯米が冷えたときの粘りや固さのようなテクスチャー（Texture）と関連するといわれ，アミロース含量の高いインディカ系でその値が大きくなるとされている。

5.4 米のプロセッシング

5.4.1 もみ摺り・精米

　既述のように，米は粒のまま飯米として食する場合が多いので，もみ殻や糠を除去するもみ摺り，搗精の両工程では，粒を破壊して砕米にしないように処理を進めなければならない。米の外皮が小麦に比べて剥がれやすく，また玄米表面のテクスチャーが柔らかい性質であるために粒食を可能にしている。

(1) もみ摺りの原理，方法と機械

　もみ摺り，精米ともに，米粒の表面に層状に存在する部分を剥がすことが目的であるので，表面に適度な圧縮力（Compression Force）とせん断力（Shearing Force）を与える機構が必要である。

　もみ摺りはもみ殻（「ふ」ともいい，形態学的には「えい」の部分）を除去する工程（2.1.2項）であり，脱ぷともいう。これは小麦の製粉には存在しない工程である。

佐竹利彦の研究[91]によると，道具的なレベルから進化したもみ摺り器の最初は18世紀に中国から輸入された土臼であり，斜めに溝（粘土製）がついた木製円板を手で回転させ，上からの圧力と回転方向のせん断力で脱ぷさせるという機構であった（図5.33）。

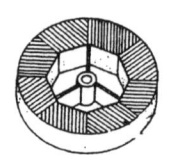

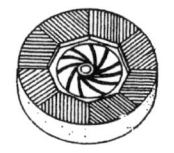

図5.33 中国製土臼の例[95]

① アンダーランナー

19世紀後半，金剛砂（エメリー粉，Emery Sand）を焼結した溝（溝のパターンは図5.33に類似）を持つ上下2枚の円板からなり，下方の1枚をベルト動力で回転させて脱ぷするアンダーランナー（Under Runner Sheller）がイギリスで登場した（図5.34）。これが最初の機械式もみ摺り機である。

小麦や蕎麦（Buck Wheat）などの製粉に古来から用いられてきた石臼（Stone Mill or Stone Mortar）とは異なり，アンダーライナーは米粒を潰さないように数ミリの隙間を2枚の円板間に確保し，さらに上の円板を固定し，下の円板のみを回転させて上下に回転差をつけ，せん断力を発生させる。この機構によりもみ摺りの効率は大きく向上したが，後述するゴムロール式に比べると砕粒発生が多い。現在も発展途上地域の精米工場でよく使用されている[92]。

② ゴムロール式もみ摺り機

現在世界で最も普及しているもみ摺り機はゴムロール式もみ摺り機

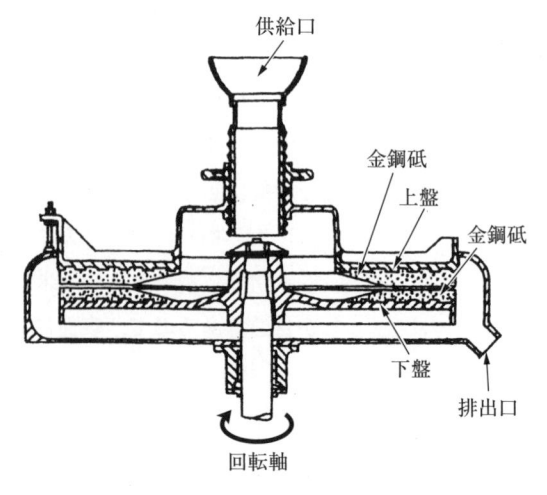

図5.34 アンダーランナー断面図[95]

(Rubber Roll Huller or Sheller) であり，図 5.35 のように作用部分は小麦製粉機のロールミル（5.2.1 項）に似た形状のロール 1 対からなる。粉砕を目的とするロールミルに対し，このもみ摺り機ではもみを圧迫し過ぎず，適度な圧縮力を与えるようにゴム製のロールの間にはもみの厚みよりやや小さい 1 mm 程度の隙間を設けている（実用機では調節が可能）。

さらに弾力のあるゴム製（耐摩耗性の確保，玄米表面への着色を防ぐ目的で白色の合成ゴムが用いられる）のためにもみ表面との間の摩擦を大きくできる。両ロールに回転差（高速側 1 000～1 200 rpm，低速側 700～900 rpm）を与えると，もみ表面との間に大きなせん断力が発生し，これがもみ殻を破壊する作用の主役となる。

その機構の概略を図 5.36 に示す。せん断力の大きさはゴムロールからの圧縮力 P〔N〕と回転差の関数となり，ロールがもみに対してする仕事 W〔J〕は次式で表される。

$$W = \mu PL \times 周速度差率$$

ここで μ はもみとロールとの間の摩擦係数〔-〕，L はもみとロールの接触長さ〔m〕を示し，ロール間隔を狭くして P と L を大きくとり，回転差すなわち周速度差率〔-〕を大きくすると W が増加して脱ぷを推進することがわかる。

ただし，1 回当たりの脱ぷ率を上げようとしてロール間隔を狭くし過ぎたり，回転差を大きくし過ぎると圧縮力，せん断力が過大になって内部の玄米まで破砕してしまうことになる。一般に，ロールの直径，ロー

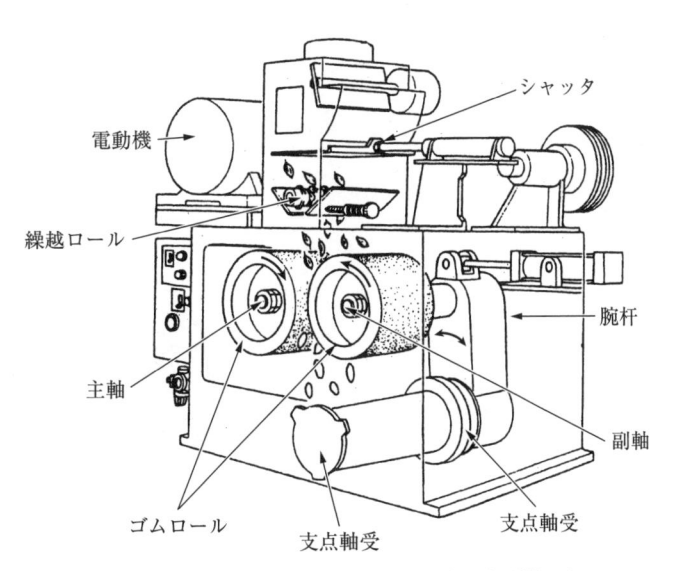

腕杆の位置を調節してロール間の隙間を開閉できる

図 5.35 ゴムロール式もみ摺り機の機構[95]

5.4 米のプロセッシング

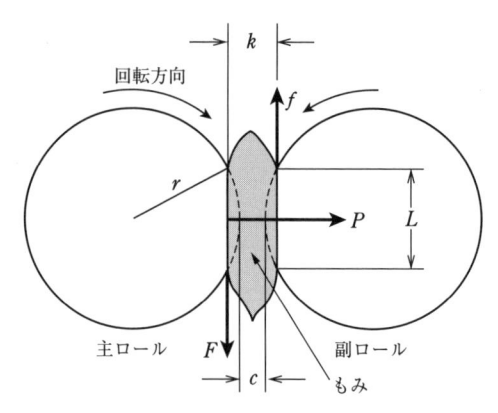

図 5.36 ロール式もみ摺り機におけるロールともみとの関係
（主副両ロールの直径が同じ場合）

ル長が長くなるにつれて処理能力は大きくなるので，その能力表示には長さの単位であるインチが慣習的に使用される。

③ 衝撃式（遠心式）もみ摺り機

図 5.37 は 20 世紀前半にわが国で発明された岩田式脱ぷ装置である。上部から供給されたもみは，もみ誘導用突片を付けた鉄製円板の高速回転に伴う遠心力によって放擲（ほうてき）され，周囲の壁（ゴムでライニング）に衝突して脱ぷに必要なもみ殻破壊エネルギーを得る。この方式のもみ摺り機を衝撃式もしくは遠心式もみ摺り機（Rotary Sheller）という。

もみが供給されるとき，回転中心からの距離を r〔m〕，もみの質量を m〔kg〕，回転の接線速度を V〔m/s〕とすると，その遠心力は次式のようになる。

$$F = mV^2/r$$

これが壁への衝突時にもみ殻を破壊する力の主体となるので，回転速度を早くすると遠心力を大きくできるが，早くし過ぎるともみ殻のみならず，内部の玄米にまで損傷を与え，胴割れや砕粒の発生につながる。

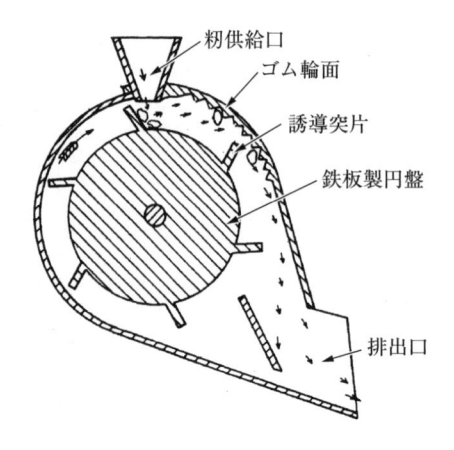

図 5.37 岩田式脱ぷ装置[95]

現在使用されている衝撃式もみ摺り機には**図5.38**のように，硬質ABS樹脂製羽根を多数付けた回転盤（1 600～3 000 rpmほどで回転）と内側にウレタン樹脂ライニングを施したファンケースとからなる。これをインペラー型もみ摺り機と称している。

羽根の形状により放擲の効率化とケース内風の制御がよくなされ，加えてライニングの材質と形状の効果でもみに十分なせん断力を与えることができるようになっている。長所として，ゴムロール式のような玄米表面が荒れる肌ずれ粒の発生が少ない，多少高水分でも脱ぷ性能がゴムロール式ほど低下しないなどがあるが，上記の式で分かるように，十分な遠心力確保に盤の径を大きくできないので，装置の大型化が難しいという弱点がある[93]。

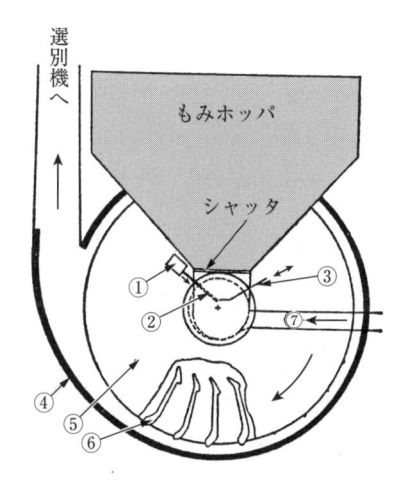

図5.38 インペラー型もみ摺り機（Impeller Type Rotary Sheller）の主要構造（大竹製作所）

① バルブ
② 供給停止シャッタ
③ 流量調節バルブ
④ 樹脂ライナ
⑤ 脱ぷファン
⑥ インペラー羽根
⑦ 選別機からの戻りもみ

④ 揺動選別機

これまで示したどのもみ摺り機においても，材料の損傷を避けるため，1回で100％の脱ぷを狙わずに80～90％程度の脱ぷ率で運転されるので，もみ摺り機に通した後には，もみ，もみ殻，玄米の3種類が混在する。

したがって，もみ殻のついたもみは再度もみ摺り機に，もみ殻は装置外部に，脱ぷできた玄米は製品口に行くように区別して集める必要がある。古くはこの役割を網目開きの異なる3枚の篩を上下に重ね，材料の大きさで区別する万石などが担っていたが，その選別効率はよくなかった。これを解決するために，選別要因を1つではなく，粒径差，摩擦係数差，比重差の3つで区別する揺動選別機が1960年代に開発され，今日広く普及している。

5.4 米のプロセッシング　167

図 5.39 に示すように，選別板は 2 方向に向かって傾斜しており，粗い表面の板にはいくつもの凹凸がつけられている。処理能力を上げる意味もあって実用機ではその規模によってサイズの変更，セットされる枚数を増やすことができる。

この揺動選別の機構は複雑だが，簡単に説明すると，板の傾斜とクランク機構による上下かつ横方向（斜め上下の円弧状往復運動）の動きによって最上部から供給された材料は，相対的に比重の大きい玄米が沈んで板の底付近に到達し，軽いもみ殻をつけたもみは表面近くに残る。板が斜め上方に動く際に玄米は窪みに邪魔されて下方に行けないため慣性力によって斜め上に飛ばされるが，表面摩擦係数の小さい玄米の上に載った状態のもみは滑って下方に流れ，結局板の上側に比重の大きな玄米が，下側に比重の小さいもみが偏在する。

実際には，中間部にもみと玄米とが混ざって存在する箇所ができるので，傾斜の上方に玄米，中間部にもみ・玄米の混在部分，下方にもみの部分という順になる。この上方と中間部の境界の適切な位置に仕切板をセットして玄米部分のみを製品として回収し，ほかの部分を再度もみ摺りに供す。

また比重が明らかに小さいもみ殻は搬送途中で風力選別される。個別農家用のような比較的小型のものでは，前述のゴムロール式もみ摺り機との一体型が普及している。

(2) 精米の原理，方法と機械

精米の工程は玄米表面に存在する糠層を搗精操作によって除去することが主目的である。もみ摺りの場合と同様に，外部からの圧縮力やせん

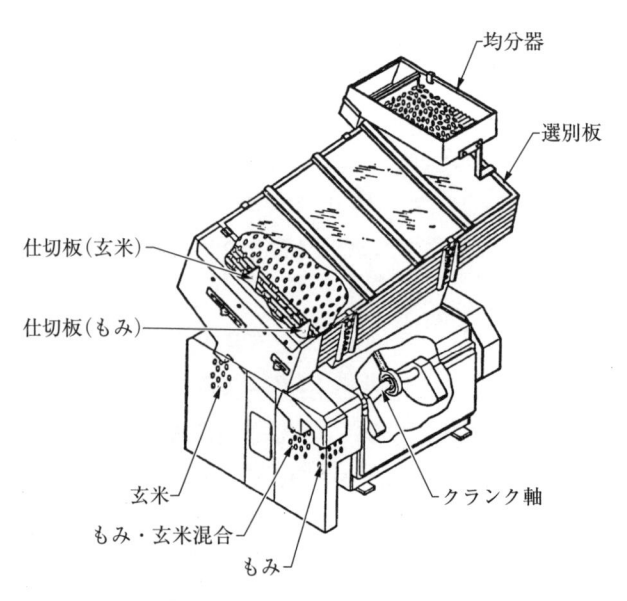

図 5.39 揺動選別機（Shaking Separator）の構造概要（サタケ㈱）

断力によって層状のぬか（2.1.2項），および胚芽を除去する。このせん断力を搗精作用の視点で分類すると，摩擦力，擦離力，切削力に分けられる。

摩擦力は米粒（玄米）に回転と圧力をかけて米粒同士間に摩擦を生じさせ，その力でぬか層を剥離させる作用力であるが，除去効率は低く，投入エネルギーの多くが熱に変換され，米粒温度を上昇させるという欠点がある。

擦離力は米粒と精米機の金属周壁との間に圧力を受けて生ずる摩擦力の一種で，強いせん断力を発揮し，玄米の構造上強度の低い糊粉層付近を剥離させる作用力である。

切削力は鋭く角張った硬質材料でぬか層を外側から順に削り取る作用力であり，切削材として金剛砂やセラミックが用いられる。摩擦力と擦離力に比べて大きな圧力は不要で，除去効率も高いが，搗精後の精米表面が粗いという弱点がある。

実際の精米機はこれらの作用力のどれかを発揮できる構造をとっている。精米機の分類方法は研究者によってさまざまであるが，主要な精米方式のみを以下に示す。

① 研削式精米機

近代的な研削式精米機（Abrasive Type Polisher）として最初に登場した（1860年頃とされる）ものは，天然の金剛砂（後年，砥石をセメントで固めたものに変更）の研削ロールを持ち，主に切削力により搗精する通称コーンタイプ研削式精米機（Cone Type Polisher，英国ダグラス＆グラント社）である。

図5.40に示すように，研削ロールの回転軸は竪型であるので竪型研削式精米機に分類される。精白作用は研削ロールの側壁と金網でできた周壁との間で行われる。削り取られたぬかは粒子径が細かいので，金網を通り抜けて外部に排除され，粒径の大きい精白米は精白室内に留まって精米機下部の排出口から取り出される。大型の精米機ではロール径が2mに及ぶものもあり，精白部での周速度が大きいことから，別の分類法では高速型ともいわれる。

構造的に単純で堅牢なので，アジアの発展途上国の商業精米施設では現在も多数使用されている[94]。わが国では，昭和に入り，焼成砥石を用いた円錐形の研削ロールを用いた竪型研削式精米機が開発された。この基本構造は図5.40のコーンタイプに類似するが，ぬかの除去効率が高いので，搗精度を上げる必要のある酒米（40〜70％の歩留り）の精白に使用されている。

今日，研削式は飯米用精米を行う大中商業精米工場（設備モーター容

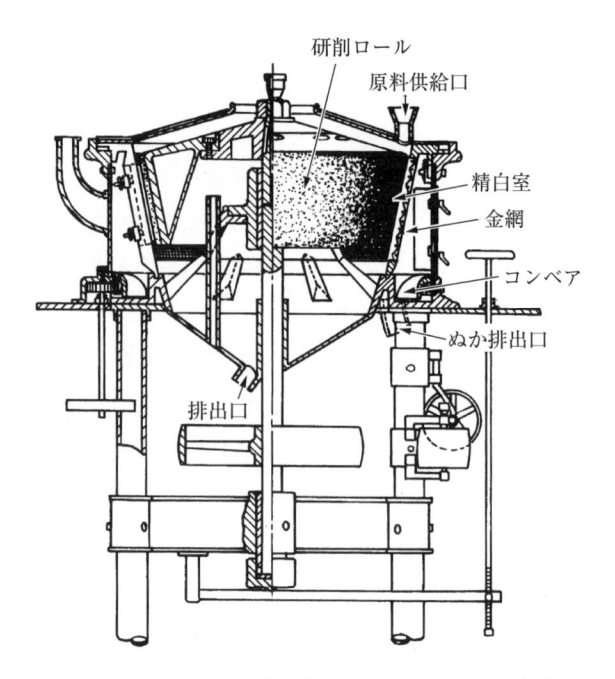

図 5.40 竪型研削式精米機（通称コーンタイプ)[95]

量で 37.5 kW 以上）での搗精工程初段に組み入れられることが多く，**図 5.41** のような横型研削式精米機が普及している。精白部は横置きで，円筒形の固定式多孔筒（ぬか抜き用の穴やスリットを有す鋼板製）と円筒形をした研削ロールとの間げきの部分（約 10 mm）である。

　ロール表面は焼結成形した金剛砂が張り付けられ，これが 600〜950 rpm で回転し，玄米表面を研削してぬかを除去する。なお，近年になって金剛砂より表面が滑らかなセラミックを研削部としたものも登場している。回転軸周囲にあるロールの隙間（穴）は，ここから圧縮空気を噴出して精白部の冷却，ぬか抜きや胚芽除去を促進する。原料供給側

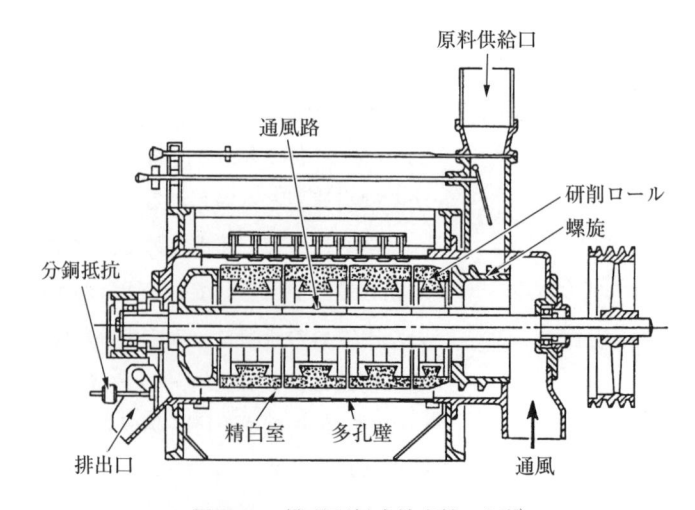

図 5.41 横型研削式精米機の例[95]

には玄米を精白部に圧送するための金属螺旋部があり，反対側の排出口には精白室内で米に適度な圧力をかける目的の重り付き蓋（可変式）がある。設定圧力は 2～3 kPa ほどとされる。

② 摩擦式精米機

コーンタイプ研削式精米機に 20 年以上遅れ，摩擦式精米機（Friction Type Polisher）が米国エンゲルバーグ社で開発した横型摩擦式精米機（Engelberg Huller, エンゲルバーグ式精米機と呼称）が近代型の最初である。

その構造は図 5.42 に示すように，回転軸は横置きで，原料投入口側に横送り兼圧縮力発生用螺旋（金属製角棒を斜めに溶接した程度）とその下流側に撹拌バーを溶接した鉄製ロール，および下側半分をぬか抜き用金網にした円形外筒が主要部分であり，両者の間げきが精白部となる。

精白部では突出した撹拌バーで回転方向に強く圧縮して摩擦力を発生させる。排出口に圧力調節機構がないことと精白部の間げきが 20 mm 前後と大きいことから精白の効率は低く，砕米も出るが，その英語名称の Huller が示すように，もみを投入してもみ摺り機としても使用できる。本機も寿命が長く，今日でも多数が発展途上国の精米工場で稼働している[92]。

現在世界の大中精米工場で使用されている精米機は図 5.43 に示す横型摩擦式精米機であろう。これはわが国で開発されたので，諸外国では日本型精米機ともよばれている。図の上では先の図 5.41 に示した横型研削精米機と似ているが，この摩擦式精米機のほうが早く世に出ているので，排出口での分銅による圧力制御や通風式の精白ロールの導入はこちらが先である。

さらに大きな特徴は外筒の形状である。筒の断面は円ではなく，六角形か八角形をしており，これに幅 1 mm，長さ 10～20 mm の糠抜きスリット（金網よりも目詰まりし難い）が打ち抜かれた鋼板でできている。基本的に円形断面の精白ロールは，エンゲルバーグと似ているが，

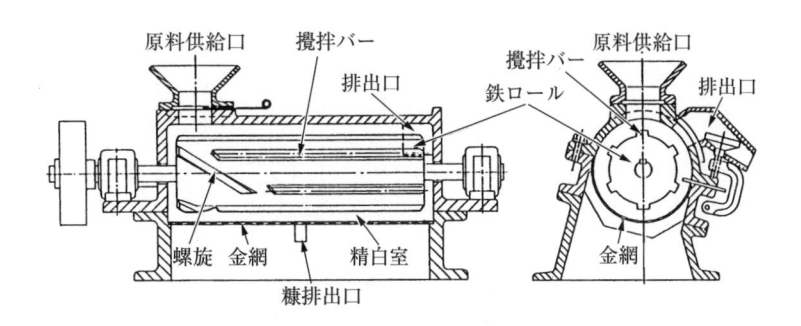

図 5.42　エンゲルバーグ式精米機[95]

5.4　米のプロセッシング

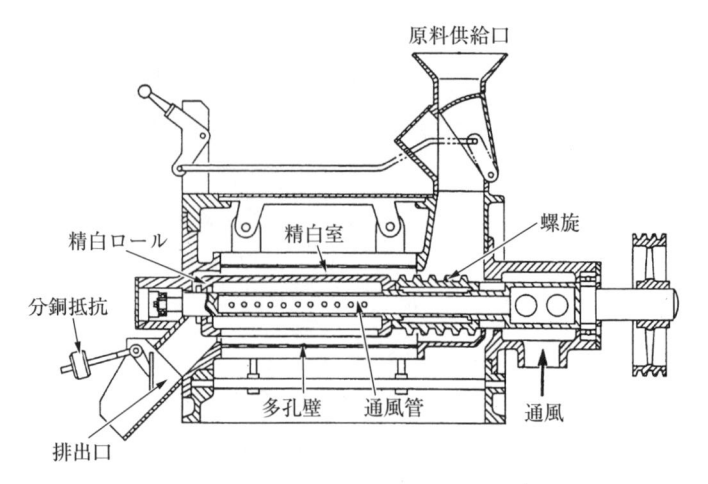

図 5.43 横型摩擦式精米機の例[95]

送りの螺旋はよりピッチが細かくなり（数十ミリメートル），圧縮をかけやすくなっている。回転中には突出した撹拌バーと外筒との間隔（精白部）が変化し，間隔が最少になる付近で圧力が最大となって擦離力と切削力の作用力が最大となるという。

佐竹[95]によると，精白部において米粒が受ける平均的な圧力は40〜60 kPaだとされ，横型研削式の20倍にも及ぶ。その分熱発生も大きいので研削式の場合よりも精白ロールからの通気冷却の必要性が高い。また，大型精米工場では，本機1段で精白を完結することはせず，研削式を初段に据え，この摩擦式を2段，3段目に置くなどのマルチパス方式（Multi Pass Type，連座式）を採用することが多い（**図 5.44**）。

さらに近年は圧力制御用の分銅に代わりスプリング，圧力センサーや駆動モーターの負荷制御等を用いた圧力の自動制御方式が採用され，精白歩留りの安定化を実現している。精米方式の違いにかかわらず，前出

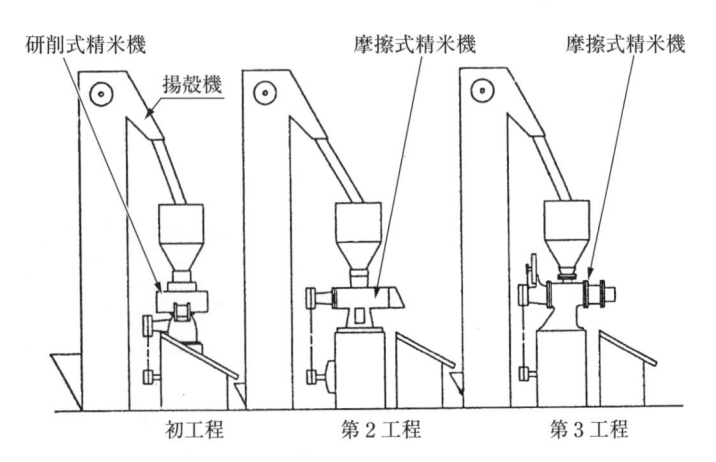

図 5.44 初期（1960年代）のマルチパス方式精米設備[95]

の玄米基準歩留りで約90％が実用上の目安とされている。

　一方，わが国の小規模の米穀店，農家の自家精米や家庭用の精米機として1回の搗精のみで精白を完了できる1回通し型精米機（Single Pass Type Polisher）も使われている。前者で普及している方式は横型の精白ロール1本に研削式の部分と摩擦式の部分をつないだ形態で，毎時300～1500 kgの玄米処理能力，モーター容量3.7～18.5 kWの範囲のものがある。

　さらに小型の農家・家庭用では，ほとんどの機種が摩擦式を採用し，竪型，横型両方がある。処理能力は毎時5～20 kg，モーター容量は数百W程度である。図5.45に竪型の構造を示す。

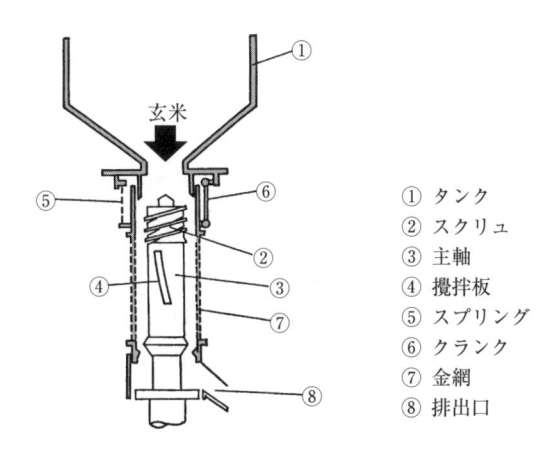

① タンク
② スクリュ
③ 主軸
④ 攪拌板
⑤ スプリング
⑥ クランク
⑦ 金網
⑧ 排出口

図5.45　1回通し竪型摩擦式精米機の主要部

③　撹拌式精米機

　近年わが国の家庭用に1, 2日分の精米を行う極小型の撹拌式精米機（Agitation Type Polisher）が登場している。図5.46の例が示すように，簡単な撹拌棒（回転軸は縦方向）と金網で玄米を均等に撹拌・混合ができるように設計された摩擦式精米機である。0.2～1 kgほどの玄米を数分間で搗精でき，研米，タイマー設定による精白度の調節も可能である。

④　付帯装置：調湿（質）機と研米機

　大型精米工場における主要な付帯設備として，まずは調湿（質）機がある。搗精前の玄米の表面水分を加湿によって若干高くして軟化させることで，搗精に要するエネルギーを低減させ，精白率を向上させる目的で使用される。

　2重円筒様のサイロ型容器（タンク）の内筒から玄米層に加湿温風を送って，半日ほどかけて調湿する方法と，穀物乾燥機と類似した構造で，乾燥部のスクリーンに相当する箇所から加湿空気を玄米に通過させ，短時間で調湿する方法がある。これにより搗精工程の消費電力が2

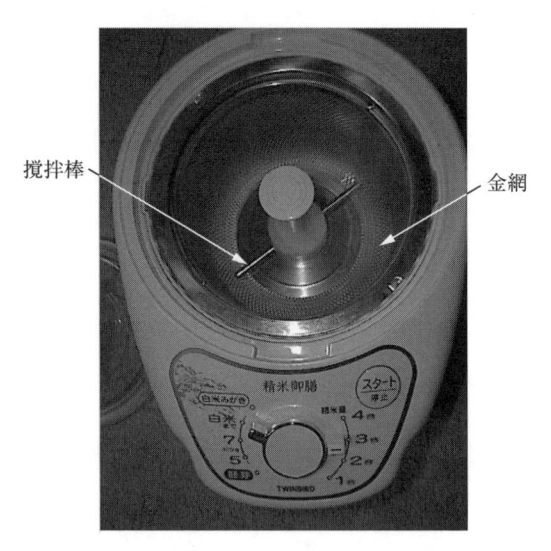

図 5.46 コンパクト精米器・精米御膳

割前後も減少する。ただし、過度な加湿は、吸湿による胴割れの発生やカビ汚染、流通中の脱湿による量目不足につながる場合もあって注意が必要である。

次に研米機である。これは通常の搗精工程の後に用いられる。搗精後の精白米表面には微細なぬかの粒が付着しており、ぬかの脂質成分が空気と接触して酸化し、異臭のもとになったり炊飯後の食味を低下させることが知られている。

これを防ぐために、搗精後にさらに精白ロールを高速回転させる、精白米表面を刷毛や湿った布で拭く、乾燥したタピオカデンプン（Tapioca Starch）と混合するなどして付着物をほぼ完全に除去する。これにより、食味低下を防止して商品寿命も延びる。また、洗米を省略することもできる無洗米は利便性とともに研ぎ汁の削減による環境負荷の低減効果も見込める[96]。さらに白度も向上することがわかっている。

5.4.2 炊飯

米などの主食用穀物の主要成分であるデンプンは、生の状態では結晶構造をとるβデンプンであり、われわれ人間はほとんどこれを消化できない。

しかしこれに十分な水分を与えて加熱すると何倍もの体積に膨潤し、結晶構造を失って凝集性のαデンプン（βデンプンの異性体（Isomer））に変わる。αデンプンは人間の消化酵素であるアミラーゼによって糖に変換されて体内に吸収され、すべての生命活動の源となるエネルギーを供給する。βデンプンからαデンプンに変化することを糊化といい、その開始温度が糊化開始温度である。

白米を水に浸漬して吸水させ，これを加熱して飯にすることを炊飯といい，米を主食とする人種は古くから米を炊飯（Rice Cooking）して食べてきた。

(1) 炊飯の原理と方法

以上のように，炊飯では白米に水を吸収させる浸漬とβデンプンからαデンプンに変化させる異性化反応（Isomerization）に必要なエネルギーを熱として与える加熱操作が重要となる。炊飯には炊干法（たきぼし）と湯取法（ゆとり）の2つの流れがある。

炊干法では，釜（鍋）に水を張って洗米した（研いだ）白米を入れて加熱を開始し，加熱の間に水が白米に吸収されるか，米粒外にあった水が蒸発してなくなるのを加熱終了の目安とする。最終的に蒸らしを行って炊飯が完了する。現在のわが国で行われている最も一般的な炊飯法である。昔は竈（かまど）で薪（まき）などを燃やして熱源としたが，今日では業務用の大量炊飯設備を除いてほとんどが電気を熱源としている。現在わが国で市販されているすべての電気炊飯器はこの炊干法を採用している。

湯取法には，たっぷり水が入った釜（鍋）に浸漬後の白米を入れて加熱し，ある程度煮えてからザルに上げ，それを蒸籠（せいろ）などに移して蒸す方法と十分に煮えてから取り出す方法とがある。わが国でも江戸時代まではこの方法で炊飯することもあったが，今日では用いられず，飯米の粘りを嫌うアジア諸国で見られる程度である。

① 炊飯の工程と留意点

表5.3の右欄には飯米における品質評価項目があげられているが，消費者に好まれる食味の炊飯を行うための条件として以下の点に留意すべきとされる。

a．浸漬と水加減

玄米の吸水速度は温度の関数であり，浸漬水温が高いほど速度が速まるので，季節や設定する水温によって時間を調節する。一般に，水ならば1時間程度で十分な水分含量（約30%w.b.）に至るとされる。また水加減は，白米重量の1.4倍程度が標準とされる。品種によっても異なるが，新米ではこれより1割程度少なく，古米では糊化し難いので，逆に1割程度多い水加減が推奨される。

b．加熱

炊飯における加熱のための温度制御は非常に重要であり，古くより「はじめチョロチョロ，なかパッパ…」といわれる。これは厳密には正しいとはいえないが，概ね妥当に近いといえる。完全に炊けてふっくらした飯米にするには，白米内部にまで吸水が行きわたる必要があり，糊化開始温度に至る前までに十分な吸水をさせなければならない

ので，加熱開始後10分間ほどの火加減は弱めがよい。

次に米デンプンの糊化（α化）を促進するためには糊化開始温度よりも十分に高い温度が必要なので強火にして激しく沸騰させる。最近の電気炊飯器では若干の加圧ができるようになっており，通常の沸点より高い110℃ほどを維持できるので，糊化が進みやすい。これを10～15分間維持した後に火加減を弱くするが，沸騰を維持できる程度として米粒内部まで十分に糊化させる。この後に数十秒間火加減を再び強くして米粒間の余分な水分を蒸発させると，底の米粒の温度が上昇して適度なお焦げができる。水分蒸発がなくなる分，加熱エネルギーが飯米の温度を上げて焼ける状態になるためであり，副次的効果として若干の香ばしさを付与する。電気炊飯器ではこの温度上昇をセンサーで検知して加熱が終了するようになっている。

c．蒸らし

加熱操作終了直後の飯米は底部のお焦げ以外の部分では，粒表面近くで水分が過多で，特に炊干法では，炊飯中に溶出した内部成分が粒表面に戻ってくるので，べとついた飯米となってしまう。これを防止するために，蓋を開けずに高温を保ち，表層の水分を中に浸透させて表層水分を少し下げて均質化する役割が蒸らしである。

② 飯米の物性評価

炊飯された飯米の評価には先の表5.3の右欄に記載された項目があげられる。粒の状態で食べられる飯米は，飯粒の外観が飯米の食味と関係し，同様に飯米のテクスチャーについても飯粒単粒の場合と集団の場合を考慮しなければならないのが，小麦粉のパン生地の場合との大きな相違点である。飯米の場合は，官能試験による食味が重要視され，毎年全国的な食味評価による番付が公表されるほどである。

旧食糧庁による方法にほぼ準じて食味評価を実施している筆者の研究室では，米飯の外観，香り，粘り，硬さ（柔らかさ）が総合的な食味評価に及ぼす影響が大きく，中でも米飯物性でもある粘り（Stickiness）が特に重要であるとみなしている[97]。

飯米の粘りは，テクスチャー要素である硬さ（Hardness），凝集性（Cohesiveness），粘性（Viscosity），弾性（Elasticity），付着性（Adhesiveness）のうち，凝集性（集団粒）と付着性（1粒）とに関係し，粘性とは別物である。粘りの評価指標は，炊飯した米飯の1粒か集団サンプルを図5.31の装置あるいはテンシプレッサーと呼称される同様の機器に供して圧縮と引っ張りとを順に印加し，圧縮側と引っ張り側との応力積分値の比で表す[98],[99]。

アミロース含量の低いジャポニカ系が総じて高い粘りを示し，アミロ

ースを全く含まないもち米は特に高い。ジャポニカ系の中でもアミロース含量が低い方の品種であるコシヒカリ，ミルキークイーン，ひとめぼれ，ゆめぴりかなどは食味試験でも好成績をあげている。

(2) 炊飯機械の種類と仕組み

既述のように，古くは釜あるいは鍋と竈が炊飯の道具であったが，1950年代からわが国で電気炊飯器（Electric Cooker）が登場し，また同じ頃からガス炊飯器も使われるようになった。これらは時代とともに進歩し，美味しいご飯がいとも簡単に炊けるようになった。また，食生活の簡易化や外食化が進むにつれ，業務用の大量炊飯設備も登場している。

① 家庭用電気炊飯器

初期の電気炊飯器は1升炊きでも600～800W程度の電気容量で，ニクロム線発熱体を釜の底部に配置し，前述の温度上昇を感知して炊飯を終了させる方式であった。

この間，火加減の調節はできず，電気容量的にも不足で，激しい沸騰で米粒を立たせることもできなかった。よって，電気炊飯器による米飯は不味いという評価が定着したにもかかわらず，タイマーと組み合わせたスイッチ1つで翌朝にはご飯が炊けているとのキャッチフレーズで急速な普及を遂げ，現在では電気炊飯器の使用が普通になった。

この間にメーカーでは上記のような炊飯の原理を研究し，マイコン制御で加熱温度パターンをプログラムしたり，釜自体に保温性を持たせるなどの工夫がなされた[100]。最近は発熱機構を加熱能力の高いIH（Induction Heating）にし，釜本体も多少耐圧性にして，前述した美味しいご飯を炊くための必要条件をほぼ全てクリアできている。その一例を図5.47に示す。

図5.47 圧力IH炊飯ジャー・極め炊き

②業務用大量炊飯設備

　スーパーマーケットやコンビニエンスストアで販売する冷凍ご飯，おにぎりなど，あるいは学校給食や病院用のご飯を製造する食品工場では大量の炊飯を行う。前記のような電気炊飯器（バッチ式）のスケールアップでは生産性の点で間に合わない。また原料白米の層厚が20〜30 cmを超えると垂直圧のために下層の米粒は潰れたりしてふっくらと仕上がらなくなることが知られており，これがスケールアップの妨げとなる。そのため，原料白米を高さ数十 cm の金属製容器（容量10 L 程度）に充填してこれらを加熱装置に入れて炊飯する。規模が小さめの工場では，3段ほどの加熱部に入れてバッチ処理する。

　より大規模な工場では図 5.48 で示すように，容器をコンベアシステムに載せて，洗米から炊飯，反転ほぐしまでの工程を連続的に行う。最も重要な炊飯部では図 5.49 のように，コンベアで送られながら異なった火加減設定を通過して炊飯が完成する仕組みになっている。用いる熱

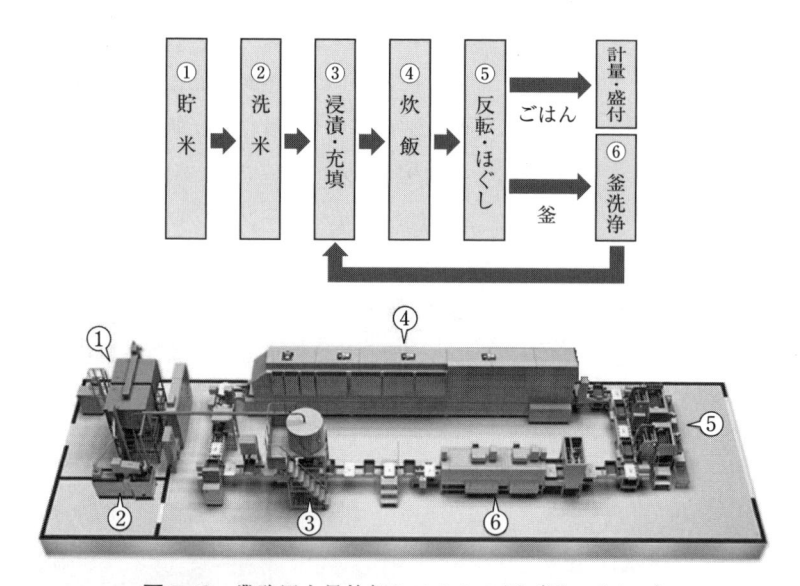

図 5.48　業務用大量炊飯システムの例（㈱アイホー）

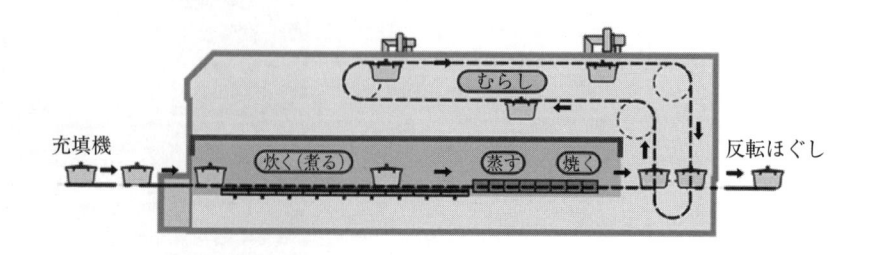

図 5.49　図 5.48 の④連続炊飯装置
（㈱アイホー，ライスフレンドスーパー（ガス式））

源としては，ガスが最も用いられているが，蒸気，電気，IHを使用する機種もある。

5.4.3 米粉，その他の加工
(1) 米粉の製法とその製品

わが国では伝統的な煎餅，団子，桜餅などの和菓子に米粉（Rice Flour；うるち米，もち米）が使用されてきたが，既述のように飯米用米の消費量減少と同様にその消費は減少している。

図5.50にうるち米を原料とする米粉の代表である上新粉の製造フローを示す。水洗いした米を水切り乾燥後，ロール式粉砕法で粉砕して仕上げたものが上新粉で，かしわもちや煎餅などに用いられる。もち米を原料にする米粉には餅菓子や団子の原料となるもち粉，白玉粉などがある。また中国などではうるち精白米を粉砕後，熱湯中で糊化させてから練り上げたものを加圧押し出し機によって線状にしたビーフンが食されている。インド，アメリカでは，米粉を**エクストルージョン加工**して糊化したものを米粒様に成型したα化米の製品もある。

食料自給率改善策の1つとして主食である米の消費拡大があげられ，農水省は2009年度から「米穀の新用途への利用促進に関する法律」を施行して米粉パンなどの推進を図ってきた。

エクストルージョン加工：押し出し機という装置を用いてデンプンを加圧・混練するとその温度上昇によってデンプンは糊化（α化）してゼリー状になる。これをさらに加圧して出口の細い穴から絞り出すとひも状に膨化した糊化デンプンが得られる。この過程をエクストルージョン加工という。膨化したひもを，目的の形を作る金型に導いて成形し，乾燥させた後に切断するとボン菓子と類似したものが得られる。

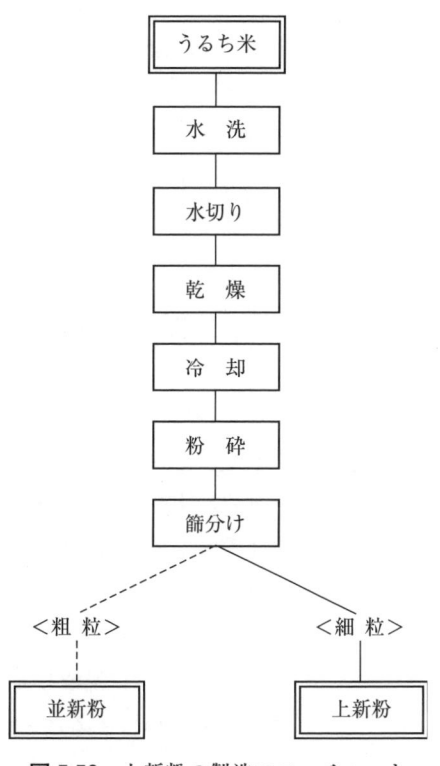

```
うるち米
  ↓
 水 洗
  ↓
 水切り
  ↓
 乾 燥
  ↓
 冷 却
  ↓
 粉 砕
  ↓
 篩分け
 ┌──┴──┐
<粗粒>  <細粒>
 │       │
並新粉   上新粉
```

図5.50　上新粉の製造フローチャート

しかし，輸入小麦の主要用途はパンもしくはパスタであり，これらの原料である小麦にはグルテンタンパクが十分に含まれるが，米粉にはそれがほとんど含まれない。そのため，その代替には小麦粉との混合か小麦粉からの抽出グルテンを米粉に添加するのが現実的だとされている。一方では小麦アレルギー回避のための米粉100％パンの開発も行われつつある。

これまでの研究・開発動向は，米粉適性品種の開発，および精白米の粉砕特性，ならびに製パン適性などが主であり，適性品種として白濁粒の多い粉状質品種がよいとし，商品化に至ったものも少なくない。粉砕方式としては従来のロールミル，ピンミル，ハンマーミル方式に比べてデンプン粒に損傷を与え難いため生地の発酵を良好にできる気流粉砕方式（Stream Mill，図5.38の衝撃式もみ摺り機とほぼ同様の原理）がよいとされている。しかし，パンの品質（粘弾性，膨張度），特に日持ちがしない（老化が早い），および原料コストに由来して製品価格が小麦パンより高いなどの課題が残り，当初予想ほど市場が広がっていない[86]。

(2) 世界の米加工品

わが国での1人当たり米消費量は減少を続け，年間60 kgを割り込んで久しいが，世界的には増加しており，わが国とほぼ同レベルになっている（1.2節）。また，古来より米を主食としてきたアジア地域では消費量も多く，未だに増加している国も少なくない。この代表的存在はインド（約85 kg），インドネシア（約150 kg），バングラデシュ（約160 kg），ベトナム（約170 kg）などである[101]。これらの国々には，伝統的な米加工品が多数存在している。

一方，米を主食としない欧米では，個人消費量は10 kg未満ながら，インスタントライスの原型ともいえるミニッツライスや後述するパーボイルドライス（Parboiled Rice）を輸出用として製造してきた。

① パーボイルドライス

南アジアに起源を持つパーボイルドライスは，インド型長粒種の弱点である低搗精歩留りの改善と米飯の粘りを減じる狙いで製造されてきたといわれる。現在は，インド，バングラデシュ，スリランカを始め，アフリカ，中南米でも製造され，自国ではほとんど消費しないアメリカ，タイでも中東地域などへの輸出用に生産しており，世界生産量が1億トンを超える世界的米加工品（素材に近いが）である。

加工方法（Parboiling）は図5.51に示すように，収穫後のもみを水（近年は温水）に浸漬して吸水させる浸漬工程（Soaking），それを蒸気で蒸すあるいは煮ることで米デンプンの糊化（α化）を促す蒸煮工程（Steaming），そして乾燥させて米粒を硬化させる乾燥（Drying）の3

工程からなる。

この後に，もみ摺り，精米を行って製品とする。適切に製造されたパーボイルドライスは蒸煮による糊化，それに伴う粘りの減少（食味適性改善）と米粒の硬化による歩留り向上を見込める。加工によって搗精中の砕粒発生が減ってヘッドライス値（5.3.2 項）が15～20%以上改善されるという報告がある。また，浸漬中の吸水に伴い，ぬか層に含まれるビタミン B_1 などの栄養成分が内部の胚乳に移行して栄養価も上がることが知られている[102]。

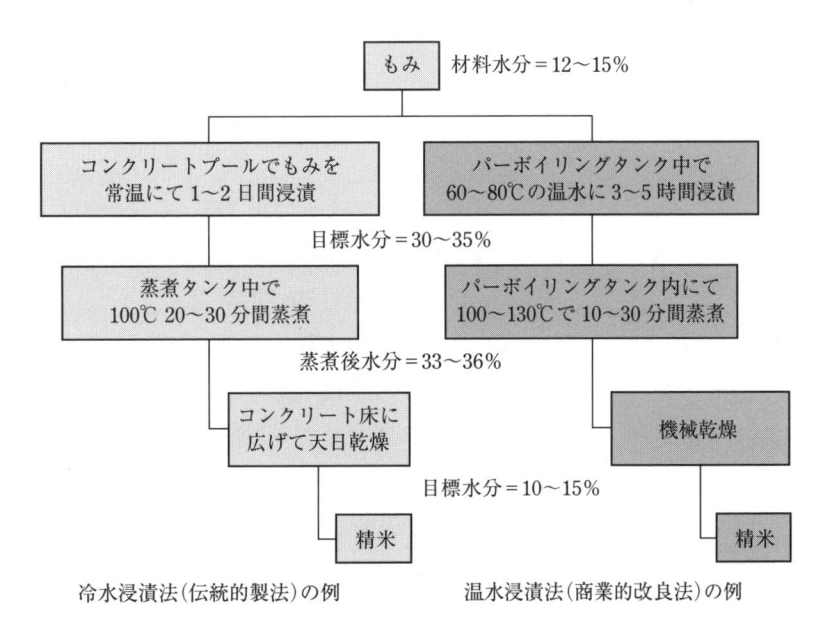

```
                    もみ  材料水分＝12～15%
                   ┌──┴──┐
    コンクリートプールでもみを        パーボイリングタンク中で
    常温にて1～2日間浸漬           60～80℃の温水に3～5時間浸漬
            │        目標水分＝30～35%        │
       蒸煮タンク中で              パーボイリングタンク内にて
      100℃ 20～30分間蒸煮        100～130℃で10～30分間蒸煮
            │      蒸煮後水分＝33～36%         │
      コンクリート床に                    機械乾燥
      広げて天日乾燥
            │        目標水分＝10～15%        │
          精米                          精米
    冷水浸漬法（伝統的製法）の例         温水浸漬法（商業的改良法）の例
```

図5.51 パーボイリング処理の工程フローと水分変化の目安

② イドリとドーサ

インド南部の米を主食とするタミールナド州，カルナタカ州などでは，米とブラックグラム（Black Gram：けつるあずき）を磨砕して生地を作り，これを1晩自然発酵させた後に蒸すものをイドリ（Idoli），鉄板上に薄く広げて焼成するものをドーサ（Dosa or Dosai）といい，朝食として，あるいは午後のスナックとして食すパンケーキの1種である。

図5.52 はその製造フローを示し，発酵工程中には材料由来のカビ，酵母，乳酸菌の働きで同時糖化発酵（Simultaneous Saccharification-Fermentation）が起きる。その際，炭酸ガス発生により生地が膨張して，蒸熱（イドリ），焼成（ドーサ）後の製品の柔らかいテクスチャが形成される。またこの間に有機酸生成による酸味も付与される。焼成するドーサの場合は，メイラード反応（Maillard Reaction）による香ばしい香りとともに抗酸化性なども付与されることが知られている[103]。近年は，このプレミックス（Premixed Powder）も販売され，家庭でも

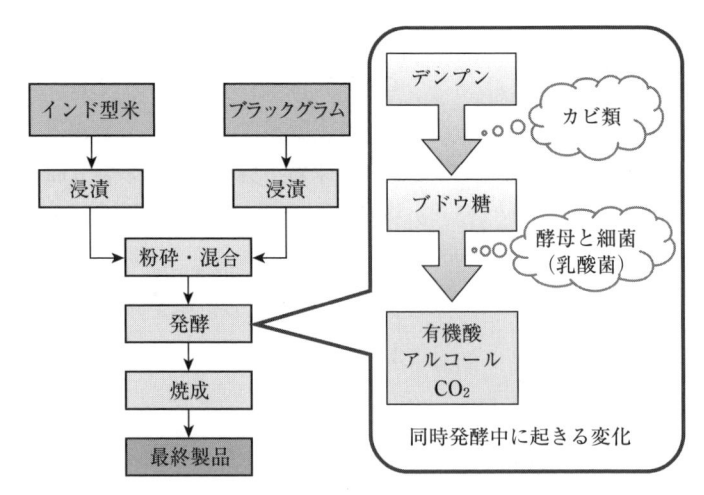

図 5.52　米と豆を原料とする発酵パンケーキ「ドーサ」の製造フロー

簡単に作れるようになった。多数の類似加工品がインド周辺や東南アジア諸国に存在する。

③　その他の米加工品

伝統的な加工品として米のポン菓子がある。これは，精白米を穀類膨張機という機械で加熱の後，弁を解放して急に減圧し，米粒の糊化，体積膨張，乾燥を行うことで，その体積は 10 倍以上になる。減圧時の爆発音が理由でポン菓子，ドン菓子とも呼ばれる。同様のものが各国に存在し，Popped Rice あるいは Puff Rice と称される。

吸水（復水）性がよく，α 化も進行しているので，離乳食や熱湯を注いでカップライス風のインスタントライスにも応用されている。わが国発の加工品として発芽玄米も重要であるが，すでに取り上げられたので割愛する。

《謝辞》本稿の 5.4.1 もみ摺り，精米にかかわる箇所では，元サタケ㈱会長，故佐竹利彦氏からご寄贈頂いた学位論文・初版（参考図書・資料 10））所蔵の図を複数使用させて頂いたので，ここに深甚なる謝意を表します。

*参考図書・資料
田中勉（監修），米穀の流通と管理，地球社（1985）
B. O. Juliano, ed., Rice-Chemistry and Technology, AACC（1985）
農林水産省，農林水産省告示第 244 号（2001）
露木英男，田島眞（編著），食品加工学，共立出版（2002）
高橋素子，Q&A ご飯とお米の全疑問，講談社（2004）
Akira Hosokawa, ed., Rice Post-harvest Technology, The Food Agency, Japan（1995）
山下律也（編著），新版農産機械学，文永堂（1991）
山下律也，米のポストハーベスト新技術，農機学会（1991）

佐竹利彦，近代精米技術に関する研究，東京大学博士論文（1988）

＊引用・参考文献

1) Szczesniak, A. S. and Kleyn, D. H., Consumer awareness of texture and other food attributes. Food Technol., 17, pp.74-76（1963）
2) Blish, M. J., Cereal chemistry of today. Cereal Chem., 1, pp.1-6（1924）
3) Szczesniak, A. S., Classification of textural characteristics. J. Food Sci., 28, pp.385-389（1963）
4) Friedman, H. H., Whitney, J. E. and Szczesniak, A. S., The texturometer-A new instrument for objective texture measurement. J. Food Sci., 28, pp.390-396（1963）
5) Szczesniak, A. S., Brandt, M. A. and Friedman, H. H., Development of standard rating scales for mechanical parameters of texture and correlation between the objective and the sensory methods of texture evaluation. J. Food Sci., 28, pp.397-403（1963）
6) 赤羽ひろ，食品のレオロジー的性質の測定，博士論文（大阪府立大学大学院生命環境科学研究科）（1988）
7) 竹生新治郎，渡辺正造，杉本貞三，酒井藤敏，谷口嘉廣，米の食味と理化学的性質の関連，澱粉科学，30, pp.333-341（1983）
8) Wrigley, C. W., Booth, R. I., Bason, M. L. and Walker, C. E., Rapid visco analyser : Progress from concept to adoption. Cereal Foods World, 41, pp.6-11（1996）
9) 豊島英親，岡留博司，大坪研一，須藤充，堀末登，稲津脩，成塚彰久，相崎万裕美，大川俊彦，井ノ内直良，不破英次，ラピッドビスコアナライザーによる米粉粘度特性の微量迅速測定方法に関する共同試験，日本食品科学工学会誌，44, pp.579-584（1997）
10) Hinton, J. J. C., The distribution of protein in the maize kernel in comparison with that in wheat. Cereal Chem., 30, pp.441-445（1953）
11) Morrison, W. R., Lipids in dissected wheat and other cereal grains. J. Am. Oil Chem. Soc., 59, p.102（1982）
12) Pomeranz, Y. and Shellenberger, J. A., Histochemical characterization of wheat and wheat products. V. Sulfhydryl groups: Their localization in the wheat kernel. Cereal Chem., 38, pp.133-140（1961）
13) Holas, J. and Tipples, K. H., Factors affecting farinograph and baking absorption. I. Quality characteristics of flour streams. Cereal Chem., 55, pp.637-652（1978）
14) Noguchi, G., Shinya, M., Tanaka, K. and Yoneyama T., Correlation of dough stickiness with texturometer reading and with various quality parameters. Cereal Chem., 53, pp.72-77（1976）
15) Okada, K., Negishi Y. and Nagao, S., Studies on heavily ground flour using roller mills. I. Alteration in flour characteristics through overgrinding. Cereal Chem., 63, pp.187-193（1986）
16) 長尾精一，世界の小麦の生産と品質—上巻—小麦の魅力，輸入食糧協議会事務局，pp.180-181（1998）
17) Jones, R. W., Taylor, N. W. and Senti, F. R., Electrophoresis and fractionation of wheat gluten. Arch. Biochem. Biophys., 84, pp.363-376（1959）
18) Woychik, J. H., Boundy, J. A. and Dimler, R. J., Starch gel electophoresis of wheat gluten proteins with concentrated urea. Arch. Biochem. Biophys., 94, pp.477-482（1961）
19) Nielsen, H. C., Babcock, C. E. and Senti, R.F., Molecular weight studies on glutenin before and after disulfide-bond splitting. Arch. Biochem. Biophys., 96, pp.252-258（1962）
20) Beckwith, A. C., Wall, J. S. and Jordan, R. W., Reversible reduction and

reoxidation of the disulfide bonds in wheat gliadin. Arch. Biochem. Biophys., 112, pp.16-12 (1965)

21) Beckwith, A. C. and Wall, J. S., Reduction and reoxidation of wheat glutenin. Biochim. Biophys. Acta., 130, pp.155-162 (1966)

22) Beckwith, A. C., Nielsen, H. C., Wall, J. S. and Heubner, F. R., Isolation and characterization of a high-molecular-weight protein from wheat gliadin. Cereal Chem., 43, pp.14-28 (1966)

23) Nielsen, H. C., Babcock, A. C. and Wall, J. S., Effect of disulfide bond cleavage on wheat gliadin fractions obtained by gel filtration. Cereal Chem., 45, pp.37-47 (1968)

24) 金沢宏和，米沢大造，いわゆる低分子量グルテニンのポリペプチド構成について，農化，47, pp.17-22 (1973)

25) 金沢宏和，米沢大造，小麦グルテニンに含まれる会合性ポリペプチドについて，農化，48, pp.113-117 (1974)

26) Hamauzu, Z., Kamazuka, Y., Kanazawa, H. and Yonezawa, D., Molecular weights deteminatin of component polypeptides of glutenin after fractionatin by gel filtration. Agric. Boil. Chem., 39, pp.1527-1531 (1975)

27) Khan, K. and Bushuk, W., Studies of glutenin. XIII. Gel filtration, isoelectric focusing, and amino acid composition studies. Cereal Chem., 56, pp.505-512 (1979)

28) Finney, K. F. and Barmore, M. A., Loaf volume and protein content of hard winter and spring wheats. Cereal Chem., 25, pp.291-312 (1948)

29) Bushuk, W., Briggs, K. G. and Shebeski. L. H., Protein quantity and quality as factors in the evaluation of bread wheats. Can.J.Plant Sci., 49, pp.113-122 (1969)

30) Pomeranz, Y., Dispersibility of wheat proteins in aqueous urea solutions. New parameter to evaluate bread-making potentialities of wheat flour. J.Sci.Food Agric., 16, pp.586-593 (1965)

31) Tsen, C. C. Changes in flour proteins during dough mixing., Cereal Chem., 44, pp.308-317 (1967)

32) Tsen, C. C., and Bushuk, W., Reactive and total sulfhydryl and disulfide contents of flours of different mixing properties. Cereal Chem., 45, pp.58-62 (1968)

33) Huebner, F. R., Comparative studies on glutenins from different classes of wheat. J.Agr.Food Chem., 18, pp.256-259 (1970)

34) Orth, R. A. and Bushuk, W., A comparative study of the proteins of wheats of diverse baking qualities. Cereal Chem., 49, pp.268-275 (1972)

35) Chen, C. H. and Bushuk, W., Nature of proteins in Triticale and its parental species. I. Solubility characteristics and amino acid composition of endosperm proteins. Can.J.Plant Sci., 50, pp.9-14 (1970)

36) Chung, K. H. and Pomeranz, Y., Acid-Souble proteins of wheat Flour. II. Binding to hydrophobic gels, Cereal Chem., 56, pp.196-201 (1979)

37) Sapirstein, H. D. and Fu, B. X., Intercultival variation in the quantity of monomeric proteins, soluble and insoluble glutenin,and esidue protein in wheat flour and relationships to breadmaking quality. Cereal Chem., 75, pp.500-507 (1998)

38) Goldstein, S., Sulfhydryl und Disulfidgruppen der Klebereiweisse und ihre Beziehung zur Backfahigkeit der Brotmehle. Mitt. Gebiete Lebensm. Hyg, 48, pp.87-93 (1957)

39) Mecham, D. K., Effects of sulfhydryl-blocking reagents on the mixing characteristics of doughs. Cereal Chem., 36, pp.134-145 (1959)

40) Sokol,H.A., Mecham, D. K. and Pence, J. W., Sulfhydryl losses during mixing

of dough: Comparison of flours having various mixing characteristics. Cereal Chem., 37, pp.739-748 (1960)
41) Sullivan,B., Dahle, L. and Nelson, O. R., The oxidation of wheat flour. II. Effect of sulfhydryl-blocking agents. Cereal Chem., 38, pp.281-291 (1961)
42) Meredith,P. and Bushuk, W., The effects of iodate,N-ethylmalemide and oxygen on the mixing tolerance of doughs. Cereal Chem., 39, pp.411-426 (1962)
43) Dronzek,B. and Bushuk, W., A note on the formation of free radicals in dough during mixing. Cereal Chem., 45, p.286 (1968)
44) Schroeder,L.F. and Hoseney, R. C., Mixograph studies.II. Effect of activated double-bond compounds on dough-mixing properties. Cereal Chem., 55, pp.348-360 (1978)
45) Faush, H., Kundig, W. and Neukom, H., Ferulic acid as a component of a glycoprotein from wheat flour. Nature, 199, p.287 (1963)
46) Geissmann,T. and Neukom, H., Composition of the water soluble wheat flour pentosans and their oxidative gelation. Lebensm. -Wiss. Technol., 6, pp.59-62 (1973)
47) Sidhu,J.S., Nordin, P. and Hoseney, R. C., Mixograph studies. III. Reaction of fumaric acid with gluten proteins during dough moxing. Cereal Chem., 57, pp.159-163 (1980)
48) Hoseney, R.C., Rao, H., Faubion, J. and Sidhu, J. S., Mixograph studies. IV. The mechanism by which lipoxygenage increases mixing tolerance. Cereal Chem., 57, pp.163-166 (1980)
49) Okada,K., Negishi, Y. and Nagao, S., Factors affecting dough breakdown during overmixing. Cereal Chem., 64, pp.428-434 (1987)
50) Gao,L., Ng, P. K. W. and Bushuk, W., Structure of glutenin based on farinograph and electrophoretic results. Cereal Chem., 69, pp.452-455 (1992)
51) 長尾精一, 世界の小麦の生産と品質—上巻—, 小麦の魅力, 輸入食糧協議会事務局, pp.181-183 (1998)
52) Ross, A. S., Quail, K. J. and Crosbie, G. B., Physicochemical properties of Australian flours influencing the texture of yellow alkaline noodles. Cereal Chem., 74, pp.814-820 (1997)
53) 中津智史, 奥村理, 山木一史, 北海道産コムギ品種における中華麺適性の評価, 日作紀, 76, pp.416-422 (2007)
54) 藤田雅也, 関晶子, 松中仁, 乙部千雅子, 樋渡亜土, 北野順一, 神田幸英, 宮本啓一, 奥本裕, 温暖地向け硬質コムギ品種における中華麺適性と小麦粉特性との関係, 日作紀, 77, pp.449-456 (2008)
55) Zhao, L. F. and Seib, P. A., Alkaline-carbonate noodles from hard winter wheat flours varying in protein, swelling power, and polyphenol oxidase activity.Cereal Chem.,82, pp.504-516 (2005)
56) Hatcher, D. W. and Kruger, J. E., Distribution of polyphenol oxidase in flour millstreams of Canadian common wheat classes milled to three extraction rates. Cereal Chem., 70, pp.51-55 (1993)
57) 伊藤美環子, 西尾善太, 谷尾昌彦, 船附稚子, 田引正, 山内宏昭, 小麦粉のポリフェノールオキシダーゼ活性の簡易評価法の開発, 日作紀, 77, pp.159-166 (2008)
58) Terada, M., Minami, J. and Yamamoto, T., A component of wheat flour globulin polymerized at alkaline sides and depolymerized by reduction reversibly. Agric. Biol. Chem., 42, pp.1397-1402 (1978)
59) 神尾正義, うどんの官能検査法の諸問題, 研究ジャーナル, 14, pp.23-28 (1991)
60) Nagao, S., Ishibashi, S., Sato, T., Kanbe, T., Kaneko, Y. and Otsubo, H., Quality characteristics of soft wheats and their utilization in Japan. II. Evaluation of

wheats from the United States, Australia, France, and Japan. Cereal Chem., 54, pp.198-204（1977）

61）Oda, M., Yasuda, Y., Okazaki, S., Yamauchi, Y. and Yokoyama, Y., A method of flour quality assessment for Japanese noodles. Cereal Chem.,57, pp.253-254（1980）

62）Toyokawa. H., Rubenthaler, G. L., Powers, J. R. and Schanus, E. G., Japanese noodle qualities. Ⅰ. Flour components. Cereal Chem., 66, pp.382-386（1989）

63）Toyokawa.H., Rubenthaler, G. L., Powers, J. R. and Schanus, E. G., Japanese noodle qualities. Ⅱ. Starch components. Cereal Chem., 66, pp.387-391（1989）

64）Crosbie, G. B., The relationship between starch swelling properties, paste viscosity and boiled noodle quality in wheat flours. J. Cereal Sci., 13, pp.145-150（1991）

65）Crosbie, G. B., Lambe, W. J., Tsutsui, H. and Gilmour, R. F., Further evaluation of the flour swelling volume test for identifying wheats potentially suitable for Japanese noodles. J. Cereal Sci., 15, pp.271-280（1992）

66）Shibanuma, K., Takeda, Y., Hizukuri, S. and Shibata, S., Molecular structures of some wheat starches. Carbohydrate Polymers, 25, pp.111-116（1994）

67）安井健，小麦の品質（加工適性）に関与する成分の解明と育種戦略，研究ジャーナル，20，pp.12-17（1997）

68）辻孝子，吉田朋史，藤井潔，小麦粉ペースト色の経時変化と品種間差異，愛知農総研報，37, pp.1-4（2005）

69）瀬古秀文，小麦の品種改良育種の現状と展望，研究ジャーナル，14，pp.53-61（1991）

70）山口勲夫，もち小麦の開発と今後の品種育種の展開方向，研究ジャーナル，20，pp.18-22（1997）

71）長尾精一，世界の小麦の生産と品質―上巻―小麦魅力，輸入食糧協議会事務局，pp.184-185（1998）

72）長尾精一，世界の小麦の生産と品質―下巻―各国の小麦，輸入食糧協議会事務局，p.118（1998）

73）水越正彦，ケーキ製造に関するコロイド科学的研究，博士論文，大阪府立大学大学院生命環境科学研究科（1993）

74）藤井淑子，楠瀬千春，久山純子，松本博，タピオカ澱粉スポンジケーキの膨張と収縮に関する研究，調理科学，26，pp.282-289（1993）

75）Ohtsubo, H., Kanbe, T., Kaneko, Y. and Nomura, S., Prevention of shrinkage after baking. Cereal Foods World, 23, pp.361-376（1978）

76）長尾精一，世界の小麦の生産と品質―上巻―小麦魅力，（輸入食糧協議会事務局），pp.249-250（1998）

77）Wada, Y., Kuragano, T. and Kimura, H., Effect of starch characteristics on the physical properties of cookies. J. Home Ecom. Jpn., 42, pp.711-717（1991）

78）Yamazaki, W., An alkaline water retention capacity test for the evaluation of cookie baking potentialies of soft winter wheat flours. Cereal Chem., 30, pp.242-246（1953）

79）田中勉（監修），横井貞夫，山岸光幸，第1章第3節コメ受給の推移と現状，米穀の流通と管理地球社，pp.17-37（1985）

80）木村俊範，ポストハーベスト工学から食料・環境・エネルギーをみる（3），北農，76（3），pp.4-12（2009）

81）中川原捷洋，第Ⅲ章米澱粉の変異と遺伝，稲と米，農業研究センター・生研機構，pp.31-56（1988）

82）櫛渕欽也，稲と米，農業研究センター・生研機構（1988）

83）生研機構・農業機械化研究所，平成12年度事業報告書，pp.98-113（2001）

84）平田孝一，平成20年度 低コストで質の良い加工・業務用の農産物の安定供給

の開発,4系現地検討会レポート(私信)(2008)
85) Kimura, T., Effects of processing ponditions on the hardening characteristics of parboiled grain. J. of the Society of Agricultural Structures, Japan, 22 (2), pp.111-116 (1991)
86) 木村俊範ら,米粉生産における歩留りとその加工適性,日本食品工学会第13回年次大会(札幌)講演要旨集,p.120 (2012)
87) 日本穀物検定協会,食糧庁ODAアジア地域穀物流通効率化支援事業に係るワークショップ(ディスカッション)の報告書 (2003)
88) 鈴木啓太郎ら,理化学測定による各種新形質米の品質評価,日本食品科学工学会誌,53 (5),pp.287-295 (2006)
89) 豊島英親ら,ラピッドビスコアナライザーによる米分年度特性の微量迅速測定方法に関する共同実験,日本食品科学工学会誌,44 (8),pp.579-584 (1997)
90) Kimura, T. et al., Trials of quality evaluation for parboiled and other rice by means of the NIR spectroscopy and the Rapid Visco Analyzer. J. of the Society of Agricultural Structures, Japan, 25 (4), pp.175-182 (1995)
91) 佐竹利彦,近代精米技術に関する研究,東京大学博士論文,pp.33-42 (1988)
92) 日本穀物検定協会,食糧庁ODAアジア地域穀物流通効率化支援事業に係る米穀管理流通事情調査の報告書 (2002)
93) 上出順一ら,インペラ型脱ぷ機に関する研究(第2報),農業機械学会誌,42 (4),pp.491-497 (1981)
94) 木村俊範,インドのライスパーボイリングと精米施設Ⅱ,農業施設,21 (2),pp.116-121 (1990)
95) 佐竹利彦,近代精米技術に関する研究,東京大学博士論文,pp.74-88, 1988
96) 桂木優治,無洗米—その製造技術と今後の展望—,農業施設,4 (2),pp.151-159 (2003)
97) 横江未央,官能評価法および理化学測定法による市販精米の食味と品質評価,北海道大学博士論文,p.13 (2007)
98) 清水直人ら,米質評価における米飯のねばりに関する実験的研究(第2報),農業施設,28 (1),pp.31-35 (1997)
99) 岡留博司ら,米飯一粒による硬度米飯物性測定法の開発(第1報),日本食品科学工学会誌,3 (9),pp.1004-1011 (1996)
100) 柳原哲司ら,画像解析による炊飯米の外観評価,日本食品科学工学会誌,47 (7),pp.516-522 (2000)
101) 清水徹朗,世界の米需給構造とその変化,農林金融,2004. 12,pp.17-35, (2004)
102) 細川明(総編集),木村俊範,パーボイルドライス,米のポストハーベスト技術,日本穀物検定協会,pp.378-392 (1994)
103) 清水直人,木村俊範,米,豆類,オカラの発酵による新食品素材の開発,日本醸造協会誌,100 (4),pp.224-229 (2005)

第6章 シリアルフードの代謝と栄養, 機能性

cereal science

6.1 シリアルフードの代謝と栄養

　代謝とは，生命体が自らの組織体を維持し，複製するための生体内反応のすべてを意味している。生物学では代謝を異化（分解）と同化（生合成）という言葉で表現してきた。シリアルフードの代謝は，穀類の植物体がどのように有効成分を生合成するかという意味にも取れるが，ここでは穀類から得られた栄養素がヒトの生体内でどのように利用されるかという栄養学的観点から述べる。穀物の栽培技術を獲得したことが，人類の文明を創り出し，人口爆発につながったことは疑いがない。採取や狩猟に頼った食糧調達では，安定した生活を支えることができず，生命の維持さえもが，季節や気候変動などの外的要因に左右されて極めて困難だからである。

　穀類の栽培技術によって余剰食糧を獲得し文明を生んだのは，穀類の抜群の生産性と保存性に目を付けた人類の英知ともいえるが，同時に耕地の獲得競争（戦争）の始まりでもあった。

　現在の高度先進社会での食糧問題は，飢餓の克服ではなく先進諸国による食糧の過剰消費と栄養のアンバランスによる健康問題に移った。今では，穀類などの主食の過剰摂取は高血糖の原因として食餌制限の対象食品としてみなされるようになっている。穀類の栄養価は，ともすれば含有する糖質（炭水化物）のエネルギー源としての役割に目を奪われがちである。しかし，穀類の利用を除外して地球規模での食糧問題[1]の解決ができないことは明らかである。実は原穀類の栄養価は極めて高く[2]，精製した穀類でも少量の副食を補えばヒトの健康維持に十分な栄養を含んでいる。

　本章では，シリアルフード，主に米および小麦に含まれる成分の代謝と栄養について述べる。また，穀類のシリアルフードには，乾燥状態の原穀で糖質が56〜73％，タンパク質が7〜14％，脂質が2〜5％含まれている。その他に食物繊維が2〜11％含まれている（成分については第3章参照）。品種や脱穀の状態，乾燥度によって成分の割合は変化するが，おおよそ糖質が70％，タンパク質が10％，脂質が2％と考えるとわかりやすい。加工処理を施された実際の食品は水分が増加するので，

食糧危機：地球レベルでの穀物生産量とヒトのエネルギー代謝に必要な量は現状では拮抗しており，食糧不足にはならないはずである。しかし実際には，慢性的飢餓や栄養不足状態におかれている人口は約10億人レベルという（国際連合食糧農業機関，FAO）。食糧不足の原因は分配の問題であり，穀類を歩留りの悪い肉牛などの飼料として使っているからである。

各成分の全体に対する割合は変化する。そのため，カロリー計算や栄養学的な計算の根拠のためにさまざまな状態での栄養素の成分表[2]が公表されている。

6.1.1 糖質の代謝と栄養

(1) 糖質の代謝と生化学

まず，穀類に最も多く含まれる栄養素である糖質がヒトの栄養としてどのように生体内で利用されるかを，代謝の観点から概説する。

アルコール発酵の機構解明と発酵に関与する酵素の発見から始まった生化学という学問体系の成立過程で，糖質の代謝の研究は，いつも中心的な役割を果たしてきた。

グルコースを分解して得られるエネルギーを ATP という形で細胞の共通エネルギー源として利用する仕組みは，あらゆる生物の根幹に関わる重要事項であり，ほとんどの生化学の教科書（例えば Voet, D. ほか, 2008）[3]は，解糖系（Glycolysis），トリカルボン酸サイクル（Tricarboxylic Acid Cycle），電子伝達系（Electron Transport Chain）の説明に多くのページ数を割いている。

ヒトにとっては，糖質代謝の調節は，健康維持，特に糖尿病などの生活習慣病の克服に関わる極めて重大な問題であり，詳細な研究が進められている。グルコースの血中濃度を一定に保つ仕組みや**シグナル伝達**に関しては，最近になって明らかになったことが数多くあり，教科書改訂のたびに書き替えられている。

また，薬理学的にも腎臓における特定のグルコース輸送体を標的とした新規糖尿病治療薬の開発[4]が進められており，興味深い。

次に穀類中のデンプン（Starch）がどのように，グルコースに分解されて末端の細胞に届けられ，細胞の中でエネルギー源となるかを述べる。

(2) 穀類糖質の消化管内での分解

穀類の可食部にある糖質はほとんどがデンプンであり，アミロースかアミロペクチンからなっている。したがって，穀類の品種によってその成分比は異なるが，栄養学的にはこの2つの糖質の代謝を考えればよいことになる。

植物の細胞壁にはセルロース，ヘミセルロース，ペクチンなど，多くの多糖類が存在するが，哺乳類はこれらの多糖類を分解する酵素を自ら生産する能力を持っていない。

穀類の原穀には当然，これらの多糖類も含まれているが，脱穀後，食品に加工される過程でほとんどが除去されることになる。

例えばデンプン以外の多糖類としてキク科の植物は**イヌリン**を球根に

アルコール発酵：ラボアジェはアルコール発酵のときに，ブドウ糖がアルコールと二酸化炭素に分解することを化学式で示した。フランスの学士院は発酵現象の解明を促す論文を金1kgの懸賞金を付けて募集した。細胞説と触媒説の論争の始まりであり，生化学の発展につながり，結果として生命科学を生み出す源泉となった。

シグナル伝達（Signal Transduction）：細胞外で起こった何らかの環境の変化を細胞膜上の受容体が感知し，細胞の中にその情報を伝え，細胞内で次々と情報伝達が起こり，細胞が環境変化に対応した反応を起こすことをいう。例えばある種のホルモンが受容体に結合すると，受容体に構造変化が起こり，受容体の細胞内ドメインで自己リン酸化が起こる。そのリン酸化がほかの分子のリン酸化を促進し，次々と連鎖反応が引き起こされ，結果的に新たな遺伝子の転写につながり，細胞応答へ結びつくような現象のこと。

イヌリン（Inulim）：フルクトースのβ2-1結合を基本単位とする多糖である。末端にグルコースを含む場合と含まない場合がある。キクイモをはじめ多くの植物の貯蔵エネルギー源として利用されている。動物のアミラーゼはイヌリンを分解できない。ショ糖の1割程度の甘味があるため，甘味料やデンプンの代替品として低カロリー食品として利用されている。

貯蔵し植物体の貯蔵エネルギーとしているが，ヒトを含む哺乳動物はイヌリンを完全に分解することができないので，食糧として利用できない。

ヒトの消化管の中で分解が困難なこれらの多糖類は**腸内細菌叢フローラ**によって一部分解されるものもあるが，大半はそのまま排出される。このような多糖類は食物繊維（Dietary Fiber）として有害物を吸着して排出する効果や，腸内細菌の維持に役立っていることが明らかになっている。

ヒトのエネルギー源となるデンプンは第3章に述べられているように，α-D-グルコースがα-1,4結合した直鎖状のアミロースと，直鎖状のα-1,4結合した分子のところどころにα-1,6結合の分岐鎖を持つ，アミロペクチンからなっている。アミロペクチンが多いとデンプンの粘性が高まり，食感や保存性に影響を与えるが栄養学的に大きな差はない。

デンプンは唾液中に含まれるα-アミラーゼ（α-Amylase）によってアミロースやアミロペクチンの外側の分枝の分解が開始されるが，胃に送られると胃酸によってpHが低下するため，胃の中での消化はあまり進まない。胃の内容物が小腸に送られると，分泌される**膵液**によって中和されて，膵液に含まれるα-アミラーゼによって，本格的な消化が起こる。

デンプンは6～7残基のオリゴ糖に分解され，引き続きマルトトリオース（Maltotriose, Glc-Glc-Glc），およびマルトース（Maltose, Glc-Glc）に分解される。

これらの少糖類およびアミロペクチン由来のα-1,6分岐鎖を含むα-**限界デキストリン**は小腸上皮細胞の微絨毛外表面に存在する，別名，「小腸」刷子縁糖分解酵素（Brush Border Saccharidase）ともよばれる基質特異性の異なる分解酵素群，α-デキストリナーゼ（α-Dexitrinase），グルコアミラーゼ（Glucoamylase），マルターゼ（Maltase）によって細胞表面の近傍でグルコースにまで分解され，すぐに小腸上皮細胞に吸収されることになる[5]。

なお，小腸に達したスクロースは同様に小腸上皮細胞の微絨毛外表面に存在するスクラーゼによって，グルコースとフルクトースに分解される。また，乳汁中に含まれる乳糖（ラクトース，Lactose）はラクターゼによってグルコースとガラクトースに分解される。

これらの少糖類分解酵素は細胞膜中に膜貫通ドメイン（Transmembrane Domain）を介した膜結合タンパク質（Membrane Protein）であって，活性中心を腸管内腔に向けた糖タンパク質（Glycoprotein）である[6]。

ヒトは少糖類を能率的に分解する酵素を消化管内に分泌しない。少糖

腸内細菌叢フローラ（Intestinal Flora）：腸内に生息する細菌群の生態系のこと。細菌だけではなく，酵母などの菌類を含む微生物の集合体である。腸内の環境は生物種や食習慣によって異なる。ヒトにおいても年齢による違いとともに個人差が大きい。小腸上部は胆汁酸の殺菌作用によって菌叢はほとんど形成されないが，大腸に近づくにつれ，菌叢による呼吸が増え嫌気的環境となる。通性嫌気性菌から偏性嫌気性菌の割合が高くなってくる。

膵液：膵臓が消化管に分泌する消化液のこと。膵液はデンプン，脂肪，タンパク質を分解する多くの消化酵素，またはその前駆体を含んでいる。例えば，アミラーゼ，膵臓リパーゼ，トリプシノーゲン，キモトリプシノーゲン，カルボキシペプチダーゼ，エラスターゼなどである。また膵液は高濃度の炭酸水素イオンを含むためアルカリ性であり，胃液を中和して消化酵素を活性化する。胃から酸性のかゆ状の消化物が十二指腸に達するとセクレチンおよびコレシストキニンなどのホルモンが血中に分泌され，膵臓から膵液の分泌が亢進される。

限界デキストリン：デンプンやグリコーゲンをアミラーゼで消化した時に，未消化の比較的低分子量の糖質のこと。

類を消化管内であらかじめ単糖に分解してしまうと，腸内細菌によって優先的に利用されるので，恐らくは分解と吸収をほぼ同時に行うシステムが発達したのではないかと考えられる．

(3) 穀類糖質の吸収

小腸上皮細胞の微絨毛外表面で分解されたグルコースは小腸上皮細胞の細胞膜に存在する SGLT1 というグルコース輸送タンパク質（遺伝子名：SLC5A1）によって細胞内に取り込まれる．この輸送はナトリウムイオンとの共輸送（Symport）によって行われ，ATP 分解に伴うエネルギーの供給を必要としない．細胞内に取り込まれたグルコースは**グルコース輸送体**を介して，受動輸送（Passive Transport）によって血液中に送り出される．同時に取り込まれたナトリウムイオンは，ATP のエネルギーを用いた Na^+/K^+-ATP アーゼによって血液中に輸送される（図 6.1）．結果として，小腸の内腔から小腸絨毛内部の毛細血管に穀類の糖質（デンプン）由来のブドウ糖が輸送されたことになる．この毛細血管は肝門脈（Portal Vein）へとつながっていて，小腸からの血液は肝臓を通過することになるが，肝臓を通過しないバイパスも存在する．

グルコース輸送体（Glucose Transporter, GLUT2）：グルコースのような親水性化合物は細胞膜の脂質二重層を通過できないので，何らかの輸送装置が必要である．グルコース輸送体にはナトリウムイオンとの共輸送システムと受動輸送システムがある．どちらも膜貫通タイプ領域が 10 以上存在する膜タンパク質であり，さまざまなタイプが存在する．特に，受動型グルコース輸送体（GLUT）は多種類存在し，細胞種類によって使い分けられてグルコース濃度の恒常性を保つ役割を果たしている．GLUT1 はあらゆる細胞に存在し，グルコース濃度が低いときの吸収に関与し，GLUT2 は肝臓，腎臓，小腸，膵臓の β 細胞で発現し双方向の輸送が可能である．GLUT3 は腎臓のネフロンで原尿からグルコースの回収を行うほかに胎盤で発現している．GLUT4 はインスリンに応答するグルコース濃度の調節に関与する．ゲノムプロジェクトの配列解析からさらに 8 種類以上存在しているが，すべての機能が明らかになっているわけではない．

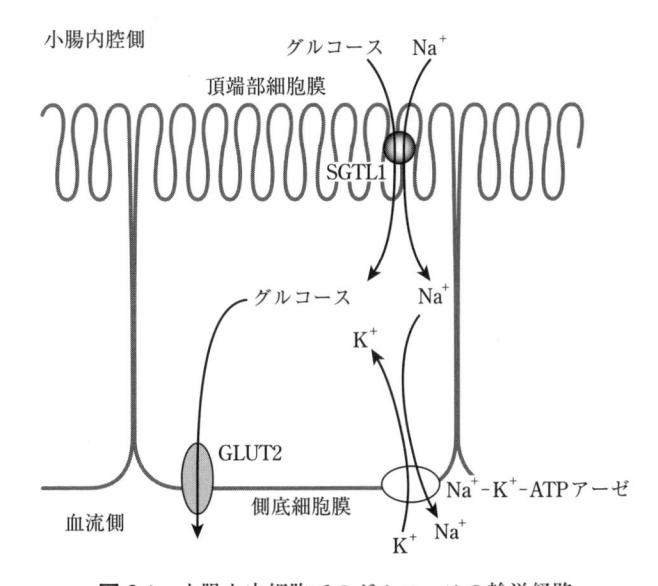

図 6.1 小腸上皮細胞でのグルコースの輸送経路

(4) 血中グルコース濃度の恒常性維持

食事によって摂取されたデンプンは，血液中のグルコースの濃度を一過性的に，急激に上昇させることになる．ヒトは生体内（血中）のグルコース濃度を，約 5 mM，(90 mg/100 mL) 程度の一定値に保つ仕組みを持っており，膵臓に存在するランゲルハンス島（Islets of Langerhans）がグルコースの血中濃度の増加に応答して，β 細胞からインスリン（Insulin）を血液中に放出する[7]．

エキソサイトーシス(Exocytosis): 細胞内の膜小胞が細胞膜と融合し膜小胞の内容物を細胞外に搬出する現象のこと。さまざまな分泌細胞に存在する分泌顆粒からの分泌もエキソサイトーシスである。

エンドサイトーシス(Endocytosis): エキソサイトーシスとは逆に細胞膜が細胞質側に陥没し膜小胞を形成すること。多くはリソゾームと融合しエンドソームとなり内容物を分解する。

糖新生(Gluconegenesis): 糖質の欠乏や飢餓状態になった動物が、グルカゴンの分泌を介して、ピルビン酸(Pyruvic Acid)、乳酸(Lactic Acid)、糖原性アミノ酸、グリセロールなどの糖質以外の物質から、グルコースを生合成する経路のこと。

インスリンは、多くの細胞が持っているインスリン受容体（Insulin Receptor）を介して、グルコースの代謝を制御する。インスリン受容体からのシグナルは、例えば筋細胞と脂肪細胞ではGLUT4というグルコース輸送体を細胞質内の膜小胞を細胞膜に移動させ、**エキソサイトーシス**で細胞膜に配置させることで、血中のグルコースを能率よく細胞内に取り込むことにつながる（図6.2）。

取り込まれたグルコースはすぐにリン酸化されグルコース-6-リン酸となり、血中に逆輸送されることはない。取り込まれたグルコースは、筋細胞ではグリコーゲン合成に向かいグリコーゲンとして蓄積される。脂肪細胞では脂肪合成を促進し脂肪が蓄積することになる。

インスリンがなくなれば、**エンドサイトーシス**によってGLUT4グルコース輸送体を再び細胞質内に膜小胞として取り込んでしまい、筋細胞と脂肪細胞ではグルコースの取り込みは起こらなくなる（図6.2）。一方、グルコースの取り込みをインスリン非依存性の輸送体によっている中枢神経細胞では、グルコースの取り込み速度の変動は少ない。肝臓でも同様にインスリンに依存しないグルコースの取り込みをGLUT2グルコース輸送体を介して行うが、肝臓ではインスリン受容体からのシグナルは別の作用を及ぼす。つまり、肝臓ではグリコーゲンの分解を抑制し、グリコーゲン合成を促進する。また脂質の合成を促進し、**糖新生**を抑制する。

細胞に取り込まれてリン酸化されたグルコースは、肝臓、腎臓、小腸以外の細胞ではグルコース脱リン酸化酵素であるグルコース-6-リン酸(G-6-P)ホスファターゼが存在しないのでグルコースには戻らず、細胞外に漏出することはない。

また、血液中のグルコース濃度が減少すると、グルカゴンが分泌され、肝臓に作用してグリコーゲンを分解しグルコースを血中に放出する。

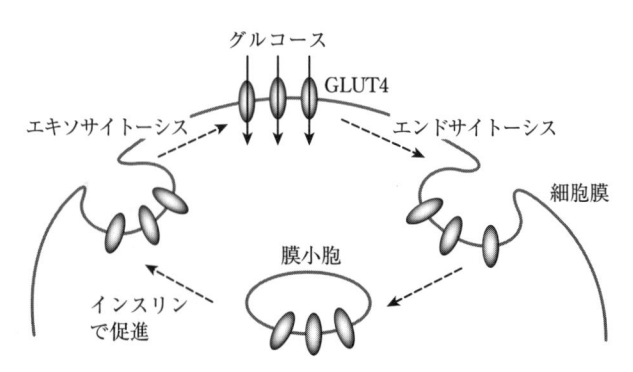

図6.2 筋細胞、脂肪細胞でのグルコース輸送体、GLUT4のインスリン刺激による細胞内での移動

(5) 細胞内グルコースの代謝

肝臓，小腸上皮細胞，腎臓の細胞以外の細胞ではリン酸化されていない遊離のグルコースは細胞内には存在せず，仮にグルコース輸送体が細胞表面に残っていても，一度，取り込まれたグルコースが細胞外へ再放出されることはない。G-6-P はグルコース輸送体を利用できないからである。G-6-P はグリコーゲン合成の直接の基質や脂肪合成の原料として利用されるか，自らの細胞のエネルギー源として ATP の生産に使われる。

次に，グルコースの 6 位へのリン酸化から始まる解糖系の概略を述べる（図 6.3）。

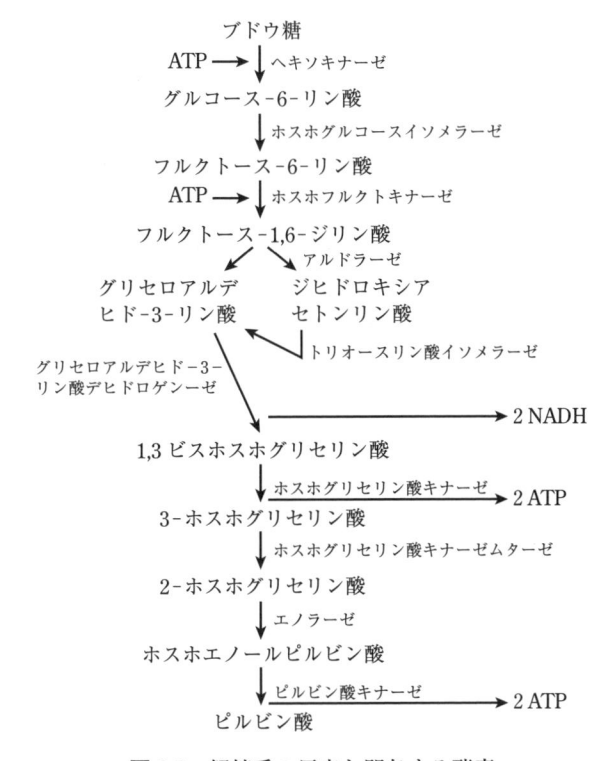

```
              ブドウ糖
       ATP →  ↓ ヘキソキナーゼ
          グルコース-6-リン酸
                ↓ ホスホグルコースイソメラーゼ
          フルクトース-6-リン酸
       ATP →  ↓ ホスホフルクトキナーゼ
          フルクトース-1,6-ジリン酸
                ↙  ↘ アルドラーゼ
     グリセロアルデ   ジヒドロキシア
     ヒド-3-リン酸   セトンリン酸
                  ↑ トリオースリン酸イソメラーゼ
  グリセロアルデヒド-3-
  リン酸デヒドロゲナーゼ
                ↓                    → 2 NADH
          1,3 ビスホスホグリセリン酸
                ↓ ホスホグリセリン酸キナーゼ → 2 ATP
          3-ホスホグリセリン酸
                ↓ ホスホグリセリン酸キナーゼムターゼ
          2-ホスホグリセリン酸
                ↓ エノラーゼ
          ホスホエノールピルビン酸
                ↓ ピルビン酸キナーゼ       → 2 ATP
          ピルビン酸
```

図 6.3 解糖系の反応と関与する酵素

解糖系の反応において，G-6-P ができる過程およびフルクトース 1,6-ビスリン酸ができる過程で，2 分子の ATP を消費する。結果的に，1 分子のグルコースは C3 化合物のリン酸化体であるグリセロアルデヒド-3-リン酸，2 分子に分解される。2 分子のグリセロアルデヒド-3-リン酸は引き続く酵素反応の過程で 2 分子のピルビン酸に変化し，4 分子のATP が生成するので，差し引き 2 分子の ATP が作られることになる。この反応の全過程は次式で表わすことができる。

$$\text{グルコース} + 2NAD^+ + 2ADP + 2Pi \longrightarrow$$
$$2\text{ピルビン酸} + 2NADH + 2ATP + 2H_2O + 4H^+$$

この過程で生じるNADHを酸化によってNAD$^+$に戻すか，または，NAD$^+$を供給しないと，この反応は続かない。嫌気的条件，すなわち酸素の供給されない条件下の筋肉では，ピルビン酸を還元して乳酸とし，NADHを酸化によってNAD$^+$を供給する戦略でATPを生産する。次に述べる好気的条件下ではNADHの酸化的リン酸化によってNAD$^+$ができるので，解糖系の反応が続く。

解糖系の酵素は細胞質基質に存在している。なお，酵母の嫌気的培養ではピルビン酸の脱炭酸により生じたアセトアルデヒドが，エタノールへ還元されるときに，アセトアルデヒドのNADHの酸化が起こることになる。

(6) トリカルボン酸サイクルによるピルビン酸の分解

グルコースから解糖系によって生成したピルビン酸は，好気的条件下ではトリカルボン酸サイクル（TCAサイクル，またはクエン酸サイクルともいう）の酵素により，次々に生化学的に（代謝）中間体へ変換され，結果的にCO_2へと分解される。

ヒトを含む真核生物では，ピルビン酸デヒドロゲナーゼを含めてTCAサイクルに関わる酵素群はミトコンドリアに存在するので，ピルビン酸やTCAサイクルの反応に必要な基質および酵素群のポリペプチドはミトコンドリアの膜を介して輸送される。

ミトコンドリアに運ばれたピルビン酸は，コエンザイムA（Coenzyme A，CoA）およびNAD$^+$と，ピルビン酸デヒドロゲナーゼの触媒作用によって反応し，アセチルCoAとNADHを生じる。このアセチルCoAのアセチル基がTCAサイクルを通じて炭酸ガス（CO_2）

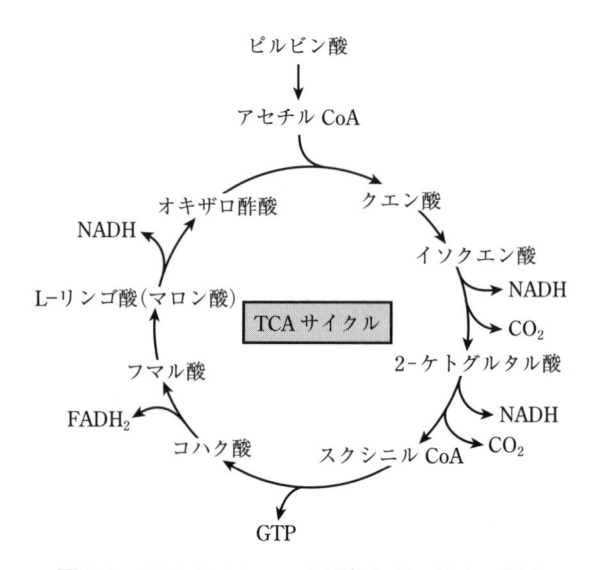

図6.4 TCAサイクルの中間体とその反応の概略

と還元型補酵素（3分子のNADHと1分子のFADH$_2$）および1分子の高エネルギーヌクレオチド，GTPを生成することになる。これら一連のプロセスによりピルビン酸は完全に分解されたことになる。

アセチルCoAとオキザロ酢酸が反応するステップがTCAサイクルの最初の反応となるが，ここで生じるのがクエン酸であり，TCAサイクルはクエン酸サイクルとも呼ばれる由縁である。TCAサイクルが駆動することで，アセチル基が酸化され蓄えられた還元型補酵素NADHとFADH$_2$の自由エネルギーは，電子伝達系によって4対の電子としてO$_2$に渡され，H$_2$Oと10分子のATPを生産することになる。TCAサイクルの各中間体には，アミノ酸代謝，糖新生，脂肪酸合成の基質となるものがあり，細胞内の代謝の材料を供給する重要な役割がある。

(7) 電子伝達系と酸化的リン酸化によるATPの生産

還元型補酵素に蓄えられた自由エネルギーは，電子伝達系と酸化的リン酸化によって，ATPに変換される。TCAサイクルで合成されたNADHやFADH$_2$は，拡散によってミトコンドリア内膜の内表面に配置された電子伝達系の酵素群に達し，電子を次々に受け渡し，最終的に酸素に受け渡すことで水を生じる。この過程で1分子のNADHあたりATP2.5分子に相当する自由エネルギーをATP分子の中に捕獲することになる。

細胞質基質で作られたNADHもATPに変換するには電子伝達系に乗せる必要があるが，このNADHは，拡散でミトコンドリア内部には到達しない。しかし，細胞質に存在するオキザロ酢酸をリンゴ酸に還元してミトコンドリアに運び，リンゴ酸（Malic Acid）を再酸化すれば結果的に還元等量のNADHを運んだことになる。

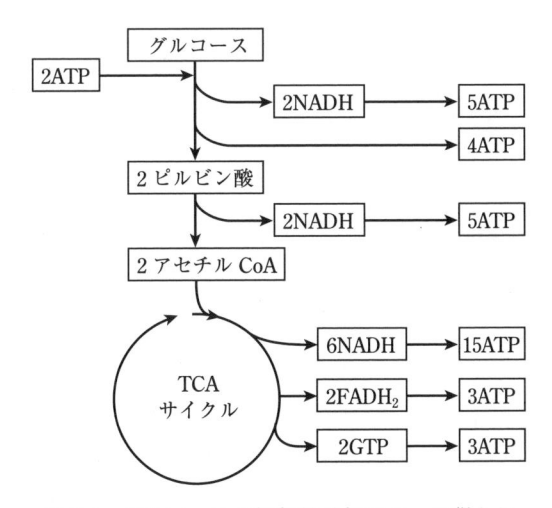

図6.5 グルコースの好気的分解によって得られるATPの総量

図 6.5 に示したように，グルコースを好気的に代謝すると，1分子のグルコースから32分子のATPが生成することになる。

電子伝達系の詳しい化学量論的取扱いについては，成書[3]を参考にされたい。

6.1.2 穀類タンパク質の代謝と栄養

(1) 穀類のタンパク質

穀類には，実は，かなりのタンパク質を含んでいる。脱穀をしていない原穀の段階では，種類によって10%を超えるタンパク質を含んでいるものもある[1]。

本項では食品として小麦から作られた食パンと，精白米から作られた炊いた白米のタンパク質について考える。

日本人1人当たりの1日のエネルギー必要量は，普通に活動している18歳以上65歳以下の男性と女性では，それぞれ平均，約2 500 kcal，2 000 kcalと見積もられている[8]。

このエネルギー必要量を，すべて白米または食パンで満たすと仮定すると，男性は，調理済みの白米では704 g，食パンでは947 gとなる。また，タンパク質含量はそれぞれ65 g，88 gとなり，成人男子の1日のタンパク質必要量[8]を満たすことにはなる。しかし，精製した白米ではリジン，食パンでは，リジン，トレオニン，含硫アミノ酸が不足がちになる[9]。この問題は，牛乳，卵，ナッツなどを適宜摂取すれば問題とはならない。

ヒトの栄養素としてのタンパク質摂取の重要なポイントは，自らの体を作るタンパク質の原料のアミノ酸を確保することにある。なぜならヒトは，遺伝子にコードされている基本**20種のアミノ酸**のうち10種は体内で合成ができないため，食物から摂取しなければならないからである。これらのアミノ酸を**必須アミノ酸**とよぶ。また，もう1つ重要な点は，タンパク質が抗原となり過剰な免疫反応を起こさないようにすることである。

6.1.1項で述べたように，食事として摂ったタンパク質は，小腸上皮細胞に取り込まれた時点で，アミノ酸または2〜3残基のペプチドにまで分解されているので，本来は抗原とはならないが，何らかの理由で穀物タンパク質にアレルギー反応を起こすような取り込みがあると，エネルギー源として日常的に摂取する必要のある穀類にアレルギーを起こす可能性がある。不幸にして穀類タンパク質に対するアレルギー症になってしまった人のために，脱アレルゲン，低タンパク質穀類の開発研究も進められている。

20種のアミノ酸：遺伝子コードされているアミノ酸は20種類とされているが，UGAコドン（終止コドン）にセレノシステインを取り込む場合がある。また，UAGコドン（UGAと同様に終止コドン）にピロリシンを取り込む場合があり，遺伝子にコードされているアミノ酸を20種とは，いえなくなっている。

必須アミノ酸(Essential Amino Acids)：ヒトの必須アミノ酸は，アルギニン，イソロイシン，トリプトファン，トレオニン，バリン，ヒスチジン，フェニルアラニン，メチオニン，リジン，ロイシンである。アルギニンは尿素合成の中間体として合成していることになるが，タンパク質の原料に使うという観点からは摂取する必要がある。

(2) 穀類タンパク質の消化管での分解

穀類中のタンパク質は，胃酸によって酸変性を受け，胃液中のタンパク質分解酵素ペプシンによって最初の分解が始まる。十二指腸に到達するとすぐに膵液によって中和され，**トリプシンやキモトリプシン**による本格的な分解が始まる。

トリプシンはリジン残基およびアルギニン残基のカルボキシル基側を，キモトリプシンは芳香族性アミノ酸のカルボキシル基側を切断してペプチドを生成する。膵液には**カルボキシペプチダーゼ**も含まれているので，一部はアミノ酸にまで分解される。小腸刷子縁細胞には，少糖類分解酵素と同様にペプチダーゼも存在していて，残ったオリゴペプチドをアミノ酸やジペプチド，トリペプチドにまで分解して小腸の細胞に取り込み，血液中に送り出す。

(3) 穀類タンパク質由来のアミノ酸の吸収

小腸上皮の刷子縁細胞にはグルコースと同様にアミノ酸の輸送系が存在する。このアミノ酸の輸送系でグルコースの場合と異なるのは，ナトリウムイオンとの共輸送系（Symport）だけではなく，さまざまな輸送系がアミノ酸の種類によって使い分けられていることである[10),11)]。共輸送系のほかに，ナトリウムイオンとの対向輸送系（アンチポート，Antiport），細胞内外のアミノ酸との共輸送系，向輸送系が存在する。

細胞内に流入した過剰なナトリウムイオンがATPのエネルギーを用

トリプシン（Trypsin）：基質特異性が高いため，構造決定によく用いられる。切断ペプチドのC末端がリジン，またはアルギニンとなる。活性中心がセリン残基であるので，セリンプロテアーゼとして知られており，PMSFなど多くの阻害剤が知られている。トリプシノーゲンから，自己分解によって活性化される。

キモトリプシン（Chymotrysin）：キモトリプシノーゲンから，エンテロキナーゼやトリプシンによって活性化される。芳香族アミノ酸のカルボキシル基側のペプチド結合を切断する。反応速度は低いが，ロイシンやメチオニンのカルボキシル基側も切断することが知られている。

カルボキシペプチダーゼ（Carboxy Peptidase）：タンパク質やペプチドのC末端側からアミノ酸を1つずつ，加水分解して遊離させる酵素の名称。

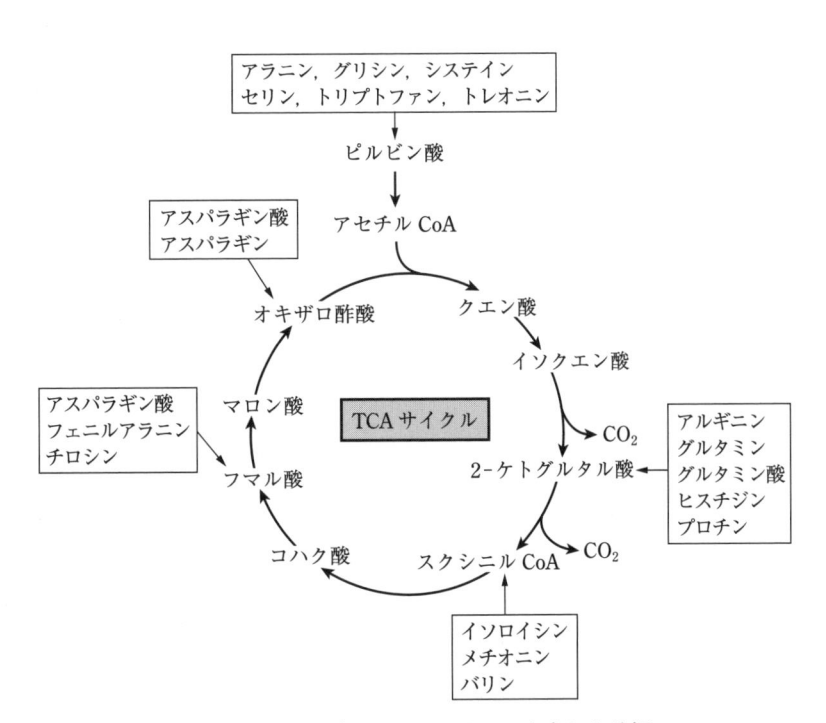

図6.6 アミノ酸のTCAサイクルを介した分解

いた Na$^+$/K$^+$-ATP アーゼによって，毛細血管側に排出されるのは同様であるが，毛細血管側の細胞膜にもさまざまな型のアミノ酸輸送体が存在するので，いったん，小腸上皮細胞に取り込まれたアミノ酸の毛細血管への放出も単純ではない。また，小腸の内腔の2～3残基のペプチドは細胞内に取り込まれ細胞内部のペプチダーゼ（Peptidase）によって，アミノ酸に分解されてから毛細血管に放出される。

毛細血管に放出されたアミノ酸は，生体内の各細胞に血管を通じて送られ，タンパク質合成の原料として利用される。また，門脈を通じて肝臓に送られて，核酸塩基の合成やほかの生体物質の材料として使用されることになる。

不要になったタンパク質を分解することで生成したアミノ酸は細胞内で再利用されるが，過剰なアミノ酸は，脱アミノ化されて TCA サイクルの中に入り，エネルギー源として利用される。また，肝臓に送られて糖新生の材料としてグルコースに変換されてから，再び血液中に放出されて全身の細胞で使われる。

6.1.3 脂質の代謝と栄養
（1）脂質の消化管内での分解

穀類には，脂質はそう多く含まれているわけではないが，それでも小麦と米の穀粒にはそれぞれ，3.1%，2.7%の脂質が含まれている[2]。この脂質は水に難溶性の非極性脂質でトリアシルグリセロールや遊離脂肪酸などが多い。食パンは製造過程で油脂を加えることもあって，トリアシルグリセロールなどの脂質含量が4.4%になるが，白米では精米過程のぬかを除去するときに脂質が減少し，0.1%程度となる。

食品として摂取した脂質を消化管内から生体内に吸収するには，リパーゼ（Lipase）が作用しなければならないが，水溶性のリパーゼと脂質は接触ができない。そこで，ヒトの肝臓では界面活性化剤として機能する胆汁酸（Bile Acid）を合成し，胆嚢から小腸内腔の上部に分泌し，リパーゼが作用できるよう，脂質の乳化を助けている。

リパーゼによる脂質の分解混合物（脂肪酸，モノアシルグリセロール，ジアシルグリセロール）は，胆汁酸の作るミセルの中に捕捉され，小腸上皮細胞（小腸粘膜細胞）に脂溶性の高い内容物を受け渡す。このとき，脂溶性ビタミンも同時に膜の通過が可能となるので，胆汁酸は脂質の分解補助だけではなく，重要な働きを行っていることになる。

（2）脂質の消化管内からの吸収

小腸上皮細胞（小腸粘膜細胞）は，取り込んだ脂肪酸を細胞内で再びトリアシルグリセロールに変える。トリアシルグリセロールと食品由来

のコレステロールをアポタンパク質 A-1 が取り囲み，キロミクロン（Chylomicron）というリポタンパク質（Lipoprotein）を形成する。

キロミクロンは，小腸リンパ系を経由して静脈に入り，末梢組織の毛細管の内皮に結合し，血管内皮細胞のリパーゼによって脂肪酸とモノアシルグリセロールに分解され，筋肉組織や脂肪組織に吸収される。残ったコレステロールに富むキロミクロンの残骸は，肝臓に運ばれて胆汁酸を合成するために再利用される。

6.1.4　糖質のエネルギー代謝とアミノ酸，脂質の代謝との関係性

本章では，糖質のエネルギー代謝を中心に述べた。もし，穀質を食事としてとれずに，肉食のみの純粋なタンパク食となる場合や絶食が数日以上続く場合などは，代謝経路は大きく変動する。

ヒトは脳の中枢神経の維持に大きなコストを払っており，5 mM の血中グルコース濃度を維持しなければならない。仮に，何の生体防御の備えもなく急激に血中グルコース濃度が通常の半分以下になると，意識障害があらわれ，最悪の場合は死に至ることもある。通常は，グルカゴンが分泌され，その働きによって肝臓に蓄積したグリコーゲンの分解が起こり，同時に糖新生（一部の反応を除き，解糖系の逆反応）が起こる。引き続き，脂肪細胞から分泌された脂肪酸の β 酸化から生じたアセチル CoA からアセト酢酸を合成する。脳はアセト酢酸およびアセト酢酸に由来するケトン体などの水溶性低分子化合物を，主なエネルギー源として利用することができるようになる。

さらに飢餓が続くと，筋肉などのタンパク質を分解してアミノ酸を生成してエネルギー源とするようになる。このように，エネルギー代謝は糖質，脂質，アミノ酸が協調して調節を行っている。飢餓の状態でないときも，不要のアミノ酸は生体内でエネルギー代謝の原料となっている。

6.1.5　シリアルフードの飽食と飢餓

穀物を十分に利用できるようになったのは，農業技術の獲得以降，せいぜい 4 000〜6 000 年程度であるにもかかわらず，ヒトは，活動のためのエネルギーの大半を穀物由来のグルコースに頼った生物に進化したかのように見える。グルコースを基軸とした生体エネルギーの代謝制御によって，ヒトは生き延びている。6.1.4 項で述べたように，一時的な飢餓状態であれば，蓄えた脂肪を分解することで数週間は生き延びることができる。最終的には筋肉さえグルコースに変えて，中枢神経に送ろうとする。

飢餓状態に備えるため，グリコーゲン合成や脂肪の蓄積などのまわり

くどい方策ではなく，ヒトはどうしてグルコースを直接体内に保存する仕組みを進化の過程で，獲得できなかったのであろうか。

いかなる動物も生存にとって極めて重要なグルコースを，そのままの形で細胞内や体内に保管しておくことはできない。なぜなら高濃度のグルコースの存在は高い浸透圧を生じてしまい，細胞や体液の恒常性を維持できないからである。また，グルコースの還元力によって思わぬ反応が起こる可能性がある。そのような理由からグルコースを直接体内に保存する仕組みを獲得しなかったのだろう。

現代の先進諸国では，普通の人々が飢餓状態に陥ることはまずない。むしろ，糖質の恒常的な摂取過多による糖尿病の増加が心配されている。血糖値が高めの状態で，ある時間放置されると末梢の組織において，化学的な糖化反応（**メイラード反応**）が引き起こされ（4.3 節），結果として毛細血管の劣化が起こるとされている[12]。この糖化反応の目安として，ヘモグロビン A1c（糖化ヘモグロビン）の検査が実用化されている[13]。

食品として，穀類は極めて優れていることは疑いがないが，精白米や純度の高い小麦粉の摂取は，食事の仕方によっては，血糖値を急速に高めたり，高い血糖値を維持したりしかねない。純度の高いデンプン質の過剰摂取は糖尿病のリスクを全般に高めていることになる。

穀類の栽培技術が文明を生み，飢餓を救ったのは事実であるが，生活習慣病のリスクを避ける方法があるはずである。食品として血糖値を上げにくい穀類の製品化プロセスの開発が今後の課題である。また，偏っているアミノ酸組成[9]や欠失しているビタミン類の摂取方法が付け加われば，地球規模での飢餓からの脱出[1]が可能になるであろう。

> **メイラード反応**：食品中の還元糖とアミノ酸との反応によって起こる褐変反応の総称で，複雑な化学反応である。すべてが解明されたわけではないが，食品の風味や色付けで重要な反応である。室温ではあまり進まないが，味噌，醤油の色合いもこの反応による。生体内でも長寿命のタンパク質とグルコースとの反応によって起こり，さまざまな病気との関連が調べられている。

6.2 シリアルフードの機能性

シリアルフードを含め，食品には次の 3 つの機能が存在する。

- 第 1 次機能：生命活動を維持するための栄養補給機能である。タンパク質，脂質，炭水化物，ビタミン，ミネラルの 5 大栄養素がこの働きを担う。
- 第 2 次機能：色，味，香り，歯ごたえ，舌触りなど食べたときにおいしさを感じさせる嗜好・食感機能である。甘味，酸味，塩味，苦み，うま味，辛味，渋味，香りなど味覚と臭覚に関与する成分がこれを担う。また，視覚，食感，触覚，温度感覚，聴覚を担う物理的因子（＝テクスチャー）も第 2 次機能に属する。
- 第 3 次機能：疾病の予防や健康に維持・増進など生体の調節機能で

ある．食物繊維，オリゴ糖，糖アルコール，不飽和脂肪酸，ペプチド，ポリフェノール，乳酸菌などが代表であるが，多種多様な成分がこれを担う．また，現在において，新しい生体調節成分が続々と発見されている．

本節では，食品の持つ第3次機能に着目し，主として，小麦に含有される生体調節成分およびそれらを用いた健康食品への応用を概説する．

第1次機能と第2次機能については，他章（第3章，6.1節）を参照されたい．ここでは，まず，小麦粒の各部分（胚乳，外皮，胚芽）の第3次機能およびそれに関わる生体調節成分の概略を述べ（6.2.1項），さらに，この中で機能性研究が精力的に行われている小麦タンパク質およびその酵素分解物（ペプチド）について詳細に述べる（6.2.2項）．

6.2.1 小麦粒各部分における生体調節成分

小麦粒は，約87％が胚乳，約15％が外皮（ふすま），残りの約2％が胚芽である．それぞれの部分の成分は大きく異なることから，第3次機能とそれに関与する生体調節機能成分も異なる．

(1) 胚乳中の生体調節成分

胚乳は，その70〜75％が炭水化物であり，8〜12％がタンパク質である．胚乳部分（小麦粉）の摂取により，第3次機能を示すかどうかは証明されていないが，胚乳中のタンパク質およびタンパク質の分解物（ペプチド）には種々の生体調節成分が含まれている．

タンパク質部分には，α-アミラーゼ（α-Amylase）阻害タンパク質が存在する．ヒトは，炭水化物の吸収において，摂取されたデンプンを消化管内のα-アミラーゼとマルターゼ（Maltase）によりグルコース（Glucose）まで分解することが必須な過程である．

小麦胚乳部分に存在するα-アミラーゼインヒビター（0.19α-Amylase Inhibitor）は，ヒト膵アミラーゼ（Human Pancreatic Amylase）に対して強い阻害活性を示し，ヒトの食後血糖上昇の抑制作用を示すことが報告されている．

胚乳部分の主要タンパク質であるグルテンは，アミノ酸組成としてグルタミンが豊富なタンパク質であるが，酵素分解により，種々の機能性を持つペプチドが生成されることが報告されている．

α-アミラーゼ阻害タンパク質およびグルテン酵素分解ペプチドについては6.2.2項で改めて述べる．

そのほかの生体調節成分としては，ピューロチオニン（Purothionin）と1-モノアシルグリセロール（1-Monoacylglycerol）がある．

ピューロチオニンは，胚乳に存在する塩基性タンパク質であり，強い

膵リパーゼ（Pancreatic Lipase）阻害活性が報告されている[14]。食事由来の脂質（中性脂肪）は，膵リパーゼにより，2分子の脂肪酸と1分子の2-モノアシルグリセロール（2-Monoacylglycerol）に加水分解された後に，小腸より吸収される。したがって，膵リパーゼ阻害活性を示すピューロチオニンは，脂肪の吸収を抑えることにより体脂肪蓄積抑制効果が期待される食品成分である。

1-モノアシルグリセロールは，胚乳中の脂質部分から単離された化合物で，**カプサイシン受容体**[14]作動活性を持つことが明らかになっている[15]。TRPV1作動物質の多くは体脂肪蓄積抑制作用を持つことから，本化合物にも同様の作用を持つ可能性がある。これら2つの化合物は，胚乳中における主要成分ではないが，小麦成分の機能成分の解明および応用という面で，今後の研究が期待される。

(2) ふすま中の生体調節成分

① ふすまおよびアラビノキシラン

ふすまは，その約50%が食物繊維であるという特徴を有する（表6.1）。よって，ふすまは食物繊維としての機能（肥満防止，コレステロール上昇抑制，血糖値上昇抑制，排便促進など）が期待される。ふすまを7.5 g/日摂取すると，排便回数，排便容量の増加が報告されている[16]。

表6.1　小麦ふすまの主な栄養成分（100g当たり）

食物繊維	50 g
カルシウム	103 mg
鉄	15 mg
マグネシウム	520 mg
亜鉛	11 mg

ふすまの食物繊維の主要成分はアラビノキシラン（Arabinoxylan）であり，ふすまの非デンプン性多糖類の64〜69%を占めることから，ふすま自体の代わりにアラビノキシランを用いた機能研究も多数報告されている[17]（3.2.3項）。

例えば，アラビノキシランを健康なヒトが6〜12 g/日摂取すれば，食後血糖値の上昇が抑制されることが明らかになっている。また，2型糖尿病患者がアラビノキシランを15 g/日摂取することにより，空腹時血糖，食後血糖，血中インスリン値が低下することが報告されている。これらの結果は，アラビノキシランが糖尿病およびその予備軍に対して，優れた効果を発揮する食品成分であることを示している。

アラビノキシランのその他の生活習慣病予防活性に関しては，消化管

カプサイシン受容体（Capsaicin Receptor）：トウガラシの辛味成分であるカプサイシンの受容体として，1997年にクローニングされた。

TRPV1（Transient Receptor Potential Cation Channel Subfamily V Member 1 の略）：カプサイシンのみならず身体に痛みをもたらすプロトンや熱によって活性化される多刺激痛み受容体のこと。食品成分の機能性という観点からは，カプサイシンを含むいくつかの成分がTRPV1作動活性成分を示し，それらは交感神経系の活動を高め，体脂肪，特に内臓脂肪の蓄積を抑制する作用を持つことが報告されている。

内においてナトリウムを吸着し，糞として排出による血圧低下作用[18]，食餌性コレステロールの吸着，排泄による血漿コレステロールの低下作用などが報告されている[19]。

ふすまアラビノキシラン酵素分解物（アラビノキシランオリゴ糖）は，ラットとマウスにおいて，大腸内の善玉菌であるビフィズス菌の顕著な増殖作用を示すことが明らかになっている[20]。また，別の実験において，ふすまアラビノキシラン酵素分解物が免疫賦活作用を示すことが細胞実験で報告されている[21]。この実験ではふすまアラビノキシラン酵素分解物0.1〜100μg/mLが，**ヒトマクロファージ**細胞株に対して貪食活性を刺激すること，およびその活性はトウモロコシと米ぬか由来のアラビノキシランよりも強力であることが述べられている。

② フィチン酸，フェルラ酸，アルキルレゾルシノール，ベタイン

ふすまのその他の特徴的生体調節成分として，フィチン酸（Phytic Acid），フェルラ酸（Ferulic Acid），アルキルレゾルシノール（Alkylresorcinol），ベタイン（Betaine）をここではあげることとする。これら4成分はいずれも，ふすまにおいて高濃度含有される成分である。

フィチン酸は，小麦ふすまにおいて約4g/100g（乾物）程度含有される成分である[22]（3.7節）。フィチン酸の作用は，金属に対する**キレート作用**に由来する。当初フィチン酸は，小腸において鉄やカルシウムの吸収を阻害し，そのために貧血や骨粗鬆症（Osteoporosis）を起こすネガティブな成分と考えられてきた。しかしながら，ふすまとして摂取される場合，そのような作用は見られないことが明らかになった[16]。フィチン酸のポジティブな作用は，消化管内で鉄とキレートすることによる鉄触媒ラジカル発生を抑制し，大腸がん発症を予防する可能性があることである。これまでのヒトにおける臨床研究においては，小麦ふすまの長期摂取により，大腸がん予防効果が認められるという確実な結果は得られていない[23]が，今後の研究の進展に期待したい。

フェルラ酸（3.7節）は，小麦ふすまにおいて300〜400mg/100g（乾物）程度存在する成分である[22]。この化合物は，ふすま中ではアラビノキシランとのエステル結合体として存在する。また，フェルラ酸同士が結合しジフェルラ酸を形成することも報告されている。

フェルラ酸のアラビノキシランエステルは，腸内細菌由来の酵素により分解されることが報告されていることから，ふすま由来のフェルラ酸は大腸において腸内細菌の作用により遊離体になってから吸収される可能性もある[24]。フェルラ酸の特徴的生体調節機能は，その抗酸化作用（Antioxidative Effect）である。すなわち，フェルラ酸遊離体およびアラビノキシランとの結合体には，種々の抗酸化作用が報告されている。

ヒトマクロファージ（Human Macrophage）：白血球の1つで，免疫システムの一部を担うアメーバ状の細胞で，生体内に侵入した細菌，ウイルス，または死んだ細胞を捕食し消化する（貪食活性）。また抗原提示を行い，B細胞による抗体の作成に貢献する。マクロファージは，ヒトが病原体による感染から身を守る感染防御の機構において，その初期段階での殺菌を行うとともに，抗原提示によって抗体の産生を行うための最初のシグナルとして働くなど，重要な恒常性維持機構の一角を担っている。マクロファージの貪食活性を刺激する食品成分は，ウイルス，細菌などによる感染症に対して抵抗性を与えることが期待される。

キレート作用：フィチン酸のリン酸基の金属イオンに対する結合作用

代表的な作用として，ラット肝ミクロソームにおける脂質過酸化，LDL（低密度リポタンパク質（悪玉コレステロールとして知られる））酸化抑制活性などが明らかにされている。

さらに，最近，フェルラ酸のアルツハイマー病予防活性が注目されてきた。すなわち，脳の海馬のアミロイドベータ（アルツハイマー病の原因物質といわれている）誘発酸化傷害に対する保護作用など，基礎研究段階ではあるが，フェルラ酸のアルツハイマー病予防作用を示すデータが集まりつつある[25]。

アルキルレゾルシノール（図6.7）は，小麦ふすまにおいて240〜400 mg/100 g（乾物）程度含有されるフェノール成分である[26]。アルキルレゾルシノールのアルキル鎖の鎖長に関しては，種々の長さのものが報告されているが，小麦ふすまにおいては，飽和のC17，C19，C21が全体の80％以上を占める。これらの化合物は弱い抗酸化作用を示す。

アルキルレゾルシノールの最も興味深い機能は，中性脂肪合成の律速酵素であるGlycerol-3-Phosphate Dehydrogenaseの阻害作用を示すことである。アルキルレゾルシノールのこの作用に関してはアルキル鎖長によって活性強度が異なり，C17とC19が最も活性が高いことが報告されている。さらに，これらの化合物は，培養脂肪細胞に対して脂肪蓄積を抑制することも報告されている。これらの結果より，アルキルレゾルシノールはヒトにおいて体脂肪蓄積活性を示すことも考えられる。

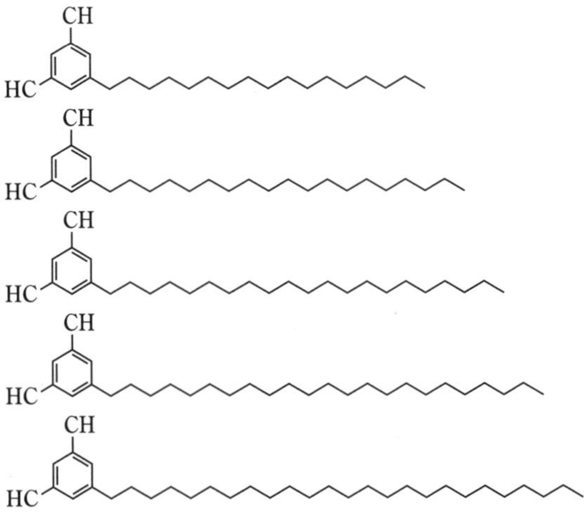

図6.7　アルキルレゾルシノール

ベタイン（図6.8）は，小麦ふすま中430〜440 mg/100 g（乾物）含有される成分である[22]。生体成分であるが，食品からは小麦ふすまが最も効果的に摂取することができる。ベタインは，葉酸，ビタミンB_6，B_{12}とともに肝臓においてメチル基供与体としての機能を担う。ヒトに

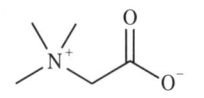

図 6.8　ベタイン（Betaine）

おいて，ベタインは抗脂肪肝活性が報告されている[27]。

(3) 胚芽中の生体調節成分

　胚芽は，「植物の卵」とよばれるように，タンパク質，脂質，ビタミン，ミネラル，食物繊維などをバランスよく豊富に含んでいる（表 6.2）（3.5 節，3.6 節）。ここでは，小麦胚芽において含有量が高い生体調節機能成分について述べる。

表 6.2　小麦胚芽の主な栄養成分（100g 当たり）

食物繊維	10 g
カルシウム	44 mg
鉄	9 mg
マグネシウム	330 mg
亜鉛	17 mg
ビタミン B_1	2.2 mg
ビタミン B_2	0.6 mg
ビタミン B_6	1.2 mg
ナイアシン	4.7 mg
ビタミン E	32 mg

① ビタミン B 群

　小麦胚芽におけるビタミン B_1 および B_6 の含有量は，主要な食品中でそれぞれ3番目および8番目に高い（文部科学省「食品成分データベース」より）。ビタミン B_1 はピルビン酸デヒドロゲナーゼ，α-ケトグルタール酸デヒドロゲナーゼトランスケトラーゼなど補酵素として働くので，グルコース燃焼時の要求性が高くなる。ビタミン B_1 には中枢神経や末梢神経の働きを正常に保つ作用があるので，ヒトの正常な発達や神経の機能維持に必要である。

　ビタミン B_6 は，アミノ酸代謝におけるアミノ基転移反応に関係するので，タンパク質摂取により必要量が増加する。欠乏すると皮膚炎，けいれん，貧血，動脈硬化，脂肪肝などを発症する。

② ビタミン E

　小麦胚芽におけるビタミン E の含有量は，主要な食品中で第8番目に高い（文部科学省「食品成分データベース」より）。ビタミン E は抗酸化ビタミンともよばれ，生体内で主として不飽和脂肪酸の過酸化を防

ぎ，細胞膜脂質やリポタンパク質を正常に保つ働きをする。動脈硬化，白内障，がんなどを予防する。ただし，通常の食生活では欠乏症や過剰症は認められない。

③ 亜鉛

小麦胚芽における亜鉛含有量は，主要な食品中第2位であることから，胚芽は重要な亜鉛供給源である。亜鉛は，生体内においてアルカリホスファターゼ，アルコールデヒドロゲナーゼなどの種々の酵素の構成成分となる必須ミネラルである。亜鉛が欠乏すると，発育遅延，食欲不振，味覚障害などの障害が発症する。

6.2.2　小麦タンパク質およびペプチドの生体調節機能

6.2.1項では，小麦粒中における機能成分の存在部位およびその機能を概説した。本項では，機能性の解明が進んでいる小麦タンパク質成分およびその加水分解物（ペプチド）の生体調節機能を詳しく述べることにする。ここで取り上げる生体調節機能成分は，0.19α-アミラーゼインヒビター，グルテン加水分解ペプチド，オリゴペプチドである。

(1) 小麦中の生体調節タンパク質・ペプチドの調製方法

小麦の胚乳部には，8〜12％のタンパク質が含まれる。このうちアルブミン（水可溶なタンパク質）が約11％，グロブリン（塩可溶性タンパク質）が約3％，残りがグルテンである。グルテンは70％アルコール可溶のグリアジンと酸-アルカリ可溶なグルテニンの混合物である（3.3節）。

0.19α-アミラーゼインヒビターは，アルブミン区分から精製される哺乳類のアミラーゼに対する阻害活性を示すタンパク質であり，電気泳動の移動度により命名されたものである。

グルテン加水分解ペプチドは，グルテンの酵素分解により得られる平均分子量5 000〜10 000のペプチドであり，グルタミンを約30％含有す

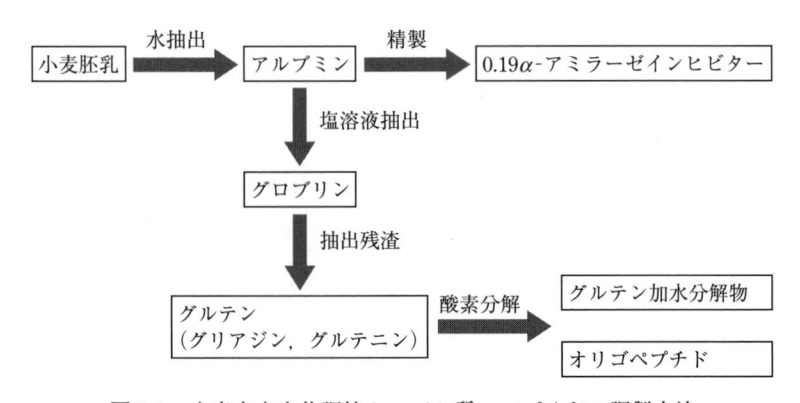

図6.9　小麦由来生体調節タンパク質・ペプチドの調製方法

る。

グルテン由来のオリゴペプチド（アミノ酸残基数が10残基以内のペプチド）は，グルテンを種々の加水分解酵素により加水分解することにより調製される。血圧低下作用，オピオイド受容体（Opioid Receptor）作動活性を示すペプチドなどが単離されている。図6.9に，小麦由来生体調節タンパク質・ペプチドの調製方法をまとめた。

(2) 0.19α-アミラーゼインヒビター

平成22年国民健康栄養調査（厚生労働省）によると，糖尿病が強く疑われる者（ヘモグロビンA1cが6.1以上，または現在糖尿病の治療を受けていると答えた者）の割合は，30歳以上の男性では17.4％，30歳以上の女性では9.6％であり，10年前と比較し，男女ともにその割合は増加している。糖尿病予防作用を持つ食品成分の継続的摂取は，糖尿病の1次予防に寄与することが期待される。

0.19α-アミラーゼインヒビターは，膵アミラーゼに対し強い阻害活性を持つタンパク質成分であり，炭水化物の上昇を穏やかにすることにより，糖尿病の予防活性を示す活性を持つ。

現在までのところ，ヒトを対象とした研究により，次のことが解明されている。

① 食後の急激な血糖上昇抑制とインスリン分泌抑制作用

森本らは，0.19α-アミラーゼインヒビター30.5％を含有する小麦アルブミン（WA）1.5 g摂取により，健常者，境界域糖尿病者，糖尿病者において，食後血糖の上昇が抑えられること（図6.10），境界域糖尿病者，糖尿病者において，インスリン分泌刺激が抑制されることを証明した[28]（図6.11）。インスリンの働きについては6.1.1項を参照のこと。

② 0.19α-アミラーゼインヒビター長期摂取による血糖のコントロール

児玉らは，0.19α-アミラーゼインヒビター135 mgを含む小麦アルブミン区分0.5 gの継続摂取が，長期の血糖値の尺度である血中ヘモグロビンA1cを低下させることを証明した[29]（図6.12）。

③ 0.19α-アミラーゼインヒビター長期摂取による内臓脂肪の減少

抜井らは，0.19α-アミラーゼインヒビター135 mgを含む小麦アルブミン区分1.0 gの6か月摂取が，軽症2型糖尿病者の内臓脂肪面積を減少させることを示した[30]（図6.13）。

0.19α-アミラーゼインヒビター30％を含む小麦アルブミン区分1 gを軽症2型糖尿病者に6か月間摂取してもらったところ，内臓脂肪面積が9 cm^{2}減少した（統計的に有意な差が見られた）。一方，対照群（非摂取群）は，内臓脂肪は減少しなかった。

以上の結果は，0.19α-アミラーゼインヒビターがデンプンの吸収遅延

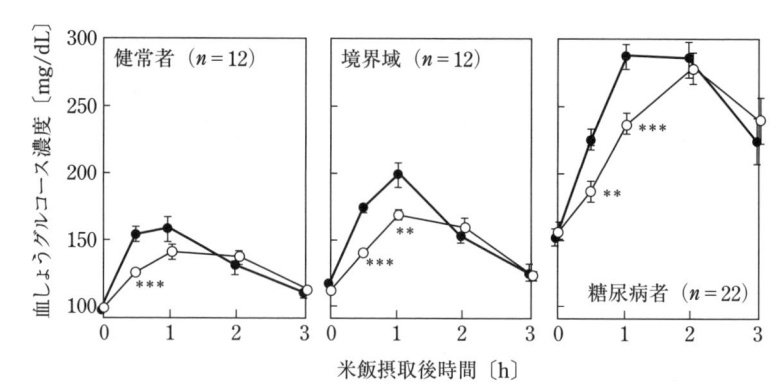

**: 対照群に対して 1% 水準で統計的有意差あり。
***: 対照群に対して 0.1% 水準で統計的有意差あり。
● : 対照群
○ : 0.19 α-アミラーゼインヒビター摂取群

> 健常者群，境界域糖尿病群，糖尿病群ともに米飯摂取 0.5 時間後の血糖上昇は 0.19 α-アミラーゼインヒビター摂取により抑制された。さらに，境界域糖尿病群，糖尿病群においては，1 時間後まで血糖上昇は抑制された。

図 6.10 0.19 α-アミラーゼインヒビターによる米飯摂取による食後高血糖の抑制効果

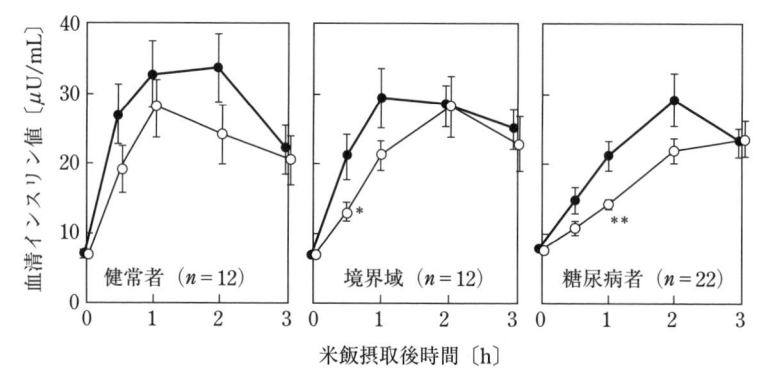

*: 対照群に対して 5% 水準で統計的有意差あり。
**: 対照群に対して 1% 水準で統計的有意差あり。
● : 対照群
○ : 0.19 α-アミラーゼインヒビター摂取群

> 境界域糖尿病群において米飯摂取 0.5 時間後のインスリン分分泌刺激は，0.19 α-アミラーゼインヒビター摂取により抑制された。糖尿病群においては，1 時間後のインスリン分泌刺激が，0.19 α-アミラーゼインヒビター摂取により抑制された。

図 6.11 0.19 α-アミラーゼインヒビターによる米飯摂取によるインスリン分泌刺激抑制効果

により，糖尿病および糖尿病により発症する体脂肪蓄積を予防する活性を持つことを示すものである。

これらの結果から，0.19 α-アミラーゼインヒビターの作用は，図 6.14 のようになると考えられている。

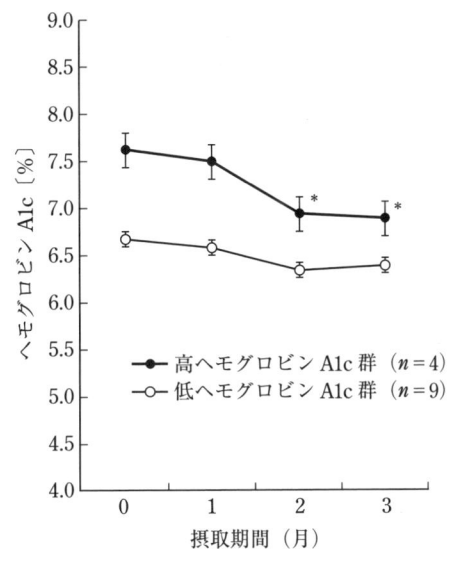

*$p<0.05$：摂取前と比較し5%水準で統計的に有意

0.19α-アミラーゼインヒビターは，低ヘモグロビンA1c群では，3か月間摂取によりヘモグロビンA1cに影響を与えなかったが，高ヘモグロビンA1c群では2か月以降ヘモグロビンA1c値を有意に低下させた。

図6.12 0.19α-アミラーゼインヒビター含有粉末スープの長期摂取によるヘモグロビンA1cの抑制

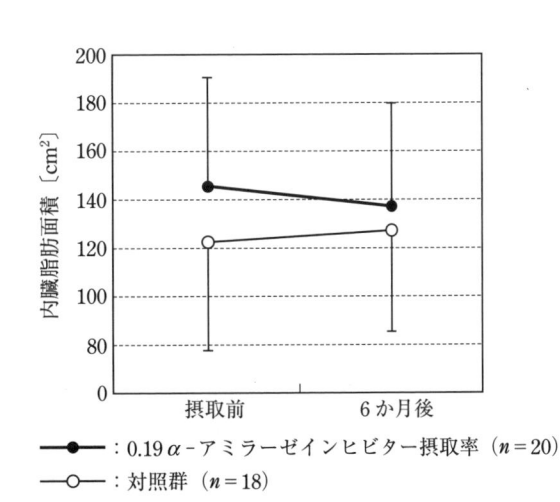

図6.13 0.19α-アミラーゼインヒビター長期摂取による内臓脂肪の減少

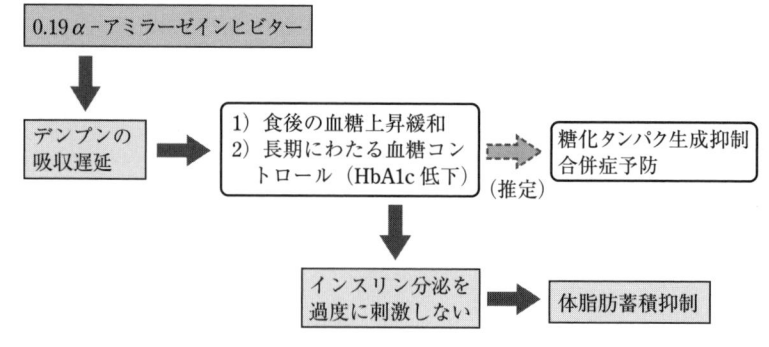

図6.14 0.19α-アミラーゼインヒビターの作用

(3) グルテン加水分解ペプチド

グルテンの特徴としては，グルタミン含有量が非常に高いということがあげられる（3.3.1項）。グルテンを酵素分解したグルテン加水分解ペプチド（Wheat Gluten Hydrolysate）も同様の性質を有している（グルタミン含有量約30%）。よって，グルテン加水分解ペプチドは，第1にグルタミン供給源としての機能を持つ。それとともに生理活性ペプチドとして固有の機能を持つことがこのペプチドの特徴である。

① グルタミン供給源としての機能

グルタミンは，必須アミノ酸ではないが，疾病や激しい運動などの特殊な条件下では欠乏状態が生じることから準必須アミノ酸とされている。グルタミンは小腸や免疫細胞のエネルギー源となっており，さらにプリンやピリミジン合成のための基質でもあり，これらはDNAやRNAの原材料でもある。

また，グルタミンは体内でαケトグルタル酸に代謝され，TCAサイクルの一部をなす（6.1.1項）。身体の要求するグルタミン量は非常に多く，臨床の現場では，熱傷，傷害，手術等の際に積極的に投与されており，スポーツ分野でも，オーバートレーニングシンドローム対策としての需要が高い。しかしながら，グルタミン単体は溶解性が低く，溶液中でγ位のアミド基とα位のアミノ基とが閉環し，ピログルタミン酸へと変化してしまう可能性が危惧される。

グルテン加水分解ペプチドは，グルタミンがペプチド体として存在するために，溶解性が優れ，安定性が高く，グルタミン源として優れた食品素材である。これに関する研究として，沢木らは男性運動選手にハーフマラソンと45 kmランニングの終了後，グルテン加水分解ペプチドを投与することにより，被験者の血中グルタミン濃度と分岐鎖アミノ酸が上昇したことを報告している[31]（図6.15，図6.16）。これらの結果は，加水分解ペプチドがスポーツ分野において，有望なグルタミン源である

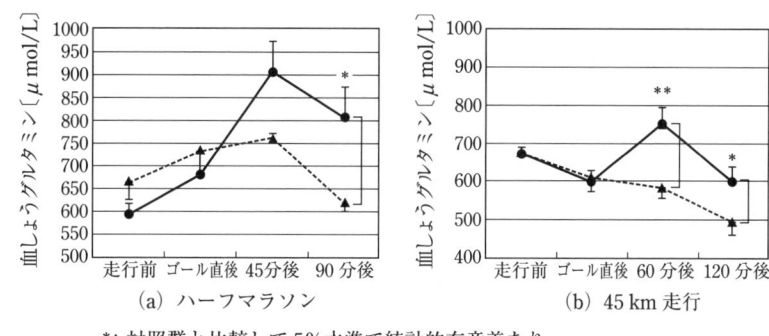

*：対照群と比較して 5% 水準で統計的有意差あり．
**：対照群と比較して 1% 水準で統計的有意差あり．

対照群 ----▲---- 　加水分解ペプチド摂取群 ―――●―――

加水分解ペプチドは，ハーフマラソン参加群では，摂取 90 分後に血中グルタミンを上昇させたこと，45 km ランニング群では摂取 60 分後と 120 分後に血中グルタミンを上昇させたことを示している．

図 6.15 ハーフマラソンおよび 45 km ランニング終了後のグルテン加水分解ペプチド 40 g 摂取による血中グルタミン濃度に対する影響

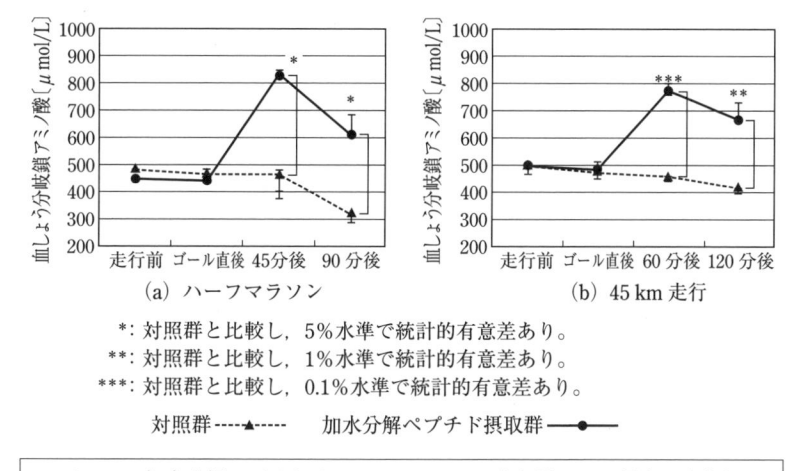

*：対照群と比較し，5% 水準で統計的有意差あり．
**：対照群と比較し，1% 水準で統計的有意差あり．
***：対照群と比較し，0.1% 水準で統計的有意差あり．

対照群 ----▲---- 　加水分解ペプチド摂取群 ―――●―――

グルテン加水分解ペプチドは，ハーフマラソン参加群では，摂取 4 分後と 90 分後に血中分岐鎖アミノ酸を上昇させたこと，45 km ランニングでは摂取 60 分後と 120 分後に血中分岐鎖アミノ酸を上昇させたことを示している．

図 6.16 ハーフマラソンおよび 45 km ランニング終了後のグルテン加水分解ペプチド 40 g 摂取による血中分岐鎖アミノ酸濃度に対する影響

ことを示している．

② 生理活性ペプチドとしての機能

グルテン加水分解ペプチドは，グルタミン源としての働き以外に，肝障害抑制[32]，筋傷害抑制[33]，NK 細胞活性化[34] などの作用が報告されている．ここでは，最近の鯉川らによるグルテン加水分解ペプチドによる運動後の遅発性筋損傷に対する抑制効果を例としてあげる[33]．鯉川らは，ハーフマラソン終了後の運動選手にグルテン加水分解ペプチドを

図 6.17 グルテン加水分解物の運動後の遅発性筋損傷抑制作用

ハーフマラソン終了後，参加者にグルテン加水分解ペプチド 10 g または 20 g を摂取させたところ，20 g 摂取群は，運動終了 1 日後と 2 日後の血漿クレアチニンキナーゼ（CK）の低下が認められた。

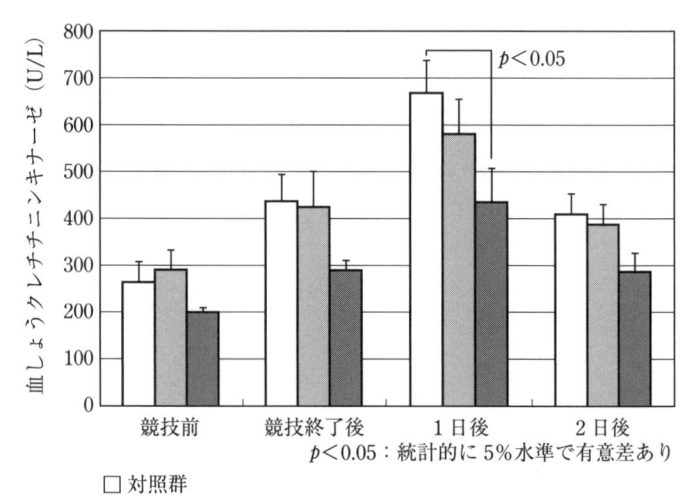

$p < 0.05$：統計的に 5% 水準で有意差あり

□ 対照群
■ グルテン加水分解ペプチド摂取群 10g
■ グルテン加水分解ペプチド摂取群 20g

10〜20 g 摂取させたところ，20 g 摂取群において，運動終了 1〜2 日後のクレアチニンキナーゼ活性が抑制されることを報告している（図 6.17）。このデータは，グルテン加水分解ペプチドが運動選手の炎症（遅発性筋損傷）を抑制する活性を持つことを示している。

(4) グルテン加水分解オリゴペプチド

グルテン加水分解オリゴペプチド（Wheat Gluten-Derived Oligopeptides）は，加水分解酵素を組み合わせることにより，アミノ酸残基で 10 個以下のオリゴペプチド単位まで分解することができる。これらの中から，生体調節機能を持つ成分がいくつか発見されている。ここでは，これらの成分について構造と機能を述べる。

① オピオイドペプチド

オピオイドペプチドは，モルヒネ様物質（オピオイド）の作用発現に関与する受容体に結合し，作用を発現するペプチドである。生体内で合成される内在性のペプチドとしてエンドルフィン（Endorphin）などがあり，これらは，鎮痛作用，多幸感をもたらすなどの作用が明らかになっている。これとともに食品由来の外因性オピオイドペプチドも知られており，何らかの食品の機能に関与していると考えられる。

小麦由来のオピオイドペプチドに関しては，1979 年に Zioudrou らが小麦グルテンのペプシン分解物にオピオイド活性を見出したのが最初である[35]。その後，福留らは，小麦の酵素分解物より，5 個のオピオイド

表6.3 小麦由来オピオイドペプチドの構造，受容体サブタイプに対する作用

ペプチド名	由来	構造（アミノ酸は1文字表記）	オピオイド活性 (IC50) GPI μ〔μM〕	オピオイド活性 (IC50) MVP δ〔μM〕
Gluten exorphin A5	小麦グルテン	GYYPT	1 000	60
Gluten exorphin A4	小麦グルテン	GYYPT	>1 000	70
Gluten exorphin B5	小麦グルテン	YGGWL	0.05	0.017
Gluten exorphin B4	小麦グルテン	YGGW	1.5	3.4
Gluten exorphin C	小麦グルテン	YPISL	40	13.5
エンケファリン	内在性	YGGFL	0.04	0.004

μ：オピオイド受容体サブタイプμ受容体に対する活性
　マウス輸精管の電気刺激収縮に対する50％阻害濃度で評価
δ：オピオイド受容体サブタイプδ受容体に対する活性
　モルモット回腸の電気刺激収縮に対する50％阻害濃度で評価

数値が小さいほど活性は強い。内在性のオピオイドペプチドのエンケファリンの活性は一番高いが，Gluten exoprphin B5は，小麦オピオイドペプチドの中では最も活性が高い。

ペプチドの単離を報告している[36),37)]（**表6.3**）。

さらに，福留らは，小麦由来オピオイドペプチドExophin A5, B5について動物での作用を検討し，グルコース経口投与によって誘導されるインスリン分泌量を上昇させることを明らかにし，この作用がオピオイド受容体を介することは，阻害剤を用いた実験で証明されている[38)]。食品由来の外因性オピオイドペプチドの機能性は，十分解明されているとはいえないが，食品成分の情動系に対する影響という観点からも興味が持たれる。今後のこの分野の研究のさらなる発展に期待したい。

② 血圧低下ペプチド

平成22年国民健康栄養調査（厚生労働省）によると，30歳以上の日本人の高血圧症有病者（収縮期血圧140 mmHg以上または拡張期血圧90 mmHg以上，もしくは血圧を下げる薬を服用している者）の割合は，男性60％，女性44.6％であり，非常に高い割合である。食生活を含めたライフスタイルの改善は，高血圧予防の基本である。血圧低下活性を示す食品成分の摂取は，この一助になると考えられる。

これまでに，多くの食品タンパク質の酵素分解物から血圧低下成分が発見されているが，小麦グルテンの加水分解物からも2種の血圧低下ペプチドが見つかっている。

③ IAP

IAP（Ile-Ala-Pro）[39)]は，血圧上昇系において重要な働きをする酵素で

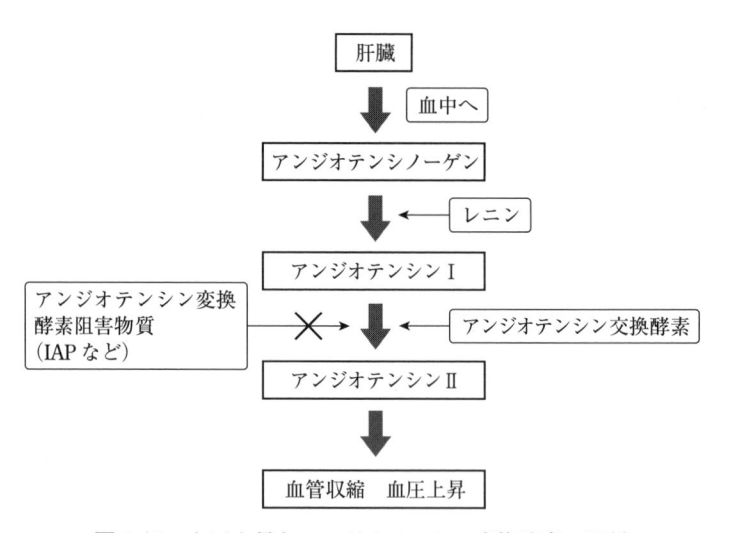

```
                        ┌──────┐
                        │ 肝臓 │
                        └──┬───┘
                           ▼  ┌──────┐
                              │血中へ│
                              └──────┘
                    ┌──────────────────┐
                    │アンジオテンシノーゲン│
                    └────────┬─────────┘
                             ▼  ◄─── ┌──────┐
                                     │ レニン│
                                     └──────┘
                    ┌──────────────┐
                    │アンジオテンシンⅠ│
                    └──────┬───────┘
┌──────────────┐           ▼           ┌────────────────────┐
│アンジオテンシン変換│ ──X──►       ◄─── │アンジオテンシン交換酵素│
│酵素阻害物質   │                       └────────────────────┘
│（IAP など）   │
└──────────────┘
                    ┌──────────────┐
                    │アンジオテンシンⅡ│
                    └──────┬───────┘
                           ▼
                    ┌────────────────┐
                    │血管収縮　血圧上昇│
                    └────────────────┘
```

図 6.18　血圧上昇とアンジオテンシン変換酵素の関係

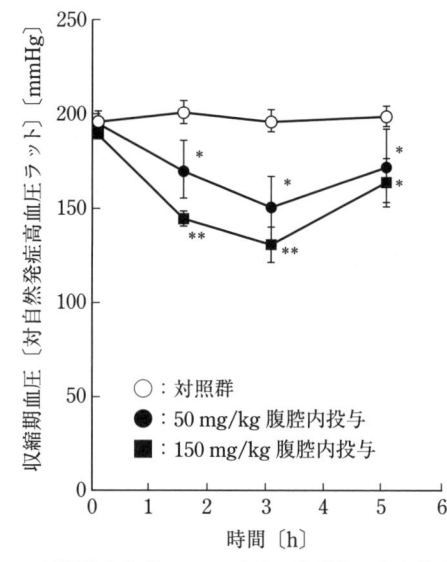

アンジオテンシン変換酵素：血圧調節はいくつかの機構よりなる。その1つがレニン-アンジオテンシン-アルドステロン系である。これはアンジオテンシンⅠという10アミノ酸残基からなるペプチドが，アンジオテンシン変換酵素により，5アミノ酸残基からなるアンジオテンシンⅡというペプチドに変換される系である。アンジオテンシンⅡは強力な血圧上昇作用を持つ。アンジオテンシン変換酵素を阻害する物質はまず，高血圧治療薬として開発され，次いで，食品タンパク質酵素分解物から多くのアンジオテンシン変換酵素阻害成分が発見された。そのうちのいくつかは，血圧の高めのかた向けの特定保健用食品として製品化された。特定保健用食品は，6.2.4項参照。

○：対照群
●：50 mg/kg 腹腔内投与
■：150 mg/kg 腹腔内投与

＊：対照群と比較し，5%水準で統計的に有意差あり。
＊＊：対照群と比較し，1%水準で統計的に有意差あり。

> IAP を自然発症高血圧ラット（遺伝的に血圧が高いラット）に与えることにより，収縮期血圧が投与2時間後から5時間後まで下がったことを示している。

図 6.19　小麦グルテン加水分解物より単離されたペプチド（IAP）の血圧低下作用

あるアンジオテンシン変換酵素活性を阻害する成分であり（図 6.18），小麦グルテンの酵素分解により得られる。

　自然発症高血圧ラットに投与することにより，血圧が低下することが明らかになっている（図 6.19）。

④ VPVPQ

VPVPQ（Val-Pro-Val-Pro-Gln）[40]は，IAPと同様に小麦グルテンの酵素分解により得られるペプチドである。このペプチドは，アンジオテンシン変換酵素活性の阻害作用を示さずに，血圧低下作用を示すという特徴を有する。血圧低下のメカニズムとして，交感神経系の働きを抑制するというデータが得られている（図6.20）。

現代のストレス社会においては交感神経の過剰な活性化による血圧上昇が懸念される。このペプチドは，ストレスによる血圧上昇を抑制することが期待される。VPVPQを含むグルテン加水分解物（FP-18）4gを軽症高血圧者20名に1日1回8週間にわたり摂取してもらったところ，収縮期血圧が平均で9.5 mmHg，拡張期血圧が平均で4 mmHg低下した（図6.21）。グルテン加水分解物非摂取者（20名）では，血圧変化が

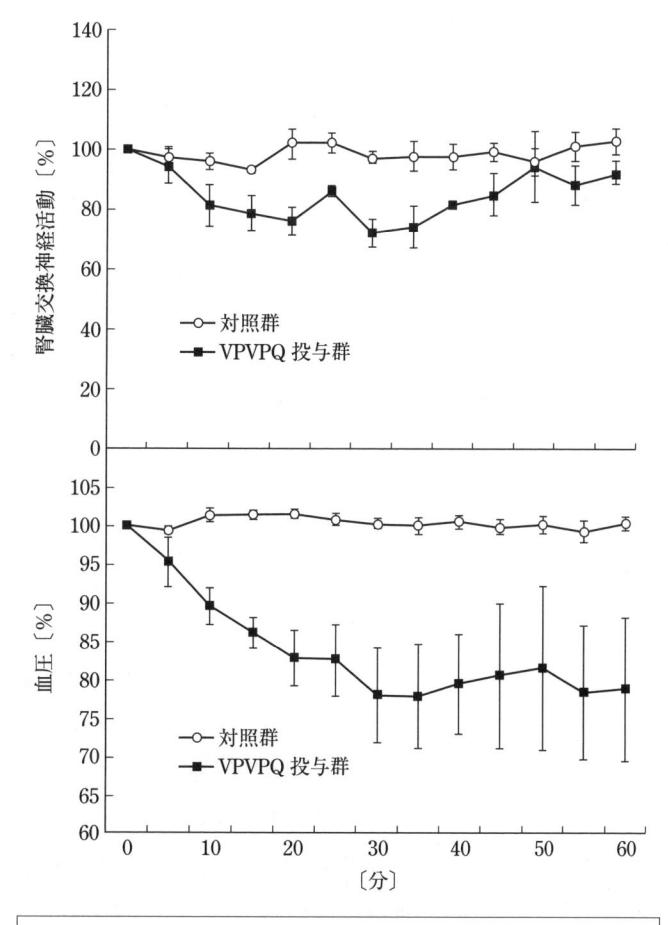

> Wsitar系のラットにVPVPQ 0.1 mgを十二指腸投与し，その後，血圧と腎臓における交感神経活動を測定した。VPVPQは，血圧低下と並行し，交感神経活動を抑制した。

図6.20　VPVPQの血圧低下作用と交感神経抑制作用の関係

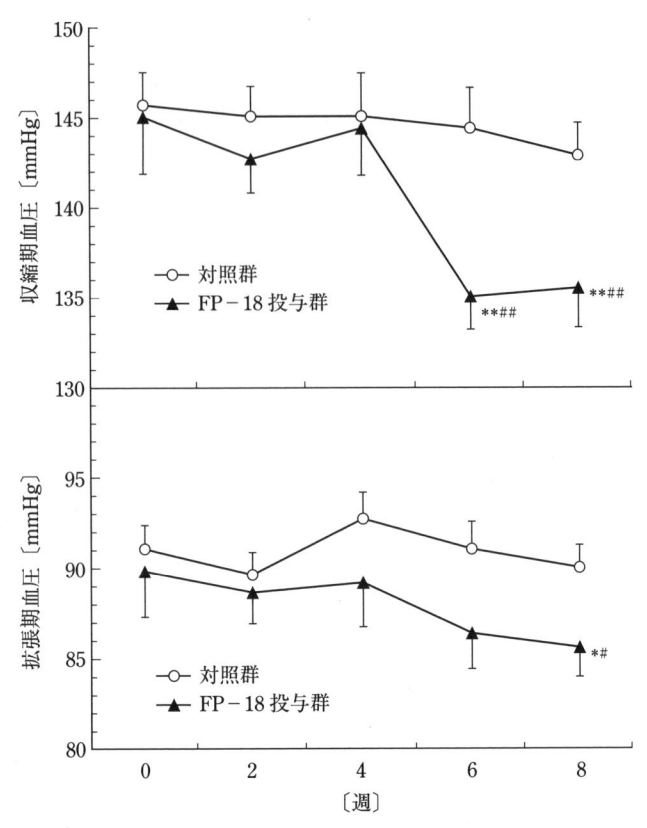

*：対照群に対して5％水準で有意に低値であることを示す。
**：対照群に対して1％水準で有意に低値であることを示す。
\#：FP-18摂取前に比べて5％水準で有意に低値であることを示す。
\#\#：FP-18摂取前に比べて1％水準で有意に低値であることを示す。

> VPVPQ（FP-18）摂取により，8週間後には収縮期血圧，拡張期血圧ともに低下した。一方，対照群（非摂取者）は，血圧は低下しなかった。

図6.21 VPVPQのヒトにおける血圧低下作用

認められなかったことから，VPVPQは，ヒトでも有効性が証明されている血圧低下食品成分でということができる。

6.2.3 小麦生体調節成分を含む健康食品の実際

小麦には6.2.2項と6.2.3項で述べたような生体調節成分が含まれるが，日常的な食生活では必要十分量摂取できているとはいい難い。これらの成分を効果的に摂取してもらうことを目的とし，小麦粒を分画し，各成分の濃度を高めた健康食品が市販されている。**表6.4**に小麦成分を含む健康食品を一覧表としてまとめた。これらの健康食品をその有用性に応じて摂取することにより，健康維持・増進が期待できる。

特定保健用食品：国が食品に健康表示（健康への効用を示す表現）を許可する世界で初めての画期的な制度で，平成3年に発足した。現在，1 014品目が特定保健用食品の認可を受けている。認可を受けるためには，有効性や安全性などに関する科学的根拠が必要であり，国が審査・認可する。現在，次の10カテゴリーの特定保健用食品が存在する。①おなかの調子を整える食品，②コレステロールが高めの方の食品，③コレステロールが高めの方，おなかの調子を整える食品，④血圧が高めの方の食品，⑤ミネラルの吸収を助ける食品，⑥ミネラルの吸収を助け，おなかの調子を整える食品，⑦骨の健康が気になる方の食品・疾病リスク低減表示，⑧むし歯の原因になりにくい食品と歯を丈夫で健康にする食品，⑨血糖値が気になり始めた方の食品，⑩血中中性脂肪，体脂肪が気になる方の食品。0.19α-アミラーゼインヒビター含有食品は「⑨血糖値が気になり始めた方の食品」に属する。

表6.4 小麦生体調節成分を含む健康食品（市販品）

健康食品	形 体	有用性
0.19α-アミラーゼインヒビター含有スープ	粉末スープ	血糖値が気になる方向けの食品（*特定保健用食品）
小麦グルテン加水分解物	顆粒	アスリートおよびスポーツ愛好家向けサプリメント（グルタミン補給し，運動後の筋肉痛の回復）
ふすま	粉末	日常の食生活で不足しがちな食物繊維源として
胚芽	粉末	種々の生体調節成分（ミネラル，ビタミン源）として
胚芽油	カプセル	脂溶性ビタミン，特にビタミンE源として

6.2.4 シリアルフードの機能性の課題

本章では，小麦粒中の生体調節成分の所在および機能について概説した。小麦から生体調節成分は数多発見されてきているが，これらの多くは，「ヒトで本当に有効なのか。有効である場合の摂取用量はどのくらいであるか。」，などの課題はまだある。また，生体調節成分を健康維持に活用する場合，「個々の成分の含量を高めたサプリメントとして摂取するのが有効なのか。または，全粒粉を含む小麦加工食品として主食として全体として摂取するのがよいのか。」，など，議論の分かれるところである。

いずれにしろ，その解答を得るためには，ますますのこの分野の研究の活発化と進展を期待したい。

参考文献

1) 世界の食料不安の現状（2010年報告），長期的な危機下での食料不安への提言，国際連合食糧農業機関（FAO），ローマ，2010年，http://www.alterna.co.jp/wordpress/wp-content/uploads/2012/05/Food-25.pdf
2) 日本食品標準成分表2010（平成22年11月 文部科学省 科学技術・学術審議会 資源調査分科会 報告）
3) Voet, D., Voet, J. G. and Pratt, C. W.（著），田宮信雄，村松正實，八木達彦，遠藤斗志也（訳），ヴォート基礎生化学—第3版—，2010年1月12日，東京化学同人
4) DeFronzol, R. A., Davidsonm, J. A. and Del Prato, S., The role of the kidneys in glucose homeostasis: a new path towards normalizing glycaemia. Diabetes, Obesity and Metabolism, 14, pp.5–14 (2012)
5) Naim, H. Y., Sterchi, E. E. and Lentze, M. J., Structure, biosynthesis, and glycosylation of human small intestinal maltase–glucoamylase. J. Biol. Chem., 263, pp.19709–19717 (1988)

6) Sim, L., Willemsma, C., Mohan, S., Naim, H. Y., Pinto, B. M. and Rose, D. R., Structural basis for substrate selectivity in human maltase-glucoamylase and sucrase-isomaltase N-terminal domains. J. Biol. Chem., 285, pp.17763-17770 (2010)

7) Henquin, J.-C., Dufrane, D. and Nenquin, M., Nutrient Control of Insulin Secretion in Isolated Normal Human Islet. Diabetes, 55, pp.3470-3477 (2006)

8)「日本人の食事摂取基準」(2010年版) 厚生労働省・健康局「日本人の食事摂取基準」策定検討会報告書

9) Young, V. R. and Pellett, P. L., Plant proteins in relation to human protein and amino acid nutrition. Am. J. Clin. Nutr., 59 (5 Suppl), pp.1203S-1212S (1994)

10) Palacin, M., Nunes, V., Font-Llitjos, M., Jimenez-Vidal, M. Joana Fort, Gasol, E., Pineda, M., Feliubadalo, L., Chillaron, J. and Zorzano, A., The Genetics of Heteromeric Amino Acid Transporters. Physiology., 20, pp.112-124 (2005)

11) Broer, S., Amino Acid Transport Across Mammalian Intestinal and Renal Epithelia. Physiol. Rev., 88, pp.249-286 (2008)

12) Wautier, J.-L. and Schmidt, A. M., Protein Glycation : A Firm Link to Endothelial Cell Dysfunction. Circ. Res., 95, pp.233-238 (2004)

13) Kanat, M., Winnier, D., Norton, L., Arar, N., Jenkinson, C., Defronzo, R. A. and Abdul-Ghani, M. A., The Relationship Between β-Cell Function and Glycated Hemoglobin: Results from the Veterans Administration Genetic Epidemiology Study. Diabetes Care, 34, pp.1006-1010 (2011)

14) Tsujita, T., Matsuura, Y. and Okuda, H., Studies on the inhibition of pancreatic and carboxyester lipases by protamine. J. Lipid Res., 37, pp.148101487 (1996)

15) Iwasaki, Y., Sato, O., Tanabe, M, Inayoshi, K., Kobata, K., Uno, S., Morita, K. and Watanabe, T., Monoacylglycerols activate capsaicin receptor, TRPV1. Lipids, 43, pp.471-483 (2008)

16) 石川秀樹ほか, 癌の化学予防小麦フスマによる予防, Mol. Med., 33, pp.400-406 (1996)

17) Lattimer, J. M. and Haub, M. D., Effects of Dietary Fiber and Its Components on Metabolic Health. Nutrients, 2, pp.1266-1289 (2010)

18) 児玉俊明ほか, 高血圧自然発症ラットにおける小麦フスマヘミセルロースの血圧上昇抑制効果, 日栄食誌, 49, pp.101-105 (1996)

19) 佐々木康人ほか, ラットのコレステロール代謝に及ぼす小麦フスマの影響, 日栄食誌, 44, pp.461-470 (1991)

20) Morishita, Y. et al., Efffect of hydrolysate of wheat bran on the cecalmicroflora and short-chain fatty acids concentrations in rats and mice. Bifidabacteria Microflora, 12, pp.19-24 (1993)

21) 物部真奈美, 前田 (山本) 万里, 松岡由紀, 金子明裕, 平本茂, アラビノキシランの免疫賦活作用とその分子量特性, 日本食品科学工学会誌, 55, pp.245-249 (2008)

22) Kamal-Eldin Afaf et al., Physical, microscopic and chemicalcharacterisation of industrial rye andwheat brans from the Nordic countries, Food & Nutrition Research, pp.1-12 (2009)

23) Macrae, F., Wheat bran fiber and development of adenomatous polyps: evidence from randomized, controlled clinical trials. Am J Med. 1999 Jan 25; p.106 (1A): 38S-42S.

24) 西沢千恵子, 太田剛雄, 江頭祐嘉合, 真田宏夫, 穀類のフェルラ酸含量, Nippon Shokuhin Kagaku KogakuKaishi, 45, 8, pp.499-503 (1998)

25) Sultana, R. and Ravagna, A., Mohmmad-Abdul H, Calabrese V, Butterfield DA. Ferulic acid ethyl ester protects neurons against amyloid beta-peptide (1-42)-induced oxidative stress and neurotoxicity: relationship to antioxidant

activity. J Neurochem. pp.749–58, 2005 Feb; 92 (4).
26) Alastair, B. R. et al., Dietary alkylresorcinols: absorption, bioactivities, and possible use as biomarker of whole-grain wheat- and rye-rich foods. Nutrition Reviews, 62, pp.81–95 (2004)
27) Vos, E., Whole grains and coronary heart disease. American J of Clinical Nutr., 71 (4), p.1009 (2000)
28) 森本聡尚ほか，ヒトにおける小麦アルブミンの単回投与による食後血糖上昇抑制と安全性，日本栄養・食糧学会誌，52，pp.285-291（1999）
29) 児玉俊明他，小麦アルブミン含有スープ（Rグルコデザイン）長期摂取の軽症NIDDM患者における有用性と安全性，薬理と治療，27，pp.1757-1763（1999）
30) 抜井一貴ほか，小麦アルブミンの軽症糖尿病患者に対する内臓脂肪減少効果，日本臨床生理学雑誌，38，pp.183-189（2008）
31) Sawaki, K. et al., Nutr. Res., 24, pp.59 (2004)
32) Horiguchi, N. et al., Jpn. Pharmacol. Ther., 32, p.415 (2004)
33) Koikawa, N. et al. Nutrituion, 25, pp.493–498 (2009)
34) Horiguchi, N. et al., Biosci. Biotech. Biochem., 69, p.2445 (2005)
35) Zioudrou, C. et al., J. Biol. Chem, 254, pp.2446–2449 (1979)
36) Fukudome, S. et al., FEBS Lett., 296, p.107 (1992)
37) Fukudome, S. et al., Life Sci., 57, p.729 (1995)
38) Fukudome, S. et al., FEBS Lett., 316, p.17 (1993)
39) Motoi, H. et al., ahrung, 47, p.354 (2003)
40) 松岡由紀他，小麦たんぱく加水分解物（FP-18）の抗高血圧作用，日本臨床栄養学会雑誌，30，pp.58-266（2009）

索 引

■■■ **英数字** ■■■

0.19α-アミラーゼインヒビター　207
1CW　131
1-モノアシルグリセロール　201, 202
2-アセチル-1-ピロリン　111
6-アセチル-2,3,4,5-テトラヒドロピリジン　111

ASW　144
ATP　193, 195
bran　12
DNA マーカー　36
DNS　131
DSC　54
DTT　139
HRW　131
IRRI　20
Na^+/K^+-ATP アーゼ　198
NEMI　137
NK 細胞活性化　211
No.1 カナダ・ウエスタン・レッド・スプリング小麦　131
N-エチルマレイミド　137
Oryza Sativa var.Indica　4
Oryza Sativa var.Japonica　4
SDS ポリアクリルアミドゲル電気泳動法　27
SDS-ポリアクリルアミド電気泳動　139
SH 基　136
S-S 結合　136
T. aestivum　2
TCA サイクル　194
WA　144
WW　144

α,β,γ グリアジン　115
α-アミラーゼ　190, 201
α-アミラーゼインヒビター　91
α アミラーゼ活性　124
α-デキストリナーゼ　190
α-ヘリックス　60

β-シート　60
β シート構造　112
β ターン構造　112
β-フェネチルアルコール　110
β ヘリックス　117
β-リミットデキストリン　91
γ-アミノ酪酸　24

■■■ **あ 行** ■■■

アイソザイム　89
亜鉛　206
上り粉の性状　128
あきたこまち　31
アグロバクテリウム　38
亜糊粉層　24
アスコルビン酸オキシダーゼ　105
アミド態窒素　143
アミノカルボニル反応　99, 111
アミラーゼ　90
アミロイドベータ　204
アミロース　47, 51, 144
アミロース含有量　152
アミログラフ　53, 124, 162
アミロプラスト　21
アミロペクチン　47, 51, 144
アラビノース　45
アラビノキシラン　49, 202
アラピリダイン　105
アリューロン層　12, 15, 128
アルカリ水保持力　151
アルキルレゾルシノール　203
アルツハイマー病　204
アルブミン　206
アレルギー症　196
アンジオテンシン変換酵素　214
アンダーランナー　164

イースト　107
育種遺伝学的特性　25

異質倍数体　25
異質六倍体　25
一代雑種育種法　36
遺伝子組換え技術　9, 38
イドリ　181
イヌリン　189
イネ遺伝子解析　36
イネ遺伝子のデータベース　37
イモチ病　31
イモチ病抵抗性系統　34
岩田式脱ぷ装置　166
インスタントライス　180
インスリン　191, 202, 213
インディカ種　4
インド型米　19
インペラー型もみ摺り機　167

ウエスタンオーストラリア州産小麦　144
ウエスタンホワイト小麦　144
うどん用粉　144
うるち米　18

エキステンソグラフ　124
エキソサイトーシス　192
エクストルージョン加工　179
エンドサイトーシス　192
エンドルフィン　212

横細胞　14
オーストラリア・スタンダード・ホワイト　144
オキシダーゼ　90
オキソカルボキシ酸　95
オズボーン分画法　63
オピオイド受容体　207
オピオイドペプチド　212
オリザ・サティバ（エル）　17
オリザノール　73
オリゼイン　68
オルニチン　111

■■■　か　行　■■■

外穎　18
会合性　113
会合性グリアジン　114
会合性サブユニット　115, 139
解糖系　193
架橋デンプン　48
撹拌式精米機　173

加工適性　27
カップリング反応　118
褐変反応　99
加熱糊化特性　162
カプサイシン受容体　202
窯落ち　150
可溶性デンプン合成酵素II型　30
カラーバリュー　143
ガラクトース　45
硝子質　11, 16
カラメル化　99
カルボキシペプチダーゼ　197
還元性物質　128
肝障害抑制　211
管状細胞　14
かん水　141, 143
官能検査　121
肝門脈　191

機械耐性　123
生地形成速度　123
基質特異性　88
キシロース　45
キモトリプシン　197
吸水率　123
凝集性ポリペプチド　134
共鳴　98
共輸送　191
共輸送系　197
極性脂質　71
気流粉砕方式　180
キレート作用　98, 203
キロミクロン　199
筋傷害抑制　211

クエン酸サイクル　194
クッキー　151
グリアジン　66
グリケーション　99
グリケーション後期段階生成物　111
グリセルアルデヒド　45
グルカゴン　199
グルコアミラーゼ　190
グルコース　45
グルコース-6-リン酸　192
グルコースオキシダーゼ　90, 94
グルコース輸送体　191
グルコース輸送タンパク質　191
グルタチオン　98

グルテニン　67
グルテニンサブユニット　110, 112
グルテリン　63
グルテン　64, 206
グルテン加水分解ペプチド　210
クレアチニンキナーゼ　212
グロブリン　63, 206

ケーキ用粉　148
血圧低下　207
血圧低下作用　203
結合脂質　71
血中ヘモグロビン　207
血糖　202
ケト-エノール互変異性　46
ゲノム　25
ゲルろ過クロマトグラフィー　133
限界デキストリン　190
研削式精米機　169
玄米　18, 153
研米機　173
玄米の検査基準　157

高温登熟　158
交感神経　215
香気成分　110
高血圧症　213
交雑育種法　33
抗酸化作用　203
抗酸化反応　98
硬質小麦　16, 26
酵素的褐変　105
酵素的酸化　94
酵素反応速度　87
高度不飽和脂肪酸　70
高分子グリアジン　114
高分子量グルテニンサブユニット　142
高分子量サブユニット　114
高分子量ポリペプチド　134
酵母　107
香味成分　103
糊化　48, 162
糊化特性　124
コシヒカリ　31, 33
古代米　32
骨粗鬆症　203
糊粉層　20
小麦粒　11
小麦粒の構造　11

ゴムロール式もみ摺り機　164
米粉　179
米粉パン　179
米粒の構造　20
米油　21
コリン基　70
コレステロール　199, 203

■■■　さ　行　■■■

刷子縁細胞　197
刷子縁糖分解酵素　190
サブユニット　61
酸化剤　108
酸化的ゲル化　56, 118
酸化的リン酸化　195
酸化反応　93

ジーンバンク　36
直捏法　129
色差計　142
シグナル伝達　189
示差走査熱量分析　151
ジサルファイド結合　114
ジスルフィド結合　61, 67
ジチオトレイトール　139
湿式粉砕法　23
自動酸化　96
シネルギスト　98
シフター　128
脂肪　69
脂肪酸　70
ジャスモン酸　89
ジャポニカ種　4
シュークロース　46
臭素酸カリ　108
臭素酸カリウム　129
珠心層　12, 15
種皮　12, 15
小腸上皮細胞　190, 198
食味評価　176
食物繊維　48, 190, 202
食糧危機　9, 188
白玉粉　179
シリアルスプラウト　24
人為突然変異処理　29
伸長抵抗　124
伸長度　124

膵液　190
水素結合　41, 117
水稲農林1号　33
炊飯　174
水分活性　43
水分率　43
膵リパーゼ　202
ストレート法　106
ストレッカー分解　104
スムーズロール　127

製菓　148
精選工程　127
生体調節成分　201
精白米　153, 160
製パン　129
生物的降伏点　160
製粉　126
製粉歩留り　16
精米　153
精米機　169
精米歩留り　160
製麺　140
赤粒系統　11
セモリナ　127
セルロース　49
千粒重　20

疎水結合　136

■■■ た 行 ■■■

ダーク・ノーザン・スプリング小麦　131
第1次機能　200
第2次機能　200
第3次機能　200
大腸がん　203
耐倒伏性　31
炊干法　175
脱穀　18
タピオカデンプン　149
タルホコムギ　25
胆汁酸　198
タンパク質の構造　60

チアミン　75
中華麺　141
中間質　16
中間質小麦　16

超強力小麦　27
調質　43
調質工程　127
腸内細菌　203
腸内細菌叢フローラ　190
頂毛　12
チロシン　113
チロシンダイマー　113
チロシン二量体　118

通導組織　21

ティセリウス電気泳動　132
低分子量グルテニン　133, 134
低分子量サブユニット　114
呈味性　60
テーリングスターチ　146
テクスチャー　121
テクスチュロメーター　122, 125
デュラム小麦　25
電気式水分計　155
電気炊飯器　177
電子伝達系　195
テンパリング　43
デンプン　47
デンプン顆粒　21
デンプン合成酵素Ⅱa　32
デンプン粒結合性デンプン合成酵素　29
デンプン粒結合性デンプン合成酵素Ⅰ　32

糖化反応　200
糖脂質　72
糖新生　192, 199
搗精　18, 153
糖タンパク質　190
等電点　62
糖尿病　202, 207
胴割れ　156
ドーサ　181
特定保健用食品　217
トコフェロール　78
突然変異育種法　35
トリアシルグリセロール　198
トリカルボン酸サイクル　194
トリグリセリド　69
トリシン　84
トリプシン　197

■■■ な 行 ■■■

ナイアシン　76
内穎　18
中種発酵法　106
中種法　129
軟質小麦　16, 26

二次加工　121
二倍体　25
日本型米　19
日本晴　36
乳化性　69
乳酸菌　107, 111
二粒系小麦　25

糠層　24

粘り　176

農林61号　147
ノネナール　95

■■■ は 行 ■■■

ハード・レッド・ウインター小麦　131
パーボイルドライス　180
胚　12
バイオエタノール　7
バイオエネルギー　8
灰化　80
胚芽　205
胚乳　12, 15
灰分量　128
はえぬき　31
白度　24, 161
白粒系統　11
発酵工程　131
パントテン酸　77

被害粒　156
ビスコグラフ　124
ビタミン　74
ビタミンA　78
ビタミンB_1　75
ビタミンB_2　76
ビタミンB_6　77
ビタミンE　78
必須アミノ酸　58, 196

ヒトマクロファージ　203
ひとめぼれ　31
ヒドロキシ酸　96
ヒドロペルオキシド　94
ヒドロペルオキシドリアーゼ　95
ヒノヒカリ　31
ビフィズス菌　203
ピューロチオニン　201
ピュリファイヤー　128
ピュロインドリン　17, 26
ピラノース　46
ピリドキシン　77
ピルビン酸　193
ピログルタミン酸　210
品質評価技術　152
品質評価項目　153

ファリノグラフ　122
フィターゼ　92
フィチン酸　83, 203
フェノール類　98
フェルラ酸　56, 82, 118, 203, 137
ふすま　12
普通系小麦　25
普通コムギ　2
物性　121
フマール酸　137
不溶性グルテニン　137
フライアビリン　17
プライマリースターチ　146
フラノース　46
フラボノイド　84
フラボノイド色素　143
篩分け工程　128
ブレーキ粉　128
ブレーキロール　127
ブレークダウン　123
プレバイオティクス　57
フローアータイム　130
プロテアーゼ　92
プロテインスコア　68
プロテインボディ　15, 23
ブロメート要求量　129
プロラミン　63
粉砕工程　127
粉状質　11, 16

ベタイン　203
ヘッドライス　161

ヘテロサイクリックアミン類　105
ペプチダーゼ　198
ヘミセルロース　49
ヘモグロビン　200
偏光十字　149
変性　62
ペンチルフラン　98

ほいろ工程　131
補酵素　74, 88
ポストハーベスト技術　152
ホスホリパーゼ　92
北海道産小麦　142
穂発芽耐性　147
ポリフェノール　84
ポリフェノールオキシダーゼ　90, 142
ポリフェノール酸化酵素　105
ポリメリック　115
ポン菓子　182

■■■　ま 行　■■■

膜貫通ドメイン　190
膜結合タンパク質　190
マクロポリマー　113, 116
摩擦式精米機　171
マルターゼ　190
マルトース　47, 190
マルトトリオース　190

ミカエリス・メンテンの式　87
ミキソグラフ　124
ミトコンドリア　194
ミニッツライス　180
ミニマムアクセス　152
ミネラル　79

メイラード反応　99, 181, 200
メラノイジン　98, 99
免疫賦活作用　203

もち粉　179
もち米　18

もち性小麦　29, 147
戻し交配　34
モノメリック　115
もみ　153
もみ（籾）殻　18, 153
籾すり　18
もみ摺り　153, 163
籾米　18
森多早生　33

■■■　や 行　■■■

焼き上げ工程　131

遊離脂肪酸　198
湯取法　175

揺動選別機　167

■■■　ら 行　■■■

ラインウェーバーバークの式　88
ラクトース　190
ラジカル反応　96
ラピッドビスコアナライザー　125, 162

リグニン　49
リゾフォスファチジルコリン　72
リゾレシチン　72
リノール酸　71
リノレン酸　71
リパーゼ　92, 198
リポキシゲナーゼ　89, 106, 108
リポタンパク質　199
リボフラビン　76
粒溝　12
リンゴ酸　195
リン脂質　69, 72

レシチン　69, 98
レチノール　78

老化　23, 163

<編著者略歴>

椎葉　究（しいば・きわむ）　博士（農学）（九州大学）　執筆担当：1章，3章，4章
　【学歴】
　　筑波大学大学院環境科学研究科修士課程修了
　【職歴】
　　日清製粉(株)つくば研究所　所長
　　日清製粉(株)岡山工場　工場長
　　東京電機大学理工学研究科および理工学部生命理工学系　教授
　　NPO日本エコサイクル土壌協会　学術顧問（理事）

<著者略歴（五十音順）>

青木　法明（あおき・のりあき）　修士（農学）　執筆担当：2.2.2項
　【学歴】
　　東京大学大学院農学生命学研究科応用生命化学専攻修士課程修了
　【職歴】
　　(独)農業・食品産業技術総合研究機構作物研究所　主任研究員
　　(独)農業・食品産業技術総合研究機構本部総合企画調整部　主任研究員

一ノ瀬　靖則（いちのせ・やすのり）　博士（農学）（岩手大学）　執筆担当：2.1.1項
　【学歴】
　　熊本大学理学部生物学科卒業
　【職歴】
　　農林水産省北海道農業試験場畑作研究センター　研究員
　　農林水産省農林水産技術会議事務局　研究調査官
　　(独)農業・食品産業技術総合研究機構作物研究所　主任研究員

岡田　憲三（おかだ・けんぞう）　農学博士　執筆担当：5.1節，5.2節
　【学位】
　　大阪府立大学大学院農学研究科修士課程修了
　【職歴】
　　日清製粉(株)つくば研究所所長
　　近畿製粉(株)取締役技術部長
　　鯉淵学園非常勤講師

乙部　千雅子（おとべ・ちかこ）　農学博士　執筆担当：2.2.1項
　【学位】
　　東京大学大学院農学系研究科農業生物学専攻博士課程修了
　【職歴】
　　農林水産省農業研究センター　研究員
　　農林水産省農業研究センター　主任研究員
　　(独)農業・食品産業技術総合研究機構本部　主任研究員
　　(独)農業・食品産業技術総合研究機構作物研究所　上席研究員

木村　俊範（きむら・としのり）　農学博士　執筆担当：5.3 節，5.4 節
　【学歴】
　　北海道大学大学院農学研究科博士課程修了
　【職歴】
　　岩手大学農学部　助教授
　　筑波大学大学院農学研究科および生命環境科学研究科　教授
　　北海道大学大学院農学研究院　教授
　　北海道大学　名誉教授
　　日本バイオマス製品推進協議会　会長
　　日本学術会議連携会員
　　国際農業工学会（CIGR）　執行役員・事務局長

鈴木　啓太郎（すずき・けいたろう）　博士（農学）　執筆担当：2.1.2 節
　【学歴】
　　筑波大学大学院博士課程農学研究科農林工学専攻修了
　【職歴】
　　（独）食品総合研究所　研究員
　　（独）農業・食品産業技術総合研究機構食品総合研究所　主任研究員
　　（独）農業・食品産業技術総合研究機構作物研究所　主任研究員

田中　眞人（たなか・まさと）　農学博士（東北大学）　執筆担当：6.1 節
　【学歴】
　　東北大学大学院農学研究科修士課程農芸化学専攻修了
　【職歴】
　　米国国立衛生研究所，国立ガン研究所（博士研究員）
　　三菱化学生命科学研究所　主任研究員
　　東京電機大学理工学部生命理工学系　教授

平本　茂（ひらもと・しげる）　博士（農学）（北海道大学）　執筆担当：6.2 節
　【学歴】
　　北海道大学大学院農学研究科農芸化学専攻修士課程修了
　【職歴】
　　日清製粉(株)ファインケミカル研究所　研究主幹
　　日清ファルマ(株)研究企画室　室長

シリアルサイエンス　おいしさと栄養の探究

2014年7月20日　第1版1刷発行　　　　　　　ISBN 978-4-501-62870-3 C3061

編著者　椎葉　究
著　者　青木法明，一ノ瀬靖則，岡田憲三，乙部千雅子，木村俊範，鈴木啓太郎
　　　　田中眞人，平本　茂
　　　　©Shiiba Kiwamu, Aoki Noriaki, Ichinose Yasunori, Okada Kenzo
　　　　 Otobe Chikako, Kimura Toshinori, Suzuki Keitaro, Tanaka Masato
　　　　 Hiramoto Shigeru　2014

発行所　学校法人 東京電機大学　　〒120-8551　東京都足立区千住旭町5番
　　　　東京電機大学出版局　　　　〒101-0047　東京都千代田区内神田1-14-8
　　　　　　　　　　　　　　　　　Tel. 03-5280-3433（営業）03-5280-3422（編集）
　　　　　　　　　　　　　　　　　Fax. 03-5280-3563　振替口座 00160-5-71715
　　　　　　　　　　　　　　　　　http://www.tdupress.jp/

JCOPY <（社）出版者著作権管理機構 委託出版物>
本書の全部または一部を無断で複写複製（コピーおよび電子化を含む）することは，著作権法上での例外を除いて禁じられています。本書からの複写を希望される場合は，そのつど事前に，（社）出版者著作権管理機構の許諾を得てください。また，本書を代行業者等の第三者に依頼してスキャンやデジタル化をすることはたとえ個人や家庭内での利用であっても，いっさい認められておりません。
［連絡先］Tel. 03-3513-6969, Fax. 03-3513-6979, E-mail：info@jcopy.or.jp

印刷：美研プリンティング（株）　　製本：渡辺製本（株）　　装丁：齋藤由美子
落丁・乱丁本はお取り替えいたします。　　　　　　　　　　Printed in Japan